酒店建筑暖通设计标准实施指南及工程实录

梁庆庆　张伟伟　编著

同济大学出版社・上海

图书在版编目(CIP)数据

酒店建筑暖通设计标准实施指南及工程实录 / 梁庆庆，张伟伟编著. --上海：同济大学出版社，2022.9

ISBN 978-7-5765-0375-3

Ⅰ. ①酒… Ⅱ. ①梁… ②张… Ⅲ. ①饭店—采暖设备—建筑设计②饭店—通风设备—建筑设计③饭店—空气调节设备—建筑设计 Ⅳ. ①TU247.4 ②TU83

中国版本图书馆 CIP 数据核字(2022)第 166604 号

酒店建筑暖通设计标准实施指南及工程实录

梁庆庆 张伟伟 **编著**

责任编辑 吴世强 陆克丽霞 **责任校对** 徐春莲 **封面设计** 潘向蓁

出版发行 同济大学出版社 www.tongjipress.com.cn
(地址：上海市四平路 1239 号 邮编：200092 电话：021-65985622)
经　销 全国各地新华书店
制　作 南京月叶图文制作有限公司
印　刷 常熟市华顺印刷有限公司
开　本 787mm×1092mm 1/16
印　张 17.5
字　数 437 000
版　次 2022 年 9 月第 1 版
印　次 2022 年 9 月第 1 次印刷
书　号 ISBN 978-7-5765-0375-3

定　价 98.00 元

序

暖通空调系统是酒店建筑中的重要设施系统，在确保酒店正常运行方面发挥着重要作用。暖通空调系统除了满足使用者对舒适度的要求外，还必须节能环保。突如其来的疫情也给建筑行业尤其是暖通空调设计带来前所未有的严峻挑战。

本书作者从业几十年来进行了大量酒店暖通空调设计工程实践，依托华建集团的丰富资源，将工程设计心得、技术经验和积累的研究成果凝练成书分享给公众，体现出作者及其所在企业的担当和作为。作者在反思和总结实践项目经验的同时，还与海外科研机构合作，对海外优秀实践案例进行梳理分析。作者在完成繁重的工程设计的同时，能够如此重视科研投入、加强国际交流和深度合作，这种坚持提升自我和行业水平的行为令人钦佩。

本书以先理论后实践的形式清晰地将内容分为上、下篇，提炼出酒店暖通设计的关键指标、技术和策略，并结合实际工程项目进行了全面阐述，这一系统的框架利于读者快速掌握要领，并可有效指导设计。

暖通空调系统既是为酒店使用者提供健康舒适室内环境的重要保障，又是酒店中重要的用能系统。作者在本书中积极回应时代需求，结合我国实行碳达峰、碳中和的背景，特别设置章节详细阐述节能健康技术与设计运行对策，对后疫情时代应如何设计酒店建筑并提供安全、健康、舒适的绿色室内环境作出新的诠释。另外，作者创新地按照气候分区梳理工程案例，以厘清不同气候条件下的暖通空调设计需求，便于实施分类指导和设计者因地制宜地进行设计。

作者及其所在企业一如既往地承担起社会责任，始终为推动行业的发展做出不懈努力，才使本书得以呈现，这些重要的研究及实践成果对我国暖通空调系统工程技术人员具有普遍的指导意义和参考价值。

（高伟俊）
日本工程院外籍院士
日本北九州市立大学教授、博士生导师
2022 年 1 月

前　言

上海市酒店空调设计始于20世纪70年代中后期十大酒店加建空调，由华建集团的前身上海市民用建筑设计院和上海工业建筑设计院承担设计、上海市工业设备安装公司通风队施工，空调系统为诱导器、风机盘管加新风系统、全空气系统。改革开放后，伴随外资酒店集团的进入和境外设计公司的参与，空调系统愈加丰富，尤其是酒店、办公与商业综合体以及超高层酒店建筑的出现，使酒店空调冷热源形成多种形式组合的综合能源系统，也使酒店空调设计变得更加复杂。

随着一大批国际级酒店管理公司进入国内，我国的酒店管理水平不断提升。这些酒店管理公司都有自己的整套设计标准，有些标准内容与国内规范有矛盾之处，所以在进行酒店设计时需与业主和管理公司进行充分沟通以确定设计标准，有时需各方进行权衡和取舍。

酒店建筑的暖通设计是相对比较复杂的，涉及的功能房间和系统很多。客房区、大堂区、餐饮区、会议区、康体娱乐区、后场区等不同的功能区对暖通设计都有各自的要求。受地理气候的影响，不同地域的酒店建筑对空气处理方式和设备选型的要求也有所不同。本书通过总结多个星级酒店项目的设计经验，结合酒店管理公司对暖通设计的要求，分析与提炼出适用于酒店建筑的暖通空调系统设计方法。

全书分为上、下两篇。上篇主要介绍酒店暖通空调系统的设计，包括空调设计参数确定、冷热源方案选择、水系统、风系统、防排烟系统以及适用于酒店的暖通节能健康技术，阐述了酒店锅炉房、柴油发电机房的设计要点，并结合防疫情况提出酒店暖通空调系统的平疫结合措施。下篇按不同的气候分区列举了部分国内酒店工程设计案例，还介绍了一些日本酒店案例，总结了项目基本概况和暖通空调系统的设计。日本酒店的工程设计案例由日本北九州市立大学国际环境工学部的在读博士生王坦提供翻译。

最后，感谢在本书编写过程中提供工程案例的同济大学建筑设计研究院（集团）有限公司、上海建筑设计研究院有限公司和华东都市建筑设计研究总院等单位设计人员的无私帮助。书中部分图片来自网络，由于无法联系到所有者，在此一并表示感谢。

希望本书能为从事酒店暖通设计的人员和酒店的工程管理人员提供一些参考和帮助。

由于编著者水平有限，书中难免有疏漏和不妥之处，敬请广大设计人员和读者批评指正，以便我们及时修正。

编著者

2021年12月

目　　录

下篇　工程实录

上　篇

设计标准实施指南

1 总　　则

1.1 酒店暖通设计规范和标准

常用的酒店暖通设计规范和标准如下：

《民用建筑供暖通风与空气调节设计规范》(GB 50736—2012)；

《公共建筑节能设计标准》(GB 50189—2015)；

《建筑防烟排烟系统技术标准》(GB 51251—2017)；

《旅馆建筑设计规范》(JGJ 62—2014)；

《民用建筑绿色设计规范》(JGJ/T 229—2010)；

《绿色建筑评价标准》(GB/T 50378—2019)；

《建筑设计防火规范》(GB 50016—2014)(2018 年版)；

《锅炉房设计标准》(GB 50041—2020)；

《锅炉安全技术规程》(TSG 11—2020)；

《锅炉大气污染物排放标准》(GB 13271—2014)；

《饮食业油烟排放标准》(GB 18483—2001)；

《汽车库、修车库、停车场设计防火规范》(GB 50067—2014)；

《环境空气质量标准》(GB 3095—2012)；

《大气污染物综合排放标准》(GB 16297—1996)；

《声环境质量标准》(GB 3096—2008)；

《通风与空调工程施工质量验收规范》(GB 50243—2016)；

《通风与空调工程施工规范》(GB 50738—2011)；

《机械设备安装工程施工及验收通用规范》(GB 50231—2009)。

1.2 室内环境要求

(1) 暖通空调设备的设计和选择应符合室内温湿度、新风量、空气流动速度、空气质量和噪声的设计指标。

(2) 建筑室内须设计成对外保持微正压状态，以维持环境(温度和相对湿度)的状态并保证客人的舒适。

(3) 大楼新风量的最小值应是排风量的 110%,应进行整栋楼或分区域的风量平衡计算。

(4) 高层建筑须考虑“烟囱效应”和漏风因素。入口采用门斗或旋转门会显著降低烟囱效应带来的影响。

1.3 高海拔地区的参数修正

高海拔地区一般泛指海拔 1 000 m 以上的地区,包括含黄土高原、青藏高原和云贵高原在内的由北方到西北再到西南的广大地域。我国主要的高海拔城市见表 1-1。

表 1-1　我国主要高海拔城市海拔

城市	呼和浩特	银川	西宁	兰州	拉萨	贵阳	昆明
海拔/m	1 063.0	1 111.5	2 261.2	1 517.2	3 658.0	1 071.2	1 891.4

1.3.1 湿空气的 h-d 图问题

在高海拔地区一定要使用当地大气压力下的 h-d 图。高海拔地区的大气压力都低于标准大气压力,h-d 图中的饱和曲线($\varphi=100\%$)将向下移,即在相同的温度和相对湿度下,空气的焓和含湿量将增大。

1.3.2 空气密度的变化问题

在高海拔地区,系统的计算与设备的选用都必须考虑空气密度减小的影响。设计中常用的风管阻力计算图表以及设备选型表都是按标准状态下的空气体积流量编制的,当根据当地大气压力下的 h-d 图计算出的空气质量流量为 G_s (kg/h)时,结合空气密度 $\rho_s(kg/m^3)$,其体积流量 L_s (m^3/h)计算如下:

$$L_s=\frac{G_s}{\rho_s} \tag{1-1}$$

该系统的风管及各种设备均应按 L_s 计算选用。

1.3.3 设备参数的高海拔修正问题

因海拔和大气密度的影响,高海拔地区与平原地区的空调设备选型区别很大。如果不进行换算,直接设计选型,设备将无法满足设计要求。

1. 风机性能的高海拔修正问题

高海拔条件下系统压力损失的减少与风机风压 H 的降低是完全等同的,同时,风机电

机的轴功率 N 也会减小，即

标准工况下：

$$N_o = \frac{L_o H_o}{\eta_1 \eta_2} \tag{1-2}$$

实际工况下：

$$N_s = \frac{L_s H_s}{\eta_1 \eta_2} \tag{1-3}$$

式中，$L_o = L_s$，效率系数 η_1 和 η_2 不变，$H_s = \frac{H_o \rho_s}{1.2}$，而 $\rho_s < 1.2$，故有 $N_s < N_o$。

因此设计规范规定，对于高海拔地区的通风系统，当以实际的体积流量 L_s 按标准状态下的图表计算出系统的压力损失 H_o，并按一般通风机性能表选择通风机时，其风量和风压均不要修正，但要验算电机的轴功率。

2. 高海拔地区电机的工作环境问题

在高海拔地区，存在空气稀薄致使电机散热困难进而功率降低的问题。高海拔地区暖通空调设计应重视各类电机的工作环境问题，采取适当措施，使其通风良好，保持气温不高于电机工作允许的最高环境温度。当由于现场各种实际因素，电机工作环境温度仍有可能超过规定时，应采取人工降温措施。

1.4 酒店空调负荷设计指标统计

本节按不同的气候区分别统计酒店建筑空调冷热负荷设计指标（表 1-2—表 1-5），这些指标均为施工图阶段经过计算的指标，单位面积指标按总建筑面积进行计算。

表 1-2 夏热冬冷地区空调冷热负荷设计指标统计

工程名称	酒店总建筑面积/m²	空调冷负荷/kW	冷负荷指标/(W·m⁻²)	空调热负荷/kW	热负荷指标/(W·m⁻²)
上海大酒店	60 131	5 650	94	3 800	63
上海红塔大酒店	55 000	6 500	118	—	—
上海世博洲际酒店	70 529	7 383	105	4 600	65
上海世贸广场	124 925	13 140	105	8 501	68
上海四季酒店	71 728	8 860	124	5 543	77
上海浦西洲际酒店	62 156	6 800	109	4 350	70
上海绿地万豪酒店	58 907	6 638	113	4 347	74

（续表）

工程名称	酒店总建筑面积/m^2	空调冷负荷/kW	冷负荷指标/($W\cdot m^{-2}$)	空调热负荷/kW	热负荷指标/($W\cdot m^{-2}$)
上海五角场凯悦酒店	61 291	5 262	86	3 437	56
上海虹桥 HH&HP 酒店	30 930	2 784	90	1 949	63
镇江兆和皇冠假日酒店	47 012	4 980	106	3 470	74
武汉光明万丽酒店	34 120	3 323	97	2 450	72
武汉光谷希尔顿酒店	115 000	11 500	100	6 180	54
南京银城皇冠假日酒店	49 265	6 100	124	4 877	99
昆山一醉皇冠酒店	140 400	12 800	91	10 000	71
上海卓美亚喜玛拉雅酒店	50 142	5 833	116	4 081	81
湖州喜来登温泉度假酒店	75 000	6 638	89	4 347	58
上海宝格丽酒店	25 796	3 000	116	1 909	74
平均值	—	—	105	—	70

表 1-3　夏热冬暖地区空调冷热负荷设计指标统计

工程名称	酒店总建筑面积/m^2	空调冷负荷/kW	冷负荷指标/($W\cdot m^{-2}$)	空调热负荷/kW	热负荷指标/($W\cdot m^{-2}$)
深圳蛇口希尔顿南海酒店	57 898	5 975	103	1 894	33
深圳星河丽思卡尔顿酒店	50 006	5 820	116	1 781	36
深圳威尼斯酒店	56 000	7 600	136	1 820	33
三亚亚特兰蒂斯酒店(一期)	251 040	22 150	88	—	—
河源汇景希尔顿逸林酒店	64 924	8 556	132	4 115	63
深圳东部华侨城茵特拉根酒店	44 887	4 100	91	1 100	25
广州白天鹅宾馆	87 064	7 380	85	1 894	22
三亚美高梅度假酒店	108 332	8 454	78	—	—
惠州皇冠假日酒店	88 836	7 737	87	—	—
深圳华侨城洲际大酒店	108 867	11 403	105	2 524	23
金茂三亚亚龙湾希尔顿大酒店	75 000	6 416	86	—	—
平均值	—	—	101	—	34

表 1-4　寒冷地区空调冷热负荷设计指标统计

工程名称	酒店总建筑面积/m^2	空调冷负荷/kW	冷负荷指标/($W \cdot m^{-2}$)	空调热负荷/kW	热负荷指标/($W \cdot m^{-2}$)
北京嘉铭中心酒店	55 237	4 670	85	3 900	71
天津天颐津城京基皇冠假日酒店	81 950	5 300	65	6 000	73
北京益田影人花园酒店	49 929	3 799	76	3 276	66
烟台福山宾馆	31 468	2 580	82	2 328	74
西安临潼悦椿温泉酒店	110 509	7 985	72	5 989	54
遵义大酒店	210 000	9 210	44	6 144	29
兰州柏丽兹·云境酒店	112 047	4 950	44	5 280	47
北京阳光上东香格里拉酒店①	79 420	5 250	66	4 200	53
北京富华金宝中心	167 676	16 938	101	16 077	96
北京国林宾馆	15 287	1 900	124	2 100	137
天津 117 大厦	85 975	12 492	145	10 167	118
淄博希尔顿逸林酒店	75 691	7 115	94	5 987	79
平均值	—	—	83	—	75

表 1-5　严寒地区空调冷热负荷设计指标统计

工程名称	酒店总建筑面积/m^2	空调冷负荷/kW	冷负荷指标/($W \cdot m^{-2}$)	空调热负荷/kW	热负荷指标/($W \cdot m^{-2}$)
西宁海湖新区万达广场麗枫酒店	35 552	2 700	76	4 658	131
沈阳皇朝万豪酒店	71 000	6 324	89	—	—
辽宁友谊宾馆	25 600	2 600	102	2 700	105
锦州瑞盛国际酒店	105 000	9 000	86	8 500	81
平均值	—	—	88	—	106

酒店空调系统的实际运行数据与设计指标还是有相当大的差距，当然酒店的实际运行数据与入住率、室内温湿度参数等都有很大关系。深圳能耗监测平台数据反馈了以下信息。

(1) 86%的酒店类建筑的实际空调主机台数有盈余。

(2) 主机运行负载主要分布在[50%,75%]，占全年约 32%的时间。

(3) 约 53%的时间主机运行负荷小于 50%。

《旅馆建筑空调设计》第 2.1.7 小节统计了 24 个项目的装机容量冷负荷指标和实际开机容量冷负荷指标，如表 1-6 所列。

① 该酒店现在已经被改造成办公楼。

表 1-6　酒店装机容量与实际开机容量冷负荷指标统计

装机容量				实际开机容量			
冷负荷指标/(W·m^{-2})	项目数量/个	项目数量所占百分比	分计百分比	冷负荷指标/(W·m^{-2})	项目数量/个	项目数量所占百分比	分计百分比
≤58.0	0	0	33.3%	≤58.0	2	8.3%	91.6%
58.1～69.8	1	4.2%		58.1～69.8	8	33.3%	
69.9～81.4	2	8.3%		69.9～81.4	9	37.5%	
81.5～93.9	5	20.8%		81.5～93.9	3	12.5%	
94.0～104.7	4	16.7%	66.7%	94.0～104.7	2	8.3%	8.3%
104.8～116.3	2	8.3%		104.8～116.3	0	0	
>116.3	10	41.7%		>116.3	0	0	

从总体定性地看，设计指标还是大于实际需求。鉴于大数据技术的发展和使用，希望有更多可靠的运行统计数据来反馈和修正设计计算指标，合理减小装机容量。

2 空调设计参数

2.1 室外空气计算参数

室外空气计算参数按项目所在地规范中的气象参数取值，如缺少项目所在地的参数，可以参考邻近城市的参数，表 2-1 所列为上海市的室外空气计算参数。

表 2-1 上海市室外空气计算参数

季节	大气压力 /mbar	空调计算干球温度 /℃	空调计算湿球温度 /℃	相对湿度	供暖计算温度/℃	通风计算温度/℃	主导风向	风速 /(m·s^{-1})
夏季	1 005.4	34.4	27.9	—	—	31.2	SE	3.1
冬季	1 025.4	−2.2	—	75%	−0.3	4.2	NW	2.6

2.2 室内空气设计参数

不同酒店管理公司的设计标准中，室内空气设计参数的选择都略有不同。经综合比较，以客房为例，夏季设计温度最低取值为 22℃，冬季设计温度最高取值为 24℃。客房新风量的选择也不同，最高的标准取值为每间客房 120 m^3/h。表 2-2 可作为酒店管理公司未确定时的取值参考。

表 2-2 室内空气设计参数

房间名称		夏季		冬季		人均使用面积 /(m^2·人$^{-1}$)	新风量 /(m^3·h^{-1}·人$^{-1}$)	噪声标准 /[dB(A)]	备注
		温度 /℃	相对湿度	温度 /℃	相对湿度				
餐厅、多功能厅	5 星	23	≤60%	22	≥40%	2	30	45	
	4 星	24	≤65%	22	≥40%	2	25	45	
	3 星	25	≤65%	21	—	1.5	20	50	
大堂、公共卫生间、四季厅	4/5 星	23	≤65%	21	—	5	10	50	
	2/3 星	26	—	20	—	4	10	50	

（续表）

房间名称		夏季		冬季		人均使用面积/(m^2·人$^{-1}$)	新风量/(m^3·h^{-1}·人$^{-1}$)	噪声标准/[dB(A)]	备注
		温度/℃	相对湿度	温度/℃	相对湿度				
休息厅		23	≤50%	21		0.9	50		
商务中心		23	≤60%	21		4.6	25		
商业服务	4/5 星	23	≤60%	22	≥40%	4.2	17	50	
	2/3 星	26	—	20	—	4	10	55	
美容理发		24	≤60%	23	≥50%	4	30	45	
健身房		24	≤60%	20	≥40%	5	50	40	
室内游泳池		29	≤70%	29	≤70%	6	50	55	
宴会厅		23	≤60%	21		2	30		
宴会厅前厅		23	≤50%	21		0.9	17		
会议室		23	≤60%	21		1.4	34		
服务通道		25	≤50%	21		2.8	17		
客房和套间	5 星	22	≤60%	23	≥40%	16	50	≤35	
	4 星	25	≤60%	23	≥35%	16	40	40	
	3 星	26	≤65%	22	≥30%	14	30	40	
客房层通道		23	—	21		—	—		
行政办公室		23	60%	21		9	42		
员工更衣室		24	60%	21		9	25		
厨房		27	—	21		4.6	50		
洗衣房		26	—	18		7.4	50		
客房部		25	60%	21		4.6	25		

酒店后勤区域夏季室内空气设计参数如表 2-3 所列。

表 2-3 酒店后勤区域夏季室内空气设计参数

房间名称	温度/℃	房间名称	温度/℃
办公室及职工餐厅	24.0	点心制作间	27.0
员工更衣室及浴室	25.0	饮料间	18.0
电话机房	26.0	(鲜)花房	18.5
洗衣房(夏/冬)	30.0/16.0	肉/鱼/禽加工间	18.0
湿垃圾间	13.0	干货储存间	21.0～24.0
厨房(夏/冬)	27.0/20.0	一般酒类储存室	21.0
冷菜准备间	18.0	红酒储存室	13.0

（续表）

房间名称	温度/℃	房间名称	温度/℃
裱花间	20.0	瓶装啤酒储存室	5.5
巧克力房类加工区间	18.5	生啤储存室	3.3
冰激凌制作间	16.0	白葡萄酒储存室	5.5

对于人员暂时停留区域或不重要的区域，可适当降低室内设计温度的标准（夏季提高设计温度，冬季降低设计温度），以降低能耗（表 2-4）。

表 2-4 改变室内设计温度的节能效果（上海市）

季节	室内温度/℃	新风负荷/($kW \cdot m^{-2} \cdot a^{-1}$)	其他/($kW \cdot m^{-2} \cdot a^{-1}$)	总计/($kW \cdot m^{-2} \cdot a^{-1}$)	节能率
夏季	24	23	25.8	48.8	0
	26	17	23	40	18%
	28	12.2	18.7	30.9	36.6%
冬季	22	32.6	6.6	39.2	0
	20	21.7	5.1	26.8	31.6%
	18	13.5	4.0	17.5	55%

机电设备用房及酒店辅助用房的通风量可以按换气次数进行计算（表 2-5）。

表 2-5 通风换气次数 （单位：次/h）

房间名称	排风	送风
地下停车库	6	5
地下变压室	风量由热平衡计算确定	
地下变配电室	17.5①	15
地下制冷机房	6(12)②	6(5)③
空调机房及风机房	3～5	3～5
地下自行车库	3	3
地下水泵房	6(5)	6(5)
地下污水处理用房(有盖)	12(8)④	10(6)
垃圾房	8④	7③
厨房(24 h 通风)	6～10/10⑤	5～9/9⑤⑥⑦
厨房(运作时总通风量)	36/40⑤⑧	31/35⑤⑥⑦
燃油泵房	10	8
日用油箱间	6	5
燃气调压间	3	2
无空调的库房	4～6	4～6
更衣室	3(2)	4(3)⑦
浴　室	9	8

（续表）

房间名称	排风	送风
盥洗室	10～15⑦	—
地下直燃机房	燃气不少于 6 次/h，事故通风不少于 12 次/h	排风量与燃烧空气量之和
地下发电机房	由发电机排风量确定	排风量与燃烧空气量之和
地下锅炉房	12⑨	排风量与燃烧空气量之和①⑨
热交换机房	5(8)	5(6)
洗衣房	25.5	22⑥⑦
茶水间	10	—
电梯机房	10～15	10～15③
客房制冰间	12①	—

① 按热平衡计算确定。
② 兼事故通风，事故通风量不少于 12 次/h。
③ 有冷却降温设备。
④ 配活性炭除臭装置。
⑤ 地面建筑中的厨房（斜线左侧数据），其体积按吊顶高度计算；地下室内厨房（斜线右侧数据），其体积按地面到结构顶板底之间的高度计算。
⑥ 按风量平衡计算确定。
⑦ 有空调。
⑧ 配静电油雾净化装置。
⑨ 风机配变频调速装置。

2.3 室内空气质量要求

（1）保持室内微正压能减少周边未经处理的空气渗入；可稀释室内装修材料挥发物 VOCs 的浓度，空气质量会因新风机组不运行而降低。

（2）吸烟是影响室内空气品质的重要因素。

（3）新风量由稀释人的活动和建筑物产生的挥发性污染两部分需求决定。

（4）一氧化碳感应器：用以控制车库的通风系统运行。

（5）二氧化碳感应器：在人流量有大幅度起伏的区域，诸如宴会厅等，空调系统运行时根据 CO_2 浓度调节新风量，从而减小空调负荷。

（6）吸烟室、雪茄吧、大堂酒廊、美容发廊、按摩室等场所须对室内空气进行特别处理（排风或空气过滤），避免气味扩散到周围环境中。

2.3.1 规定设计法

由于不确定因素众多，工程中通常还是采用“规定设计法”，根据标准由室内人数 p（人）、建筑面积 A（m^2）给出不同场所每人所需的最小新风量 R_p（$L\cdot s^{-1}\cdot 人^{-1}$）和单位面积所需的最小新风量 R_B（$L\cdot s^{-1}\cdot m^{-2}$），计算所需新风量 D_{VR}，二者取大值。

$$D_{VR1}=R_p pD \tag{2-1}$$

$$D_{VR2}=R_B A \tag{2-2}$$

式中，D 为参差(变化)系数。

2.3.2 性能设计法

对于人员密度变化大的场所，如酒店的大宴会厅、大会议厅等，宜考虑采用“性能设计法”，以 CO_2 浓度控制新风量，以利于节能。房间的人员数随机变化，而房间具有一定的容积，按室内可能出现的最多人数计算新风量是不恰当的。对于最多人数持续时间少于 3 h 的房间，所需新风量可以按平均人数计算确定，该平均人数不应少于最多人数的 1/2。设计时末端设备容量应考虑满员的情况，运行时性能化控制新风。

2.3.3 缝隙法和换气次数法

保持正压所需新风量可采用缝隙法或换气次数法进行计算。

1. 缝隙法(表 2-6)

表 2-6 单位长度缝隙的渗风量

围护结构两侧压差/Pa	缝隙的渗风量/($m^3 \cdot h^{-1} \cdot m^{-1}$)		
	单层钢窗	双层钢窗	门
5	2.6	1.8	16.6
10	4.0	2.8	23.5
20	6.1	4.3	33.3
25	7.1	4.9	37.2
50	10.9	7.6	52.6

2. 换气次数法(表 2-7)

表 2-7 保持室内正压所需的换气次数

室内正压值/Pa	无外窗房间换气次数/(次 · h^{-1})	有外窗房间换气次数/(次 · h^{-1})	
		密封较好	密封较差
5	0.6	0.7	0.9
10	1.0	1.2	1.5
15	1.5	1.8	2.2
20	2.1	2.5	3.0
25	2.5	3.0	3.6
30	2.7	3.3	4.0
35	3.0	3.8	4.5
40	3.2	4.2	5.0
45	3.4	4.7	5.7
50	3.6	5.3	6.5

2.4 噪声标准

(1) 在系统的设计和设备的选用上须尽量用低噪声产品并减少噪声和振动的传递。

(2) 吊挂在建筑结构上的风管、水管、设备均要有减振吊架。

(3) 送/排风管风速、风口风速的选择均应满足 NR(噪声评价曲线)或 dB(A)(室内噪声标准)标准值(表 2-8)。

表 2-8 酒店建筑允许噪声标准 [单位: dB(A)]

房间名称	特级	一级	二级	三级
客房	35	40	45	55
会议室	40	45	50	50
多功能大厅	40	45	50	—
办公室	45	50	55	55
餐厅、宴会厅	50	55	60	—

(4) 应选用超低噪声型冷却塔,满足所处环境的噪声标准,超过时应做隔声屏,与冷却塔相邻的房间设双层玻璃窗,并复核隔声量,以确保满足要求。

(5) 客房的噪声标准应该更加受到关注,特别是夜间的噪声问题。客房的风机盘管送风管可采用玻璃纤维复合风管或采用铁皮风管内衬玻璃棉与穿孔板的消声方法。风机盘管宜设回风消声静压箱,尽量使回风口远离风机盘管。

2.5 本章附录

2.5.1 ZJ 酒店空调设计参数标准相关内容

1. 温度和相对湿度设计标准(表 2-9)

表 2-9 ZJ 酒店温度和相对湿度设计标准

区域	夏季温度/℃	相对湿度	冬季温度/℃	声压/NC
客房	22.0	50%	24.0	27
浴室	22.0		24.0	35
客房走廊	24.5	50%	21.0	40
客人服务区	25.5	55%	20.0	40

（续表）

区域	夏季温度/℃	相对湿度	冬季温度/℃	声压/NC
自动售货机区	25.5	55%	20.0	40
公众活动空间	23.0	50%	23.0	35/40
会议室	23.0	50%	23.0	30
公厕	23.0	50%	21.0	40
小卖部	23.0	50%	21.0	35
办公室	23.0	50%	21.0	40
更衣室	23.5	50%	22.0	35
桑拿休息区	23.5	50%	25.0	35
按摩区	23.5	50%	21.0	35
体操房	23.5	50%	21.0	35
室内游泳池	26.5	50%	26.5	40
酒店办公室	23.0	50%	21.0	40
服务区部门经理办公室	23.0	50%	21.0	40
计算机房	23.0	50%	21.0	40
入口门厅	—	—	18.5	—
外消防梯	—	—	12.5	—
厨房/备餐室	27.0	—	18.5	50
糕点区	21.0	—	20.0	50
厨房加工和出菜区	21.0	—	20.0	50
客房服务区	23.0		23.0	
厨师长办公室	23.0		23.0	
洗衣房	28.0	—	20.0	50
茶水室	28.0	—	20.0	50
房屋管理室	25.5	50%	21.0	45
员工餐厅	24.0	50%	21.0	40
员工衣橱及淋浴区	25.5	—	21.0	45
维修间	26.5	—	18.5	45
电话总机房	23.0	—	21.0	30
电话机房	23.0	—	21.0	35
收音、电视设备间	23.0	—	21.0	45
电梯机器房间	30.0	—	18.5	45～50

(续表)

区域	夏季温度/℃	相对湿度	冬季温度/℃	声压/NC
一般杂物储藏室	26.5	—	18.5	—
葡萄酒和饮料储藏室	20.0	—	18.5	—
机房	30.0	—	18.5	—
设备室	30.0	—	18.5	—
工程控制室	23.0	50%	24.0	45
室内车库	30.0	—	12.5	60

2. 通风要求(表 2-10)

表 2-10 ZJ 酒店通风要求

区域	房间最少换气次数/(次·h^{-1})	最小新风量	
		按人员密度计算/(L·s^{-1}·人$^{-1}$)	按房间面积计算/(L·s^{-1}·m^{-2})
客房、客房套间	85①	12.5	90②
大堂	10	—	0.75
公共走道	5	—	0.15
出租商铺区	10	—	0.5
理发美容店	15	12	4.5
餐馆	12	7	—
酒吧间	15	15	—
宴会前厅	10	7	—
舞厅	15	7	—
多功能厅/会议室	15	10	—
化妆室	10	5	—
翻译亭	10	5	—
文秘处	6	—	0.25
办公室	6	10	—
公厕	15	—	3.5
体操房	12	—	0.25
更衣室	12	5	—
按摩室	15	7	—
室内游泳池	10	—	0.25
厨房/备餐间	根据负载	—	—

(续表)

区域	房间最少换气次数/(次·h^{-1})	最小新风量	
		按人员密度计算/(L·s^{-1}·人$^{-1}$)	按房间面积计算/(L·s^{-1}·m^{-2})
焙烤区	根据负载	—	—
食物切配区	根据负载	—	—
洗衣房	20	—	—
茶水间	25	—	—
家政区	12	—	—
公众电话区	10	5	—
电话总机室	10	10	—
电话设备区	根据负载	—	1
行政级餐厅	12	7	—
食物储藏室	6	—	0.75
一般仓库	4	—	—
机房	20	—	—
发电房	20	—	—
变压器房	20	—	—
配电房	6	—	—
工程部	6	—	25
员工更衣室	4	—	—
清洁工柜	12	—	—
设备堆放房	20	—	—
风机房	6	—	—
垃圾分类处	12	—	—
制冰机房	12	—	—
储藏室	6	—	—
投影室	25	5	—
停车场	6	—	—
电梯机房	根据负载	—	—
计算机房	根据负载	—	24
控制室	根据负载	—	24

① 此处指排风量，单位为 m^3/h。

② 此处单位为 $m^3/(h·间)$。

2.5.2 WH 酒店空调设计参数标准相关内容(表 2-11)

表 2-11 WH 酒店室内环境要求

编号	地点	温度/相对湿度/(℃/RH)		人均面积/(m^2·人$^{-1}$)	新风量/(m^3·h^{-1}·人$^{-1}$)	灯光热负荷/(W·m^{-2})	备注
		供冷	供暖				
1	停车库	—	—	—	—	—	送风和排风至少每小时 8 次的换气量
2A	正门大堂和公共卫生间	22.2/50%	21.1	3.3	17	43	保持公共休息室在负压(相对于周围公共区)
	休息厅	22.2/50%	21.1	0.9(按座椅数量计算人数)	50	54	保持在负压(相对于周围公共区)
2B	商务中心	22.2/50%	21.1	4.6	25	75	每个会议室设置独立温控
3	餐厅	22.2/50%	21.1	1.4(按座椅数量计算人数)	17	54	保持在负压(相对于周围公共区)
	休息厅	22.2/50%	21.1	0.9(按座椅数量计算人数)	50	54	保持在负压(相对于周围公共区)
4	健身房	22.2/50%	21.1	4.2	34	32	保持在负压(相对于周围公共区),在每个理疗室设置独立温控
	室内游泳池	26.7/65%	26.7	6.0	34	32	保持在负压(相对于周围公共区)
5	商店	22.2/50%	21.1	4.2	17	75	在每个售货店设置独立温控
6A	前室/前厅	22.2/50%	21.1	0.9	17	54	
	宴会厅	22.2/50%	21.1	0.9	34	86	在每个隔断内设置独立温控
	会议室	22.2/50%	21.1	1.4	34	65	在每个房间内设置独立温控
	董事会议室	22.2/50%	21.1	1.4(按座椅数量计算人数)	34	65	在每个房间内设置独立温控
6B	服务通道	24.4/50%	21.1	2.8	17	32	保持在负压(相对于周围公共区)
	音响、调光设备间	22.2/50%	21.1	—	—	—	提供 24 h 空调
7A	客房和套间	22.2/50%	23.	2	—	—	

（续表）

编号	地点	温度/相对湿度/(℃/RH)		人均面积/(m²·人⁻¹)	新风量/(m³·h⁻¹·人⁻¹)	灯光热负荷/(W·m⁻²)	备注
		供冷	供暖				
7B	客房层通道	22.2/50%	21.1	—	—	11	
	布草间	24.4/50%	18.3	—	—	—	需要通风来保持环境质量
	制冰机室	22.2/50%	21.1	—	—	—	如果使用风冷设备，须在每台机器上配置 176 m³/h 的排风
	出口楼梯间	—	4.4	—	—	—	空调/通风参考封闭楼梯间的设计要求
7C	行政酒廊	22.2/50%	21.1	2.3(按座椅数量计算人数)	25	32	
8A	行政办公室	22.2/50%	21.1	9.3	42	43	所有办公室使用独立的温控器，在复印室提供排风
8B	员工更衣室	24.4/50%	21.1	9.3	25	32	
	员工餐厅	24.4/50%	21.1/70%	0.9(按座椅数量计算人数)	25	32	保持在负压(相对于周围公共区)
9	收货部	—	—	—	—	—	在每个入口提供风幕机(气帘)
	垃圾站	12.7/50%	12.7/50%	—	—	—	保持在负压(相对于周围公共区)，提供独立温控器
10	厨房	26.6/50%	21.1	4.6	50	32	保持在负压(相对于周围公共区)
	配菜间	18.3/50%	18.3	4.6	50	32	
	酒库	12.7/50%	18.3/65%	—	—	32	
	肉/鱼/家禽加工区	18.3/50%	18.3	4.6	50	32	
	巧克力房	15.5/50%	18.3	4.6	50	32	保持在负压(相对于周围公共区)
	面点间	18.3/50%	18.3	4.6	50	32	保持在负压(相对于周围公共区)
11A	洗衣房	26.6/50%	18.3	7.4	50	32	
11B	客房部	24.4/50%	21.1	4.6	25	32	提供 24 h 的空调
12	电梯设备间	24.4/50%	21.1	—	—	—	提供独立温度控制

（续表）

编号	地点	温度/相对湿度/(℃/RH)		人均面积/(m²·人⁻¹)	新风量/(m³·h⁻¹·人⁻¹)	灯光热负荷/(W·m⁻²)	备注
		供冷	供暖				
13A	计算机房	24.4/50%	21.1	—	—	—	10.5 kW(36 000 BTUH)设备载荷，提供24 h的空调
13B	电话房	24.4/50%	21.1	—	—	—	7 kW(24 000 BTUH)设备载荷，提供24 h的空调
13C	保安部	24.4/50%	21.1	—	—	43	按需要进行通风
14	机电用房和工场间	24.4/50%	21.1	—	—	—	

2.5.3 KY 酒店空调设计参数标准相关内容

1. 最低制冷及供暖标准(表 2-12)

表 2-12 KY 酒店温度及相对湿度要求

区域	空间	干球温度/℃			相对湿度	
		寒带夏季①	热带夏季①	寒带冬季②	夏季②	冬季②
客房楼宇	客房/套房	24.0	24.0	22.0	65%	35%
	客房洗浴室			24.0		35%
	客人走廊/楼梯	25.0	25.0	21.0	65%	35%
	出口楼梯	27.0	28.0	19.0	NC(不控制)	NC(不控制)
餐饮区域	餐厅/展示厨房	24.0	24.0	21.0	65%	35%
	酒吧	24.0	24.0	21.0	65%	35%
公共区域	大堂/走廊	24.0	25.0	21.0	65%	35%
	公共卫生间	25.0	26.0	21.0	NC(不控制)	35%
	其他	25.0	26.0	21.0	65%	35%
办公室	行政办公室	24.0	24.0	21.0	NC(不控制)	NC(不控制)
	会议室	24.0	24.0	22.0	65%	35%
	后场区办公室	25.0	25.0	21.0	NC(不控制)	NC(不控制)
	后场区走廊	26.0	27.0	20.0	NC(不控制)	NC(不控制)
功能房	会议室	24.0	24.0	22.0	65%	35%
通信中心		24.0	24.0		65%	
健身中心	健身房/有氧运动房	24.0	25.0	22.0	65%	35%

（续表）

区域	空间	干球温度/℃			相对湿度	
		寒带夏季①	热带夏季①	寒带冬季②	夏季②	冬季②
中央厨房	肉类准备区	21.0	21.0	18.0	NC(不控制)	NC(不控制)
	鱼类准备区	21.0	21.0	18.0	NC(不控制)	NC(不控制)
	点心房、巧克力和冰激凌制作间	18.0	18.0	18.0	65%	NC(不控制)
	冷餐房	21.0	21.0	21.0	65%	NC(不控制)
	蔬菜准备区	22.0	22.0	21.0	65%	NC(不控制)
	酒水仓	23.0	23.0	18.0	65%	NC(不控制)
	面包店	26.0	26.0	21.0	65%	NC(不控制)
主厨房	面包和甜点房	23.0	23.0	20.0	65%	NC(不控制)
	服务吧	23.0	23.0	20.0	65%	NC(不控制)
	冷餐房	23.0	23.0	20.0	65%	NC(不控制)
	烹饪区	27.0	27.0	22.0	65%	NC(不控制)
配餐间		24.0	24.0	21.0	65%	NC(不控制)
洗衣房/收发室		27.0	27.0	最低供暖或不供暖，但当地法规或惯例有要求的除外	70%	
员工区	更衣室	26.0	27.0	21.0	65%	NC(不控制)
	卫生间	26.0	27.0	21.0	NC(不控制)	NC(不控制)
	餐厅	25.0	26.0	21.0	65%	NC(不控制)
技术区	设备房	仅使用外部通风③		15.0		NC(不控制)
	工作间	26.0	27.0	20.0	NC(不控制)	NC(不控制)
	控制室	25.0	27.0	21.0	NC(不控制)	NC(不控制)
	PABX/计算机/MATV 房间	20.0	20.0		65%	
商店	杂货区	27.0	28.0	19.0	NC(不控制)	NC(不控制)
	食品饮料干货区	27.0	27.0	19.0	65%	NC(不控制)

① ±1℃。
② ±5%。
③ 设备制造商另有要求的除外。

2. 最低通风要求(表 2-13)

表 2-13 KY 酒店通风要求

区域	对通风用室外空气的最低要求
PABX/计算机/MATV 房间	60 $m^3/(h·人)$
更衣室	每个座位或便池 50 m^3/h
储藏室(频繁使用)	5.0 $m^3/(h·m^2)$
储藏室(非频繁使用)	1.0 $m^3/(h·m^2)$
走廊	0.8 $m^3/(h·m^2)$
游泳池休息区	9.0 $m^3/(h·m^2)$
肉类加工厨房①	15.0 $m^3/(h·m^2)$
面包店②	10.0 $m^3/(h·m^2)$
洗衣房/收发室③	10～30 次/h
密闭的停车场④	6 次/h
柴油发电机房(被动)	3.0 次/h
柴油发电机房(主动)	15.0 次/h

① 如涉及"开放式厨房"概念,应按更高标准的通风要求进行设计。
② 如设备有更高的要求,则以更高的要求为准。
③ 为了防止出现热气、污染物、气味或烟雾积聚,对员工健康造成危害或食品酸败等其他状况,应按更高标准的通风要求进行设计。
④ 车库有供热时根据低通风要求设计。

3. 房间压差的最低标准(表 2-14)

表 2-14 KY 酒店房间压差

区域	供气	排气	输气	压力	区域	供气	排气	输气	压力
客房	×	×		+	冷餐房	×	×		0
套房	×	×		+	洗衣房/收发室	×	×	<	—
客房洗浴室①		×	<	—	储藏室(频繁使用)	×	×	<	—
客人走廊/通行空间	×	×	>	+	储藏室(非频繁使用)		×	<	—
地面配餐间	×	×	<	—	锅炉房②	×	×	<	—
饭店②	×		>	+	制冷站	×	×	<	—
酒廊/酒吧	×	×	<	—	风机房		×	<	—
大堂	×	×	>	+	变压器间	×	×		—
卫生间	×	×	<	—	配电房	×	×	<	—
行政办公室	×	×	>	+	应急柴油发电机房(被动)		×	<	—
其他办公室	×	×	>	+	应急柴油发电机房(主动)	×	×	<	—
零售商店	×	×	<	—	电梯机房		×	<	—

（续表）

区域	供气	排气	输气	压力	区域	供气	排气	输气	压力
健身中心	×	×		－	工作间		×	＜	－
室内游泳池	×	×		－	计算机房/电话设备房	×	×	＞	＋
厨房	×	×	＜	－	更衣室	×	×	＜	－
点心房/面包房	×	×	＞	＋	密闭的停车场	×	×		－
肉店	×	×		0					

注：×—需要；＜—输入；＞—输出；＋—正压；－—负压；0—中性。
① 客房浴室的空气将通过 12 mm 的房门切口从卧室输入，但特大浴室除外。
② 如法规许可，调节空气可输往/输自毗邻区域。

2.5.4 XLD 酒店空调设计参数标准相关内容(表 2-15)

表 2-15 XLD 酒店室内环境要求

区域	夏季温度/相对湿度/(℃/RH)	冬季温度/相对湿度/(℃/RH)	新风量	排风量(换气次数)
公共区域、办公室和后台区	23/50%	21/40%	3.6 $m^3/(h \cdot m^2)$	
零售店、甜点吧和操作间	23/50%	21/40%	5.4 $m^3/(h \cdot m^2)$	
餐厅和会议室	22/50%	22/40%	7.2 $m^3/(h \cdot m^2)$	6 次/h
酒吧、宴会厅和宴会厅前厅	22/50%	22/40%	9.0 $m^3/(h \cdot m^2)$	
客房	23/50%	22/40%	120 m^3/h	102 m^3/h
客房走廊	23/50%	21/40%		2 次/h
公共卫生间	23/50%	21/40%		12 次/h
厨房	≤29	≥20		
洗衣房	≤29	≥20		15～60 次/h
游泳池	≤30/60%	≥26/60%	100%新风	
机电设备房	≤38	≥20	7.2 $m^3/(h \cdot m^2)$	变配电房10～15 次/h，水泵房6 次/h，冷冻机房6 次/h，锅炉房6 次/h(事故排风12 次/h)
员工淋浴间、卫生间和更衣室	≤25	≥21		12 次/h
员工餐厅	≤25	≥21	5.4 $m^3/(h \cdot m^2)$	
计算机房	20	20		

3 酒店空调冷热源设计

3.1 酒店冷热源方案选择原则

酒店冷热源方案的选择应综合考虑空调夏季制冷与冬季供暖、生活热水、洗衣房蒸汽、厨房蒸汽及空调加湿等方面的需求，在选择设备时应考虑各种设备的综合使用效果，而不能仅仅从空调制冷角度考虑选型。

3.1.1 冷源方案设计

（1）根据工程所在地的能源政策及能源供应情况进行选择，主要能源有燃气、电/热电厂供汽或工厂余热，要求如下：①有稳定的能源供应系统；②有两种以上能源选择时，采用价格较低、经济合理的组合用能方式，通过比选，设计合理的能源供应系统。

（2）根据节能需求，了解工程所在地的自然资源（如江河、湖水、海水、土壤等）是否可以用来释热，有无其他可直接利用的自然冷源。酒店项目有稳定的热需求时，采用电制冷时宜设计冷凝热回收系统或热泵热水系统冷回收。

（3）考虑谷时优惠电价下的蓄冷系统。

（4）根据冷负荷的计算结果、服务功能、各区域运行情况和低负荷运行要求，合理配置主机的大小、数量，兼顾节能、节地。

3.1.2 热源方案设计

（1）根据工程所在地的能源政策及能源供应情况进行选择，主要能源有燃气、市政供热、电/热电厂供汽或工厂余热，要求如下：①有稳定的能源供应系统；②有两种以上选择时，采用价格较低、经济合理的能源，并设计合理的系统。

（2）了解工程所在地的自然资源（如江河、湖水、海水、土壤等）是否可以用来作为低位热源，有无其他可直接利用的自然热源（如地热水、污水源等）。

（3）酒店有洗衣房时须另外设置蒸汽锅炉、蒸汽发生器或压力符合使用要求的蒸汽来源。

（4）酒店无洗衣房时，可全部采用热水锅炉、城市热网，以及地源、水源热泵热水机组，夏热冬冷及其以南地区可采用空气源热泵机组。

(5) 当采用市政热网作为冬季热源时，需考虑非供暖季的生活热水热源需求，可设置热水锅炉或采用空气源热泵。

(6) 变电室、配电室、洗衣房、温泉酒店的废水热回收系统可提供员工淋浴热水或用于其他用途。

(7) 机组配置要合理，保证运行安全。

3.1.3 酒店冷源方案设计要点

(1) 当酒店冷源不是由区域供冷暖中心提供，而由酒店独立设置时，其总容量不会太大，为节省机房面积与管理方便，制冷站要 24 h 供冷并有低负荷供冷的特点，主机宜为 2～4 台，并根据单机容量选择机型。

(2) 当单机容量在 700 kW(200 RT)以下时，选择螺杆式冷水机组；当单机容量在 700～1 750 kW(200～500 RT)时，可以选择螺杆式也可以选择离心式冷水机组，离心式冷水机组能效比较高，螺杆式冷水机组机房层高较低，可根据条件选择能效高、噪声低的机组；当单机容量大于 1 750 kW(500 RT)时，应选择离心式冷水机组。

单机的负荷调节能力要适应系统低负荷供冷，不能完全听生产商宣称的离心式冷水机组负荷调节在 30%～100%、螺杆式冷水机组负荷调节在 10%～100%，因为蒸发器和水系统不可能调整到这个工况。建议离心式冷水机组以 70%、螺杆式冷水机组(含三级离心机)以 60%的负荷来适应系统的低负荷工况；如不适应，建议改设一台变频离心式冷水机组或增设一台小负荷机组来承担系统低负荷供冷。

当选择 2 台主机时，单机容量达到系统高峰负荷的 65%；当选择 3 台主机时，单机容量达到系统高峰负荷的 50%；当选择 4 台主机时，单机容量达到系统高峰负荷的 33%。

(3) 磁悬浮离心式冷水机组具有较宽的负荷域，综合部分负荷性能系数(Integrated Part Load Value，IPLV)高于普通机组，磁悬浮机组无润滑油系统维护，可节省运行费用，当投资允许或安装合适时，可以考虑。

(4) 多种能源形式制冷机的组合(如电制冷＋燃气吸收型制冷)能适应能源价格的变化，也有利于运行保障，天然气供应优势地区，可做方案比较。

(5) 在燃气价格比较有优势的地区，如热电联产的烟气余热或缸套高温水，可配置部分余热吸收型或热水型溴化锂制冷机组，组成多能源机房，当部分负荷时，优先使用低价能源。

(6) 在燃气价格低的地区，配置部分直燃型溴化锂吸收式冷(温)水机组，可减少锅炉容量，酒店用汽锅炉另设，避免直燃机全年无休。

(7) 与大系统运行时间不一致的部门，可配置分体式空调或多联机，独立于中央空调系统，有可能比集中输配水系统更方便、更节能。

(8) 对于规模小或建筑分散的酒店(如别墅类酒店)，为减少冷热输送损失和管理方便，可选用多联机＋新风机组方式。它的优点是安装方便，节省空间，布置灵活，部分负荷时能效高,并可实施分户计费等。

3.1.4 酒店热源方案设计要点

(1) 当供热源不是由地域热网提供,而是由酒店自建锅炉房提供时,因供暖负荷比生活热水负荷大,供暖是单季,而热水是全年的,考虑热水锅炉热效率高,应将供暖设置为承压或常压热水锅炉。如果酒店管理公司允许,也可以采用真空锅炉,从而同时提供不同温度的水。

(2) 锅炉的数量宜为 2～3 台,不应多于 4 台。当设置 2 台时,其单台容量应达到供暖设计负荷的 67%。对于供暖度日数超过 2 000℃ · d 或设备维修能力弱的地方,应设置 3 台,做到 2 用 1 备;当设置 3 台锅炉时,其单台容量为设计容量的 50%。

(3) 当酒店设有洗衣房,需要蒸汽时,洗衣服、厨房用汽和空调加湿可以另配置蒸汽锅炉,其效率应满足节能规范要求,燃油、燃气蒸汽锅炉效率不低于 90%。

(4) 当酒店只设热水锅炉时,生活热水、厨房用水、游泳池用热都可以由水-水换热方式提供不同温度的热水。生活热水的供/回水温度为 60℃/50℃;游泳池周边地面辅助辐射供暖供/回水温度为 50℃/40℃,当游泳池采用能源再生系统供暖时除外。

(5) 燃气、燃油锅炉在高海拔地区运行时,会产生不完全燃烧、热效率较低、出力不足等问题,因此锅炉燃烧器选型时必须对风量和风压进行修正,还须留有一定的余量。在相同的燃料供给情况下,高海拔地区的空气质量流量 G_s 小于标准工况下的空气质量流量 G_0,高海拔地区的锅炉出力 Q_s 小于标准工况下的锅炉出力 Q_0,应根据当地海拔,按照设计热负荷的 1.2～1.5 倍选配锅炉。

3.2 冷源系统辅助设备选择

3.2.1 冷却塔

(1) 冷却塔台数与制冷主机的数量匹配。

(2) 冷却塔的选型按对应的冷水机组确定,包括冷却水进出口温度和循环水量,出水温度按比当地室外计算湿球温度高 3℃计算;效率高的冷却塔,逼近度可以做到 2℃。

(3) 冷却塔采用共用集管运行,塔间平衡管使各塔运行时水位差减小,停泵时防止近区塔溢水。

(4) 每台冷水机对应一组冷却塔,为避免气流短路,每组冷却塔各模块之间应设置隔断。

(5) 冷却塔需根据环境的噪声要求,选用标准型、低噪声型或者超低噪声型,冷却塔风机可由冷却水温度作变频控制。

3.2.2 冷水泵、冷却水泵

（1）制冷主机（冷水机组）和空调冷水循环泵、冷却水循环泵采用一对一的连接方式，并在各组设备连接管道中间设置互为备用的手动转换阀。

（2）如采用一级泵变流量系统，制冷主机和空调冷水循环泵也可以采用母管连接的方式，设置备用泵，轮换使用。

（3）冷水循环泵、冷却水循环泵流量按主机额定流量选取，不预留富余流量，扬程富裕系数取1.05～1.1。

（4）二级泵冷水系统冷源侧一级泵的流量不变，二级泵根据末端负荷的需求调节流量。

（5）一级泵变流量冷水系统水泵变频，并选择可适应变流量的冷水机组，使蒸发器侧流量随负荷侧流量的变化而改变，从而降低水泵的能耗。

3.3 酒店空调冷热源的组合方式分析

3.3.1 酒店空调冷热源的组合形式一

离心式（螺杆式）冷水机组供冷，燃气（油）热水（蒸汽）锅炉供热（或市政供热）。

1. 特点

五星级酒店建筑要求可靠的全日制空调，且洗衣房和厨房需要供应蒸汽，所以酒店建筑的空调采用水冷冷水机组供冷、燃气（油）热水（蒸汽）锅炉供热（或市政供热）的形式居多，其特点如下。

（1）电动冷水机组启停方便，负荷调节容易实现，能效比高。

（2）冷源、热源集中设置，运行及维修管理方便。

（3）对环境有一定影响。

（4）单机容量大，结构紧凑，占地面积小，但会占据一定的有效建筑面积。

2. 适用性分析

五星级酒店建筑要求可靠的全日制空调，且建筑物内对热源有多种需求，例如空调供暖系统、集中生活热水系统加热、游泳池水加热、冬季空调加湿用汽、洗衣房熨烫设备用汽、厨房用汽等。这些负荷有季节性变化，也有全日内的不均匀变化。锅炉台数和单台锅炉容量的配置，应确保单台锅炉的运行负荷率，并保证在热负荷变化的情况下能高效节能运行。因此，酒店建筑的空调采用水冷冷水机组供冷、燃气（油）热水（蒸汽）锅炉供热（或市政供热）的形式居多。

酒店建筑的空调采用锅炉供热（或市政供热）的形式又分为两种。一种是厨房、洗衣、高温消毒以及冬季空调加湿等蒸汽热负荷以蒸汽为热媒，其余热负荷以热水为热媒。另一种是全部采用蒸汽锅炉，由于酒店全年都有用热需求，蒸汽锅炉有利于控制热量输出并可独立营运。超高层建筑将蒸汽直送上部区域，避免水系统因承压而多次换热，可以降低水力输送的能耗，同时可以提高空气加湿的品质。

由于蒸汽锅炉的排污热损失和散热损失都高于热水锅炉，当用于热水系统时，还需要将蒸汽与热水进行交换，蒸汽使用时存在凝结水的排放，因此在可用热水替代蒸汽的场合，应采用热水锅炉，其效率大于蒸汽锅炉。

3.3.2 酒店空调冷热源的组合形式二

直燃型溴化锂吸收式冷热水机组＋电动冷水机组供冷、供热。

1. 特点

溴化锂吸收式制冷是以热能为动力，水为制冷剂，溴化锂溶液为吸收剂的制冷。直燃型溴化锂吸收式冷热水机组以燃料的燃烧热为驱动热源，按双效制冷循环制取冷水，直接利用冷剂蒸汽的冷凝热制取热水。

由于直燃型溴化锂吸收式冷热水机组直接使用矿物能，比以热能为动力的溴化锂吸收式冷水机组的制冷效率稍高，在油气产地或油气输送方便的地区最具优势。

多种能源的混合配置可以提高系统运行的可靠性，减少对单一能源的依赖，适应能源价格的变动，部分负荷时可以优先使用性价比高的机种，大型项目宜采用多元机型混合配置。

2. 适用性分析

电制冷机能效比吸收式制冷机高，运行经济，但有时因为用电负荷超出，要增设 35 kV 变电站，增加投资较大。对于有热力网的热水、蒸汽供应，尤其有余热可利用或天然气便宜的场合，蒸汽型或直燃型吸收式制冷机可能是较好的方案。

3.3.3 酒店空调冷热源的组合形式三

供冷采用地源热泵＋螺杆式冷水机组，供热采用地源热泵＋锅炉。

1. 特点

地源热泵系统是以岩土体、地下水或地表水为可利用热源或蓄热体，由水源热泵机组、地热能交换系统、建筑物内系统组成的空调系统。它利用浅层地热资源进行供暖，属于可再生能源系统，冬夏平均能效比达到 4.0，有良好的节能与环保效果。

2. 适用性分析

工程中地源热泵中央空调系统夏季制冷、冬季供暖，并给生活热水提供预热。充分利用带热回收的地源热泵空调系统给建筑供冷、供热，同时提供免费生活用水。根据酒店入住率、建筑物空调利用率，充分发挥机组的多级调节功能，更有利于节能。

夏季工况：开启带余热回收功能的地源热泵机组给建筑提供冷量的同时免费提供生活热水。

冬季工况：开启地源热泵机组给建筑提供空调制热和生活热水。

过渡季节：直接利用带余热回收功能的地源热泵机组给建筑物提供生活热水。

3.3.4 酒店空调冷热源的组合形式四

多联机空调系统＋新风系统。

1. 特点

多联机空调系统是指一台室外空气源制冷或热泵机组配置多台室内机，通过改变制冷剂流量以适应各房间负荷变化的直接膨胀式空气调节系统。

对多联机空调系统的优化设计和控制方式的改善，可以精确地控制压缩机的制冷剂循环量和进入室内各换热器的制冷剂流量，适时地满足室内冷、热负荷的要求。多联机空调系统安装管路简单、节省空间，设计简单、布置灵活，部分负荷情况下能效比高、节能性好、运行成本低，运行管理方便、维护简单，分户计量、分期建设；但初期投资较高，对建筑设计有要求，特别对于高层建筑，在设计时必须考虑系统的负担长度、室外机的安装位置。新风与湿度处理要另外配置。

2. 适用性分析

多联机空调系统＋新风系统适用于房间数量多、区域划分细致或布局分散的酒店建筑。

3.4 制冷机组选择要点

(1) 制冷机组选择要满足空调设计负荷，并考虑部分负荷的运行；考虑到制冷机大部分时间不在标准工况下运行，应增加 5%～10%的余量；机房机组台数以 2～4 台为合适。

(2) 在供电有保障的地区应优先选用电力直接驱动的制冷机组，因为它的制冷能效比其他驱动方式高。当低压(电压 380 V)供电时，制冷机电机容量控制在 650 kW 以下；电机容量大时，要配用高压电机(电压 10 kV)，因为大容量低压电机将导致电机效率低和电缆过粗、损耗大且难以接驳的不合理现象。

(3) 大容量机组负荷大时采用离心式机组，它的单机负荷调节在 30%～100%；容量中等的项目可选用螺杆式机组，它的单机负荷调节在 10%～100%。当负荷不低于单机负荷的 40%时，可不必再选用小容量机作为部分负荷工作机，单机的最高效率通常在 70%～80%额定负荷处，所以多机搭配的机房，容易实现部分负荷时运行效率高。如果投资允许，可考虑配置一台变频机组，更好地适应负荷变动。

(4) 冷水机组配置的高海拔修正问题。冷水机组的换热设备(蒸发器、冷凝器)的实际换热能力会由于海拔上升、空气密度减小而下降。冷水机组制冷能力的海拔修正可参照表 3-1 所列的数据。

表 3-1 冷水机组制冷能力的海拔修正系数

海拔/m	0	609.6	1 219.2	1 828.8	2 438.4
修正系数	1	0.989	0.979	0.968	0.955

3.5 酒店管理公司标准对制冷机容量的要求

不同的酒店管理公司对制冷机的冗余配置有不同的要求，表 3-2 罗列了部分酒店管理公司的相关要求。

表 3-2 不同酒店管理公司对制冷机配置的要求

酒店	制冷机台数/台	单机容量占总容量百分比	总的冗余量	备注
ZJ 酒店	2	67%	34%	
	3	50%	50%	
WH 酒店	2	65%	30%	
	3	45%	15%	
KY 酒店	3	35%	5%	温和地区
	2 大 1 小	50%,50%,30%	30%	热带地区
XED 酒店	3	35%	5%	1 台停止，其余可满足 75%负荷
	3	50%	50%	1 台停止，其余可满足 100%负荷
XLD 酒店	2	65%	30%	
	3	40%,46%,53%	20%,40%,60%	

酒店管理公司从运营管理角度出发，希望设备能够有一定冗余度，以便发生故障时还能保证大部分区域的空调使用。但此项要求与《民用建筑供暖通风与空气调节设计规范》(GB 50736—2012)中制冷机的装机容量不能超过计算负荷的 1.1 倍相矛盾。实际设计中，可以通过预留制冷机的位置和用电量的方式满足酒店管理公司的要求。

3.6 高效制冷机房系统

3.6.1 制冷机房系统概述

2017 年 12 月，广东省率先颁布《集中空调制冷机房系统能效监测及评价标准》(DBJ/T

15—129—2017),2018 年 4 月 1 日起实施。2019 年 6 月,七部委联合印发《绿色高效制冷行动方案》,要求到 2030 年,大型公共建筑制冷能效提升 30%,制冷总体能效水平提升 25%以上。中国工程建设标准化协会标准《高效制冷机房系统应用技术规程》正在制定过程中。

在公共建筑中央空调系统供冷能耗中,制冷机房系统占 40%~50%,由此可见制冷机房系统是公共建筑的耗能大户。制冷机房系统能效比(Energy Efficiency Ratio, EER)指制冷机房系统总输出制冷量和机房系统总耗电量的比值,是目前国际上衡量制冷机房系统效率的通用指标。按美国供暖、制冷与空调工程师学会(American Society of Heating, Refrigerating and Air-Conditioning Engineers, ASHRAE)的规定,高效率的制冷机房系统 EER 应该在 5.0 以上。《中国建筑节能年度发展研究报告 2018》表明,广东省内部分建筑制冷机房系统 EER 全年平均为 2.5~3.0,因此空调制冷机房系统能效具有很大的提升空间。

3.6.2 设计要点及相关技术措施

(1) 高效制冷机房系统以实际运行效果作为判定依据,需要以制冷机房系统性能目标为导向,设计、招投标、施工、调适和运行各个阶段协同配合。根据目前建筑行业的实际情况,一般都以低价中标为原则。因此,为实现高效制冷的目标,建议业主将高效机房的深化设计、设备及自控系统采购、施工安装和运行调试等内容单独打包,分包给一家单位,以便能够有约束力地进行把控。

(2) 高效制冷机房系统设计应以系统能效目标为导向,以"保证室内热舒适度、最小化全寿命周期成本"为原则,根据气候特征、建筑负荷特点以及建筑功能,结合建设方需求,选择适宜的设计方案。

(3) 通过目标分解,依次进行冷源设备选型、水系统设计和控制策略制订工作,同时对各分项指标进行验证,在全寿命周期成本最低的原则下,通过不同组合方案的比选,选取最佳设计方案。

(4) 在制冷机房系统中,冷水机组是输出供冷量的唯一源头,冷水泵、冷却水泵和冷却塔作为附属设备并不直接输出供冷量,其耗电量的大小直接影响制冷机房系统能效。降低附属设备耗电占比,在相同的制冷机房系统能效下,可降低对冷水机组的性能要求,从而降低冷水机组初投资。

(5) 降低附属设备耗电占比可通过选择高效率的水泵和冷却塔、降低冷却水和冷水系统输配阻力、制订水泵和冷却塔优化控制策略等手段实现,但会增加设备、管道及附属部件初投资,因此应综合考虑分析确定合理的附属设备耗电占比。

(6) 在设计高效机房时,设计工况下冷却塔逼近度宜取 2~3℃。

(7) 降低系统输配能耗宜采用下列技术措施:水力平衡优化设计(如长曲率半径弯头、顺水三通);加大供回水温差;调整管径,降低比摩阻;选用高效率水泵;选择低阻力设备和阀部件(如旋启式止回阀、低阻型过滤器等),冷水机组蒸发器和冷凝器宜采用一流程以降低输配系统阻力;管道路由合理布置。

(8) 对于设计温差较大的变流量冷水系统，当建筑冷负荷较大，需设置多台冷水机组时，可采用冷水机组串联逆流布置形式。根据压缩机压比和冷水机组性能，对上游和下游冷水机组负荷进行合理分配。

(9) 设计二级泵水系统时，一级泵和二级泵均采用变频调速泵。在不增大电机和变频器容量的前提下，变频水泵宜选择较大的叶轮直径以提高效率。

(10) 高效机房监控系统宜采用直接数字控制器和现场总线控制系统。末端设备控制系统宜采用与高效机房监控系统同一品牌或兼容的产品，以保证末端设备与环境参数和高效机房监控系统的数据共享。

(11) 高效机房监控系统宜以系统整体能效为目标，选择合理的控制策略，实现系统的高效运行。所有数据均应以数据库文件格式存储，供第三方程序直接使用，并至少存储两个制冷周期。

(12) 高效制冷机房宜采用 BIM 技术进行设备布置、管网综合等的深化设计及施工建造，并应符合下列规定：

① 宜结合设计参数、订货设备参数、现场环境条件、末端负荷需求、系统高效运行要求，采用合理的优化设计。

② 宜采用高效、绿色、节能的数字化加工制作以及模块化、装配式施工等建造技术。

3.7 本章附录

3.7.1 ZJ 酒店空调冷热源设计标准相关内容

1. 制冷机设计要求

(1) 选择空调系统时，设计师必须分析各种影响因素及相关细节，以确定合理的方案。

(2) 设计师必须使用 ASHRAE 和英国皇家注册建筑设备工程师学会(Chartered Institution of Building Services Engineers, CIBSE)认可的软件计算冷热负荷。

(3) 在确定机组容量时，需进行全生命周期成本分析，在基于合理的工程设计原则的基础上，要对初投资和运行维护费用进行对比分析。

(4) 酒店应采用集中供冷水系统，制冷机组一般采用涡旋式、螺杆式或离心式，如果运行成本较低，也可采用吸收式机组。通过全生命周期成本计算选择合理的空调方案。

(5) 制冷机组选择须考虑以下因素：设备的实用性和可靠性、初投资、当地的售后服务水平、备用余量、将来的可扩展性、年冷负荷曲线。

(6) 机组的配置须满足全年的舒适性要求，在温和地区春秋季低负荷时，四管制同时制冷、制热应考虑系统的经济性。制冷系统须经过集团批准。

(7) 制冷机容量和类型：根据制冷负荷大小选择制冷机型和容量(表 3-3)。机组的冗余量还须考虑每年室外温度超过 13℃的小时数(表 3-4)，二者相矛盾时，以表 3-3 为准。当采用往复式或吸收式机组时，须考虑其经济性。

表 3-3　制冷机配置与制冷负荷关系

制冷负荷/kW	压缩机类型	机组数量/台	单机容量
<20	涡旋式	2	67%
20～200	涡旋式	2 或 3	67%
>200	离心式或螺杆式	3	50%

表 3-4　制冷机配置与室外温度关系

每年室外温度超过 13℃的小时数/h	机组台数及容量
≤5 000	2 台，每台 67%
>5 000	3 台，每台 50%

（8）应设置独立的冷却水系统，供厨房制冷设备、客房的制冰机及其他有特殊需求的地方使用，除非有全年运行的空调用冷却水系统可供使用。

（9）离心式制冷机的综合部分负荷性能系数不超过 0.16。

2. 冷却塔设计要求

（1）为防止军团菌扩散，冷却塔的设置位置应考虑最多风向和酒店新风引入口的位置。

（2）应设置带加药泵的自动水处理系统。

（3）冷却塔单元应根据制冷机台数对应设置。因逆流塔具有高效率和排气速率要求，冷却塔一般采用逆流型；只有当空间受限或受噪声影响时，采用横流型。应根据当地的环境条件选择冷却塔材质。

（4）冷却塔容量的选择应满足冷却负荷并考虑 10%的余量。在冷却小时数大于 5 000 h 的地区，冷幅可小于 4℃，其他地区取 6℃。

（5）冷却塔应放在对噪声不敏感和湿空气排出影响小的地方，最好放在客人看不到的塔楼屋顶，并远离锅炉烟囱。

（6）当设置免费供冷系统和冷凝热回收系统时，可考虑采用闭式冷却塔。

3. 锅炉设计要求

（1）生活热水和热空调系统可采用常压热水锅炉（水-水交换）。洗衣房、厨房设备、加湿系统等可采用蒸汽锅炉。

（2）锅炉应选用三回程火管卧式自动燃油/燃气锅炉。

（3）燃料首选天然气，其次是人工煤气或柴油，电锅炉不推荐。

（4）锅炉的容量选择应考虑设备维修时保证供热量的需求，即当一台锅炉维修时，能保证 2/3 的设计容量继续正常供热。多台锅炉应能并联使用。

（5）在北方地区，酒店即使有区域集中供热系统，也应设备用锅炉。

3.7.2 WH 酒店空调冷热源设计标准相关内容

1. 制冷机组设计要求

(1) 数量要求：不少于两台，对应的管道须并联。

(2) 类型要求：使用非 CFC 冷媒、电动离心式或螺杆式冷水机组，并配有厂家原装的启动器及微处理器控制器。

(3) 容量选定：所选机型组合应能在不同荷载时均高效运作。

(4) 备用量：如用两台机组，每台容量按峰值荷载的 65%选择。荷载大于 1 200 冷吨的项目，须选用三台主机，每台容量为峰值荷载的 45%。

(5) 效率范围：满载时效率应为 14%～16%(COP 为 6.36～7)，以蒸发器的水垢因素 0.000 35、冷凝器的水垢因素 0.000 5 为依据。部分负荷时的效率须明确。

(6) 水温指标：冷水的出水温度为 5.6～7.0℃(42.1～44.6℉)，具体视地理位置而定。供、回水的温差为 5.5～7.8℃(9.9～14.0℉)。

(7) 基础：主机必须安装在带弹簧减震器的加固混凝土底座上，底座厚度为 15 cm。主机的进出水口处设置不锈钢软接头，以减小经过管道传递的振动。

(8) 控制功能：主机应配有厂家原装的控制器，自带启停、容量控制、运行效率优化等功能(包括附属泵组和冷却塔的控制)，并附带能与楼宇控制系统联网的接口。

(9) 地区性要求：须征询工程部确认的要求。在个别地区允许使用风冷螺杆式制冷机组，但必须配有用铜管和铜质翅片制作并由厂家进行过防腐蚀处理的散热器。在湿球设计温度高于 25.6℃(78.1℉)的气候条件下，须提供三台主机，各主机的正常工作荷载选定在峰值荷载的 45%。

2. 冷却塔设计要求

(1) 数量配置：与制冷主机的数量匹配。

(2) 类型要求：采用吸入式全不锈钢或玻璃纤维聚酯材料结构，并带防溅板、附变频装置的高效风机电机、带变流器且具有误差测定功能的防水节能电机、安全扶梯和作业平台、水池加热器(如需要冬季运作)。冷却塔管道设计须有旁通，能满足部分停机维修的要求。配备冷却塔水池底清扫系统和沙土过滤器。

(3) 容量选择：所选冷却塔的性能必须能在 99%的湿球温度再加 1.1℃(2.0℉)的条件下满足主机的冷却需要。

(4) 水温指标：冷凝器最高的进水温度在 29℃(84.2℉)，进、回水温差为 5.5℃(9.9℉)。

(5) 管道形式：冷却塔的管道均应并联，并且配备带三通自控阀的同径旁通管道，在冷凝水温度降到主机厂家规定的最小值时自动调节水温。

(6) 防震措施：冷却塔须安装在带有弹簧减震器的钢梁上，并在每个冷却塔的进出水管上安装柔性不锈钢管接件，减少振动的传递。

3. 锅炉设计要求

（1）设计要点：基于锅炉的能源和运作效率，建议设中央热站。整个机房包括高效率燃气热水锅炉、一级/二级热水泵系统（含旁通）、膨胀水箱、汽水分离器、用于供暖和湿度控制的管壳式换热器以及用于供应卫生热水、洗衣房与厨房用热水的双壳型管壳式换热器。

（2）机房位置：从宏观上考虑，应设置在可以尽量缩短管道长度处，但要保证处在地上建筑主体范围之外；可能的话设在地面层以便于维修。制热设备要放置在水位之上，并采取防涝措施。

（3）数量配置：不得少于两台，并联安装。

（4）类型要求：燃气或燃油，封闭燃烧室型热水锅炉。

（5）容量选择：所选锅炉热水的产出量要能够同时满足供暖热水、卫生热水、洗衣房热水及厨房热水在峰值荷载时的总量要求（如有此要求）。

（6）锅炉效率：85%及以上。

（7）水温范围：锅炉最低的设计回水温度为 60℃（140℉），以避免在锅炉中发生冷凝现象。

（8）水环路流量：锅炉最低水流量应按厂家要求设定，且不得低于锅炉容量每34 815 kJ（33 000 Btu）对应 0.063 1 L/s（1 gal/min）的标准。

（9）在所有运行条件下必须保持锅炉内的水流，以避免停机/开机所造成的水击。注意自控阀安装位置，不得因旁通而断绝锅炉水源。

（10）控制要点：配备厂家提供的独立微处理器控制器，功能包括启停控制、容量调节、能源效率控制（包括配套水泵）以及锅炉与燃烧器运行及启动次序控制。配备外接楼宇监控管理系统的接线端口。

（11）每台泵的进水口和出水口分别安装柔性不锈钢管接件，以使泵体与管道系统隔离而减少振动的传递。

3.7.3 KY 酒店空调冷热源设计标准相关内容

1. 制冷机组设计要求

（1）中央制冷机组应为冷水机组，向各空调机组和风机盘管提供全天 24 h 的冷水，在热带和亚热带地区提供全年冷水。

（2）在温和气候条件下，至少需要三台制冷机组，每台功率为整个楼宇制冷负荷的 35%。

（3）在热带气候及度假村的条件下，至少需要三台制冷机组。两台制冷机组的功率相同，均为整个楼宇制冷负荷的 50%；第三台制冷机组的功率为整个楼宇制冷负荷的 30%。

（4）需考虑低负载和部分负载运行。公共区域的内部制冷负荷较高或楼宇少部分区域的冬季阳光照射异常强烈，这可能需要安装小型稳压制冷机组，或者其中两台制冷机组配置变速控制功能。

(5) 制冷机组类型和制冷剂的选择应符合现行的国际标准及当地法规要求。制冷剂应不含氯氟烃(CFC)。

(6) 如条件允许,吸收式制冷机组应选用蒸汽双效或直燃式。

(7) 在选用吸收式制冷机组的情况下,缺乏可靠供电(每年断电时间超过 250 h),以及制冷度(摄氏度)日数为 2 000℃ · d 及以上时,50%的吸收式制冷机组及所有辅助设备应与紧急供电电源连接。

(8) 在水资源极其稀少或昂贵的地区,或水质具有腐蚀性的地区,只要经济上合算,应使用风冷式冷凝器。应仔细研究设备的地址,确保符合酒店管理公司的噪声设计标准;同时,该设备应留有充足的空间,不得影响建筑美观或景观环境。

(9) 如使用了汽轮机、柴油发动机、双效或直燃吸收式制冷机组,可考虑高等级的热回收利用。将从中回收的热量应用于生活水预热,或空气调节设备的再加热。往复式、螺杆式和离心式制冷机组提供低品位的热回收能量,由此回收的热量也可进行适当利用。

(10) 在湿球温度低的地区,可能有机会直接使用冷却水或通过换热器转换,争取免费但合理的制冷。

(11) 在冬季运行风冷冷凝器时,制冷机组和冷凝器水环路应使用含抗腐蚀剂、无污垢的工业等级(基于磷酸钙)乙二醇或丙二醇,溶剂调配比例最高不超过 50%。乙二醇不得含有任何硅酸盐成分。在接收制冷机组之前,承包商应就此向酒店和业主进行确认。

2. 冷却塔设计要求

(1) 冷却塔应采用模块式,每个模块均能和冷水机组相对应并独立运行。

(2) 可以采用自然或机械式通风的冷却塔,其材质应满足使用地区的环境要求。

(3) 冷却塔的选型应充分考虑使用地区的水质情况。

(4) 冷却塔应设置便于清洗的排污系统。

(5) 电机安装在承重轨道上。

(6) 位置的选择应考虑主导风向。

(7) 尽可能减小噪声和冷却塔排风对建筑物的影响。

(8) 充分考虑烟囱、汽车尾气、采风口、灰尘、沙石和其他不利因素的影响。

3. 锅炉设计要求

(1) 锅炉的选择应满足酒店的需求量和压力要求,并要符合当地锅炉容量、压力等规定。为满足洗衣房对蒸汽压力的要求,蒸汽锅炉提供的蒸汽压力应不小于 0.85 MPa。

(2) 设置两台锅炉,每台锅炉承担最大负荷的 2/3。而对于供暖期度日数超过 2 000℃ · d 或设备维护能力较弱的地方,应设置三台锅炉,做到两用一备。

(3) 蒸汽锅炉用于满足洗衣房全面工作状态时的蒸汽需求。当只有个别用汽设备运行时,建议采用一台小型蒸汽发生器。

(4) 热水锅炉用于满足建筑物内的生活热水供应和供暖要求。如果没有蒸汽需要(如没有大的洗衣设备),则应考虑采用热水锅炉和小型蒸汽发生器相配套。

(5) 满足吸收式制冷机组需求,如果采用吸收式制冷机组,则应设置三台锅炉,做到两用一备。如果酒店还有其他蒸汽需求,应根据所需要的蒸汽参数要求另行增设锅炉。

(6) 锅炉的生产、功率、安全装置和排放标准要满足美国机械工程师协会(American Society of Mechanical Engineers, ASME)的规定和当地的法规政策。

锅炉的燃烧控制系统至少是最先进的全自动、电子编程及自我诊断式的。控制系统应至少包括点火前清洁、点火控制、低高火控制、全自动燃烧,燃料与空气比达到最高精确度和燃烧效率。冒火焰停机、顺序提示灯、声音式故障报警和自动停机也是必要的控制功能。每台锅炉要有 2 个安全阀,并带有烟气热回收装置。

3.7.4 XLD 酒店空调冷热源设计标准相关内容

(1) 制热、通风和空调首选中央供暖和制冷系统(锅炉和冷却塔),通过四管制水循环系统进行输送。中央空调控制装置用于公共区域和大楼后部服务区,四管风机盘管服务客房。不使用穿墙式、窗式空调。

(2) 制冷机选择。

① 2 台:每台容量按 65%最大负荷选择。

② 3 台:富余量可按 20%,40%,60%设计。备用泵的容量按 60%制冷机容量设计。

(3) 在大部分地方,使用冷却塔排除冷凝热量。冷却塔的设置位置要考虑噪声对邻近区域的影响并应具有良好的通风条件。冷却塔必须全部由不锈钢和/或玻璃钢建造。

4 酒店空调水系统

酒店的空调水系统类型应根据具体情况而定。对于一般建筑规模的酒店，采用一级泵系统可以满足要求。四管制和两管制的选择要根据酒店管理公司的要求，一般除了夏热冬暖地区和严寒地区外，其他气候区的五星级酒店一般采用四管制系统。采用四管制的酒店，其地下室后勤区和新风系统也可以采用切换两管制。

某酒店管理公司的标准规定，以供冷、供热模式的切换天数作为判定标准，如果切换天数大于 20 d，则采用四管制；小于 20 d，则采用两管制。这个判定标准只能根据实际运行数据进行统计确定。对于夏热冬冷地区的五星级酒店，一般采用四管制空调水系统。

常用的空调水系统类型和特点如表 4-1 所列。

表 4-1　常用的空调水系统类型和特点

类型	特征	优点	缺点
两管制	供冷、供热共用一套管路	管路简单，投资小	用户不能自行选择供冷、供热
用户侧分区两管制，机房四管制	根据用户侧朝向或内外分区选择两管系统，由机房选择供冷、供热	管路简单，投资较小，可以同时供冷、供热	各分区仅实行供冷或供热，用户不能自行选择，过渡季节热舒适性要求不一定都能满足
四管制	供冷、供热有两套管路，适合热舒适性要求高的酒店及朝向和分区复杂的建筑	用户可以自行选择供冷、供热	管路复杂，投资大，占用建筑空间多
一级泵	制冷侧与用冷侧合用一套循环水泵	系统简单，节省泵房空间，投资小，运行方便	当用户侧要求分区或压差悬殊时，难作出应变，运行不经济
二级泵	制冷侧与用冷侧分别由两套循环水泵工作	远、近用户可以配置不同扬程水泵，降低能耗	水泵多、占地大，投资加大；若系统很多，在部分负荷时不节能
定流量	系统流量保持不变，负荷调节可通过调节空气末端设备的风量或换热器的旁通水量进行	如果负荷变化，采用调节风量的方法，水量不变化，可省去水系统上的自控设备	配管不考虑同时使用系数，无法降低水系统输送能耗
变流量	用户侧水量随负荷减少而减少	设计配管时可以考虑同时使用系数，降低输送能耗	要配置必要的自控设备，但可以节能
一级泵变流量	冷水机组蒸发器流量与用户侧水量相应变化	取消了二次泵，节省设备与机房面积和运行费用	制冷机要具备变流量的适应条件，增加控制设备

4.1 空调水系统类型

1. 四管制水系统

四管制水系统可以满足客人对供冷或供热的不同需求，适应对热舒适性的个性化要求（图 4-1）。

2. 二级泵变流量水系统

一级泵定流量二级泵变流量水系统如图 4-2 所示，用户侧水泵变频，达到变流量目的，将压差传感器安装于最不利环路，控制二级泵变频运行，有利于最大限度地节能。一级泵为定流量，一级泵与二级泵流量差由盈亏管进行平衡，由两个流量探测计来改变泵的开启台数或频率，使得盈亏管中水的流向是从供水侧到回水侧。

由于酒店后勤区、裙房及酒店客房不同功能区域的使用时间不同，如果输送距离相差较大，就可以采用二级泵变流量水系统。二级泵的流量和扬程可根据不同负荷特性的环路分别配置，对于阻力较小的环路可选择较低扬程的二级泵。

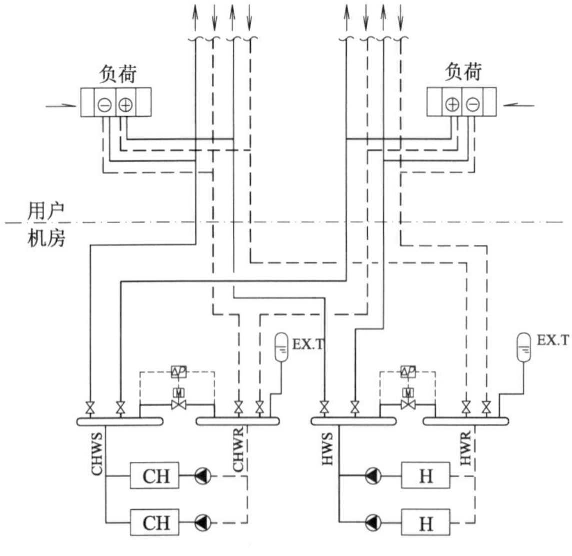

图 4-1 四管制水系统(一级泵)

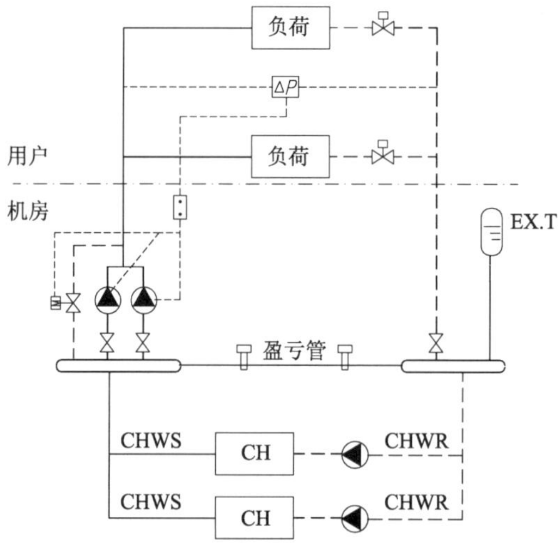

注：ΔP 控制变频泵的转速，M 流量控制阀满足变频水泵的最小流量要求。

图 4-2 二级泵用户侧变流量水系统

3. 一级泵变流量水系统

用户侧和蒸发器侧均为变流量(图 4-3)。由于冷水机组的蒸发器允许在一定幅度内变流量运行，这样就产生了根据用户侧流量变化来调节蒸发器侧流量的一级泵变流量水系统，减少了二级泵的设置和占地，同时也可节省运行费用。

对于一级泵变流量水系统，推荐采用泵组对机组变流量方式来适应供冷负荷变化和水系统阻力的变化。当有个别用户特远时，可采取单独加压泵方式，而不提高整个水系统的扬程。

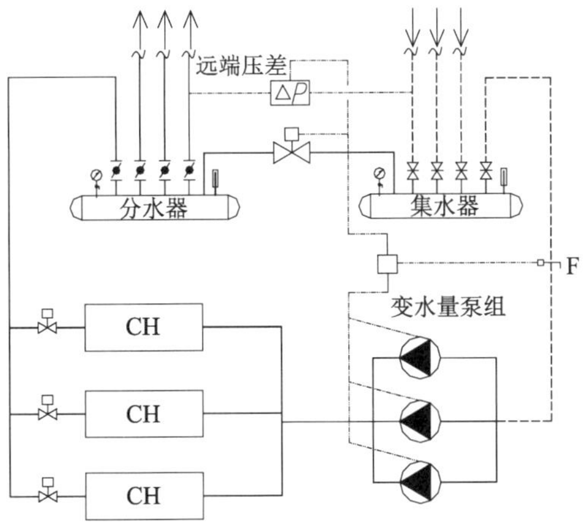

图 4-3 泵组对机组一级泵变流量水系统

4. 两管制水系统

如图 4-4 所示，两管制水系统是舒适性空调最为常见的系统，冬季供热、夏季供冷，配置定流量水泵，适应制冷机蒸发器定流量要求，当负荷变化时，通过台数控制并由压差旁通阀回流部分水量，满足用户侧变水量的要求。

5. 用户侧分区两管制、机房四管制水系统

如图 4-5 所示，用户侧分区两管制、机房四管制水系统适用于体量大、有内外分区的建筑。当内、外区供冷、供热时间不一致，或出现内区供冷、外区供热情况时，由机房切换供冷、供热。其优点是末端仍是两管制，缺点是冬季要求供冷、供热分组固定，灵活性较差。

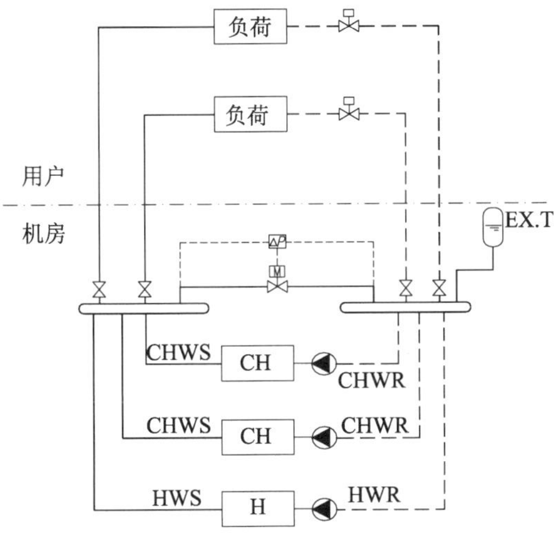

图 4-4 两管制水系统

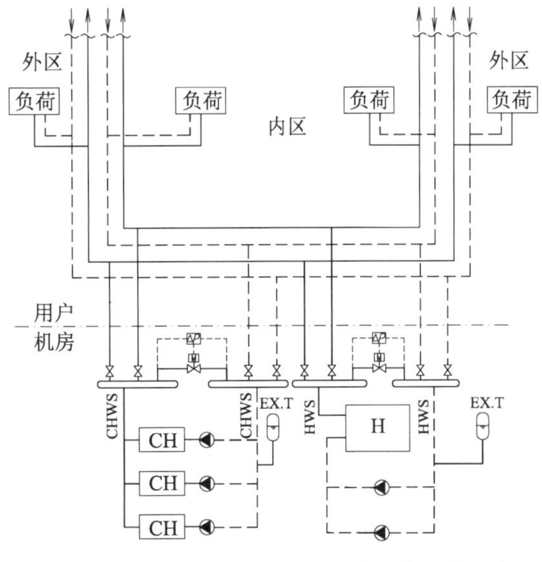

图 4-5 用户侧分区两管制、机房四管制水系统

4.2 空调水系统控制策略

供水温度通常由机头设定(或换热器供水设计),可随户外气温适当变更,利于节能,舒适性空调可根据管理经验决定。由于负荷随时变化,其水量控制有以下几种方法。

(1) Δt 设定值。由总供回水管上测出温差 Δt 和流量G,计算得瞬时负荷。当 Δt 为设定值时,改变 G 就适应了瞬时负荷Q,根据实测的 Δt 与设定的 Δt 的偏差,改变水泵组变频器的频率,调节水量的升降。如果系统水力平衡较好(指不存在阻力差异大的分支情况),能达到较好的效果。

(2) 干管压差控制。机房内供水干管上压力测点维持某固定的差值 ΔP,当系统负荷减少时,水管路由于支路阀门关小,实测压差增大,对比设定的 ΔP 就相应降低水泵变频器的频率,以维持设定压差;反之,则提高水泵变频器的频率。缺点是不一定能满足远点用户需求。

(3) 末端压差控制。将控制 ΔP 点设在较远的常开用户(或设计三通调节阀),满足了远端用户,近端含全系统用户的 ΔP 都能满足。缺点是测点远,安装难度大。

(4) 最小阻力控制。系统控制阀具备反馈值,通过 BA 统计系统阀的平均开度与阀位设计值 ($\phi_{SP}=85\%$) 的偏差,改变泵组调频来调节供水水管的压差。它以管阻最小化作为控制目标,节能效果最好,但投入资金大,调试难度也大,适合在管理水平较高的工程中使用。

水系统控制方法各具优缺点,应根据工程特点选择符合实际的方法,精心调试,在运营中不断摸索改进,改变自控通常不好的现状。

水系统所需的测点布置(按不同控制方式选择)见冷水一级泵系统自控原理图(图4-6)。

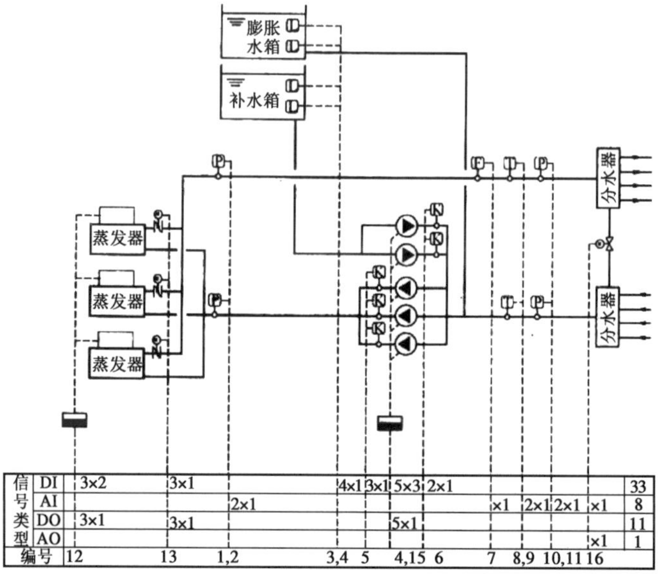

图 4-6 冷水一级泵自控原理

根据负荷需求进行冷水机组台数的增减，水系统通过调节水泵频率进行变流量运行。单台冷水机组的最小流量一般可取蒸发器额定水量的 50%。当变频泵限位水量低于机组的最小流量要求时，开启供回水分集水器之间的旁通阀，满足单台机组最低运行水量。

4.3 水泵的配置

空调用水泵常用单级离心泵，小流量的为单吸离心泵，500 m^3/h 以上的选用双吸离心泵。离心泵流量、扬程特性有平坦型与陡降型之分，平坦型水泵当流量增大时，其压力变化平坦，适合作变速泵；陡降型水泵当流量增大时，其压力降低，当多台泵并联时，仍有陡降特性，适合压差控制条件。

1. 变流量水泵配置方式

(1) 多台定流量泵并联增减台数方式，要求用相同特性的泵，等扬程出水才能并联运行，为了与管路特性曲线配合，应采用陡降型水泵并联。

(2) 改变水泵的转速达到变流量运行，有分级调速、无级调速、采用双速或多速电机等多种方式，其中以变频无级调速效果最佳。由于调速的曲线平行下移，与管网特性曲线配合最好，故应选用效率较高的平坦型水泵。

2. 并联水泵设计要点

(1) 定流量水泵并联组合宜选择陡降型水泵，大流量与小流量并联时，小流量泵的扬程应稍高于大流量泵，定流量泵并联调节特性如图 4-7 所示。

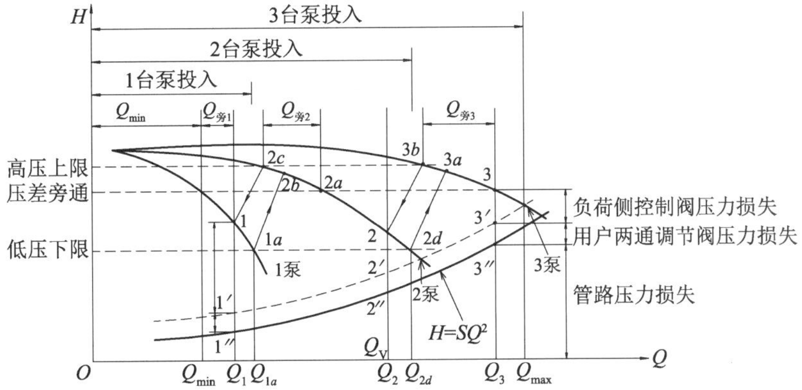

图 4-7 水泵台数调节控制特征

定流量水泵并联工作，是由制冷机与水泵一对一组合，当用户侧流量减少时，供回水压差增大，由压差控制信号 ΔP 指使压差旁通阀开大，让部分供水旁通到回水侧；反之，当负荷侧流量增加时，供回水压差减小，ΔP 指使压差旁通阀关小，减少旁通流量，这样蒸发器的水量恒定，但是旁通水改变了回水的温度，使制冷机减载或增载，最终达到减泵或增泵的目的。

图 4-7 中，有 1 台、2 台和 3 台泵并联工作曲线和管道特性曲线 $H = SQ^2$，1 台泵的工作曲线为 1 泵，2 台泵的工作曲线为 2 泵，3 台泵的工作曲线为 3 泵，它们的典型流量分别为 Q_1，Q_2，Q_3。以 Q_3 工况为例，负荷控制阀全开，旁通阀全闭，用户两通阀的压力损失为 3′～3″，随着负荷减少，供回水压差增大，压差控制器工作，使旁通流量（$Q_{旁3}$）增加，水泵工作点左移到 $3b$ 时，减泵改为 2 泵工作；反之，如负荷增大，水泵工作点由 2 右移至 $2d$ 时，增泵工作点到 $3a$。水泵投入与退出流线如下：减泵 $3 \rightarrow 3b \rightarrow 2 \rightarrow 2c \rightarrow 1$；增泵 $1 \rightarrow 1a \rightarrow 2b \rightarrow 2d \rightarrow 3a \rightarrow 3$。

（2）变频水泵选择时如系统不是很大，可只选两台，其中一台流量为总流量的 70%。全年大部分时间只需一台泵运行；选择两台一是满足高峰需求，二是备用。变频泵应选用平坦型水泵，变频泵并联工作如图 4-8 所示。

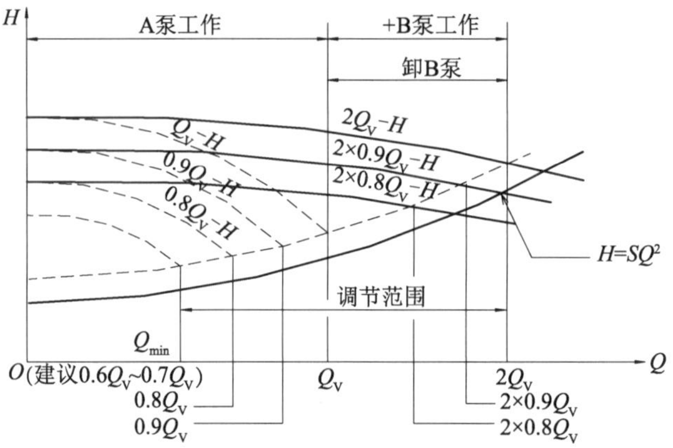

图 4-8 变频泵与变频泵并联工作

3. 空调冷水系统

（1）一级泵：每台主机配置一台定流量泵，全年无休的水系统设一台备用泵。

（2）二级泵：每个子系统宜配置两台水泵，其中一台备用，均需带变频装置和带流量调节的电机。在距离主机房最远的使用区域安装压力传感器。

（3）泵吸入口装关断阀和过滤器，出水管安装一体三用阀(关断、止回和平衡)。泵的进水口和出水口分别安装不锈钢柔性管接件。

4. 冷却水系统

对应每台主机配置一台定流量泵，整个系统设一台备用泵。

5. 空调热水系统

（1）一级泵：每台锅炉配置一台定流量泵，整个系统设一台备用泵。

（2）二级泵：每个子系统宜配置两台水泵，其中一台备用，均需带变频装置和带流量调节的电机。在距离主机房最远的使用区域供回水管上安装压力传感器。

（3）风机盘管和空调机组的水系统宜分别设置，有利于水力平衡。

4.4 空调水系统管路设计

4.4.1 空调水系统输送管路

(1) 空调末端装置的水阻力，风机盘管与新风机组差异较大，有条件立管宜分开，或将总管设在新风机组的近端，由于末端阻力加调节阀阻力占该环路阻力较大比例，不要刻意设置三管追求同程，这既不经济还占空间。如果系统具备同程布置的条件，如有回廊的客房层，或供回水立管可分设走廊两端时，就能方便地实施同程，也有利于末端水力平衡。干管较长时，适当放大末端干管以减少前后阻力差，或采用平衡阀等措施，使有利、不利环路阻力差控制在 15%以内。

(2) 管径计算时，开式系统查当量绝对粗糙度 $K = 0.5$ mm 的表(含冷却水管路)，闭式系统查当量绝对粗糙度 $K = 0.2$ mm 的表，大口径 ($DN \geqslant 200$ mm) 时可查 $K = 0.15$ mm 的表。

(3) 支管阻力大，不会影响总阻力，且利于环路平衡，可用流速控制选择，当 $DN \leqslant 25$ mm时，$w < 1.0$ m/s；以摩阻$R = 200$ Pa/m来选择干管管径，不受$w \leqslant 2.0$ m/s的限制；当区域供冷热时，考虑运行经济，摩阻宜低于 200 Pa/m，距离远时取更低的值。

(4) 高层建筑分层供回水，各层资用压头有差异，宜在回水干管上设置平衡阀，以减少占用管井和总输送能耗，不推荐三立管同程方式。

(5) 局部阻力精确计算。应查阅相关手册的当量长度表，在估算时，总体可按摩阻 30%计，单体局部阻力根据所接支管的密度，可按 50%～80%估算。

(6) 空调冷凝水管：末端装置水盘通大气时，需设置 50 mm 起点落差；空调箱水盘接出处有正、负压时，应设置有效水封。冷凝干管宜设置 0.01 坡度，最小 0.003，干管长时宜分段排出。冷凝水管应自成系统，汇集后设水封，允许排入废水排水管，但不能接到污水排水管。干管末端应设清扫堵头，立管长时(大于 20 m)顶部应设通气管，防止产生虹吸效应。

(7) 冷凝水管管径估算见表 4-2。

表 4-2 空调冷凝水管管径估算

负荷量/kW	<7	7～42	43～230	231～400	401～1 100	1 101～2 000	2 001～3 500	3 501～15 000	>15 000
公称直径 DN/mm	20	25	32	40	50	80	100	125	150

注：本表适用条件为 1 kW 冷负荷产生冷凝水 0.4～0.8 kg/h，冷凝水管最小坡度为 0.003。

4.4.2 空调水管路承压与连接

空调水管路压力取决于系统组成的几何高度和水泵的升压扬程，制约压力的因素是设备的承压能力和管路的连接方式。另外，还有对试压的规范，它在工作压力上再增加一个安全系数，其中最薄弱的环节是管道的连接。

在高层建筑的系统设计中，往往会因承压过大而分段设计水系统，设计时应认真核实。如选用高位开式膨胀水箱，或有超压安全阀的压力水箱，系统会产生的压力就已经确定了，可规定水压试验的压力比工作压力大 0.1 MPa。如果设计不规定，验收规范会以工作压力 P 的倍数[$1.5P(P \leqslant 1.0$ MPa)]或 $P+0.5$ MPa($P>1.0$ MPa) 作为试验压力，会使本来可以不分段的工程分段，增加了造价和运行费。

工程中选用的设备和管材一定要满足工作压力，试压时允许关闭阀门，让系统内的水不进入设备，应熟知选择的管材和连接件性能。

普通焊接钢管(含镀锌管)限压 2.0 MPa，加厚管为 3.0 MPa。螺纹连接的管接头，当可锻铸铁管接头(带肋)DN40 mm 以下时，其承压限为 1.6 MPa；当 DN50 mm 以上时，其承压限为 1.0 MPa。钢制管接头承压 2.0 MPa。由于质量不齐，在实际应用中螺纹接头的工作压力应控制在 1.0 MPa，试压时已达到 1.5 MPa(试验压力为 1.5 P)，所以在低层承压大的管接头应采用钢制管接头，或采用铜接头(风机盘管)。

无缝钢管系统承压限达 3.0 MPa，工程中希望控制在 2.0 MPa，采用焊接；阀组、设备接口为方便拆卸，应采用法兰连接。

循环水泵设置在蒸发器前对比设置在蒸发器下游，蒸发器承压会高一个水泵扬程，对系统承压会高出一个蒸发器水阻力，故当定压点设置于制冷机的上游位置不变时，水泵设置在制冷机的下游可降低水系统的承压。

4.4.3 定压设备设计

1. 开式膨胀水箱

1) 设计要点

(1) 当条件允许时，应优先采用高位膨胀水箱，尤其在系统静压接近冷热源设备所能承受工作压力的情况下，其低水位应高出系统最高点(集气罐或放空气器)1 m 以上。

(2) 当设置在不供暖房间或户外会结冰时，应接循环管并保温；信号管、膨胀管也应保温；循环管应从定压点上游大于 3 m 处接出，使其与膨胀管接点间有一定压差。

(3) 开式膨胀水箱水温不应超过 95℃，浮球用金属浮球，一次补水管(快速补水)另接，当补给水由高位水箱供给时，要求有 1 m 以上水头。

(4) 设置在屋顶的热泵系统，如采用开式膨胀水箱，因位差不富余，宜将膨胀管接到水泵水过滤器的下游，防止水泵吸入口处负压。

2) 膨胀水箱的有效容积

当将补水浮球直接装在膨胀水箱内时，有效容积只能是浮球以上到溢水位的体积，所以不要将膨胀水箱的容积直接当有效容积。

膨胀水箱的有效容积是要容纳系统工作时水温的最大波动膨胀量 V_p，计算公式为

$$V_p = \alpha \Delta t V_c \tag{4-1}$$

式中，α 为水的体积热膨胀系数，通常随水温高低而变化，当计算的平均水温为 70℃时，$\alpha = 0.000\,6\ m^3/(m^3 \cdot ℃)$。$\Delta t$ 为平均水温的波动值，单位为℃。V_c 为系统的水容积，精确计算时，请查手册，估算时可以采用以下方法：

(1) 按建筑面积与空调方式查找估算表(表 4-3)。

(2) 按系统循环水量估算，机械循环空调系统 V_c = 循环水量 /20。

表 4-3 V_c 按建筑面积估算值 (单位：L/m^2)

系统形式	全空气系统	空气-水空调系统
供冷时	0.4～0.55	0.7～1.3
供热时	1.25～2.00	1.2～1.9

根据水系统的工作温度 (α、Δt 为常数)，式(4-1)简化为

$$V_p = 0.024V_c \quad (50 \sim 60℃，空调冷热系统) \tag{4-2}$$

$$V_p = 0.014V_c \quad (7 \sim 12℃，空调单冷系统) \tag{4-3}$$

2. 常压密闭式膨胀水箱

为减少水体与空气的接触并排除水系统的空气，设计常压密闭水箱，可参照标准图集《常压密闭水箱》(98R401-1)，或采用厂家产品，其示意图如图 4-9 所示。

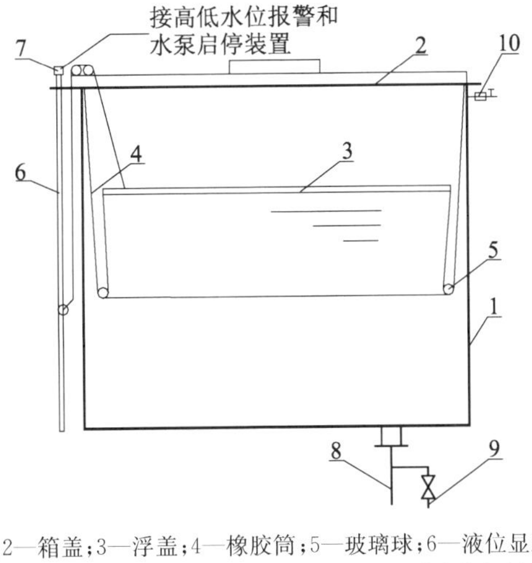

1—箱体；2—箱盖；3—浮盖；4—橡胶筒；5—玻璃球；6—液位显示控制器；
7—接线盒；8—膨胀管；9—泄水管；10—手动放气阀。

图 4-9 常压密闭式膨胀水箱接管示意

3. 密闭式定压膨胀水箱

此处“定压”指系统的定压作用。根据气囊压力是否可变，压力膨胀罐分为变压式和恒压式两种。小系统可以选变压式(图 4-10)；大系统由于膨胀量大，若采用变压式，膨胀罐组占地大，宜设置恒压式压力膨胀罐(图 4-11)，它其实仍是受控的变压，真正的恒压膨胀罐在

气侧要设恒压控制，这里不做介绍。

图 4-11 设计要点如下：

(1) 安全阀 11 开启压力 P_4 是限制系统内的承压值，略高于系统工作压力。

(2) 泄水电磁阀 12 开启压力 $P_3 \leqslant 0.9P_4$。

(3) 补水泵 4 启动压力 P_2 略低于泄水电磁阀 12 开启压力，$P_2 \leqslant 0.9P_3$。

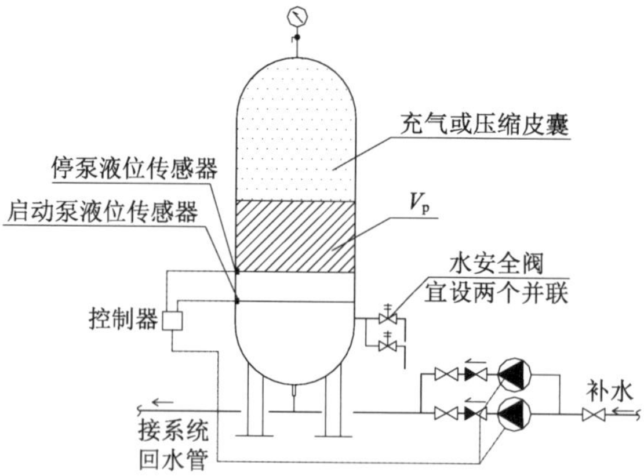

图 4-10　变压式压力膨胀水箱

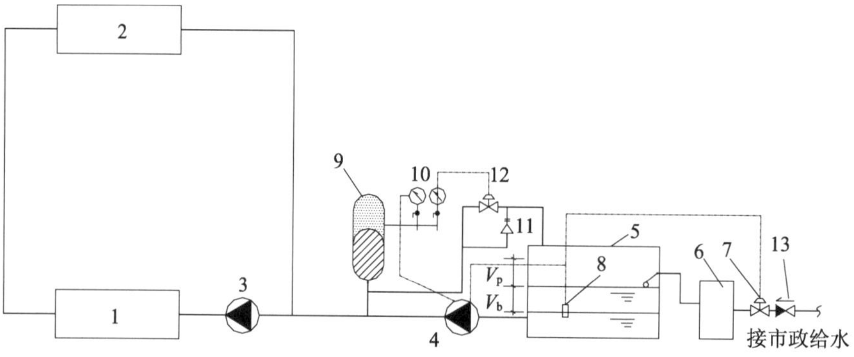

1—冷(热)源；2—供暖空调末端设备；3—循环泵；4—补水泵；5—补水箱；6—软化设备；7—补水电磁阀；8—液位传感器；9—压力膨胀罐；10—压力传感器；11—安全阀；12—泄水电磁阀；13—倒流防止器；V_P—系统膨胀水量；V_b—补水储水量。

注：1. 当压力膨胀罐能容纳膨胀水量时，不必设置电磁阀 7，且水箱可不留容纳膨胀水量的容积 V_P。

2. 当软化设备 6 能够承受给水的最大压力时，可不设置电磁阀 7。

图 4-11　恒压式压力膨胀罐的定压补水系统

1）变压式压力膨胀罐

气囊内压力水位低时为 P_1，水温上升后，罐吸纳水膨胀量 V_P 后，水位升高，气压为 P_2，气体压缩过程缓慢，可以认为是等温压缩过程。

$$P_1V_1 = P_2(V_1 - V_p) \tag{4-4}$$

式中，V_1 为膨胀罐的有效容积，m^3；V_P 为膨胀水量，计算方法与开式一样；P 为绝对压力，不是表压力，MPa；P_1 为定压值，要满足系统放气等要求，相当于开式低位定压点的压力；P_2 是系统可以接受的压力，与使用的末端设备、管连接方式有关，如果 P_2 不能设计太高，则 V_1 就要选得大一点。公式中只有 V_1 可变，如果膨胀罐容积太大，可以采用多个罐子并联的方式。

补水泵的流量可定为水容积 V_c 的 5%，为了不使补水泵启停过于频繁，其停泵点可以在低位点以上，因为补水时段处在水位下降时段，不会造成高位溢水，启停液位由制造厂设定。压力膨胀罐订货提供参数包括系统最高静压力 B、循环泵扬程 E、定压点压力 P_1、膨胀容量 V_P、系统安全阀开启压力 $P_2+0.1$ MPa 和自控要求。

2）恒压式压力膨胀罐

恒压式压力膨胀水箱将膨胀水量泄到补水箱内，压力膨胀罐储水容积相当于补水泵启动压力和停泵压力之间压差气压罐压缩的气体空间。压力膨胀罐容积应按下式确定

$$V \geqslant V_{\min} = \frac{\beta V_t}{1-\partial_t} \tag{4-5}$$

式中 V——压力膨胀罐实际总容积，L；

$V_{\min}$——压力膨胀罐最小总容积，L；

V_t——调节容积，L，不宜小于 3 min 平时运行的补水泵设计流量（当采用变频泵时，上述补水泵流量可按额定转速时补水泵流量的 1/4～1/3 确定）；

β——容积附加系数，隔膜式压力膨胀罐取 1.05；

∂_t——压力比，$\partial_t=\dfrac{P_1+100}{P_2+100}$，$P_1$ 和 P_2 为补水泵启动压力和停泵压力（表压，kPa），应考虑压力膨胀罐容积和系统的最高运行工作压力，∂_t 宜取 0.65～0.85，必要时也可取 0.5～0.9。

4.5 水系统相关处理措施

1. 水处理

酒店水系统推荐采用化学处理方式，不同系统具体处理方法也不同。现在有专业水处理产品，智能化在线控制，可应用于冷却水系统、空调水系统、锅炉水系统、景观水系统、游泳池水系统、废水系统及消防水系统等。

（1）冷却水系统。水暴露于大气环境中，与空气和阳光直接接触，冷却塔中易滋生微生物和尘埃污垢；由于水的蒸发，水中的钙、镁等离子不断浓缩，管内壁结垢并受到腐蚀，所以冷却水系统水处理的重点是阻垢及微生物处理。

（2）空调水系统。水处在闭式循环中，不会发生浓缩，但其环境适合微生物及细菌生存，造成系统腐蚀及生物泥的生成，所以空调水系统水处理的重点是防腐（包括电化学腐蚀、氧腐蚀及微生物腐蚀）。

（3）锅炉水系统。在运行过程中，水蒸发浓缩，易生成水垢，水在高温及垢下更易腐蚀（包括氧腐蚀、电化学腐蚀等）机器，所以锅炉水系统水处理的目的是阻垢与防腐。

由于不同水系统防腐内容与程度不同，必须针对性选择成熟的专业产品，定期化验水质，调整控制，智能在线加药。投资充裕的酒店可以考虑更先进的自动清垢系统。

2. 管材及连接要求(表 4-4)

表 4-4　管材及连接方式

<table>
<tr><th>管道种类</th><th>管径/mm</th><th colspan="2">材料及连接方式</th></tr>
<tr><td rowspan="4">空调冷水管、热水管、冷热水合用管、冷却水管 A</td><td rowspan="2">$DN<80$</td><td>工作压力 $P\leqslant 1.6$ MPa</td><td>工作压力 $P>1.6$ MPa</td></tr>
<tr><td>镀锌钢管螺纹连接</td><td>无缝钢管焊接，设备、阀门连接处采用法兰连接</td></tr>
<tr><td>$80\leqslant DN\leqslant 350$</td><td colspan="2">无缝钢管焊接，设备、阀门连接处采用法兰连接（带沟槽管道卡箍连接，适用于机房需经常拆卸的接口）</td></tr>
<tr><td>$350<DN\leqslant 400$</td><td colspan="2">螺旋焊缝钢管焊接，设备、阀门连接处采用法兰连接</td></tr>
<tr><td>冷却水管 B</td><td>—</td><td colspan="2">工作压力 $P\leqslant 60$ kPa，UPVC 管</td></tr>
<tr><td rowspan="3">空调冷凝水管</td><td>$DN\leqslant 80$</td><td colspan="2">镀锌钢管螺纹连接</td></tr>
<tr><td>$DN>80$</td><td colspan="2">无缝钢管焊接，设备、阀门连接处采用法兰连接</td></tr>
<tr><td>—</td><td colspan="2">UPVC 管粘接</td></tr>
<tr><td rowspan="2">热水供暖管道</td><td>$DN\leqslant 100$</td><td>镀锌钢管螺纹连接</td><td rowspan="2">工作压力 $P\leqslant 1.0$ MPa</td></tr>
<tr><td>$DN>100$</td><td>无缝钢管焊接</td></tr>
<tr><td colspan="2">空调排水管</td><td colspan="2">UPVC 管粘接（镀锌钢管螺纹连接）</td></tr>
<tr><td colspan="2">风机盘管接口至关断阀</td><td colspan="2">铜管、铜管喇叭口管接头连接（金属波纹管）</td></tr>
<tr><td colspan="2">蒸气管、蒸气凝结水管</td><td colspan="2">无缝钢管焊接，设备、阀门连接处采用法兰连接</td></tr>
<tr><td colspan="2">低温热水供暖管道</td><td colspan="2">交联聚乙烯管</td></tr>
</table>

注：1. 管道的标准和材质：镀锌钢管参照《低压流体输送用焊接钢管》(GB/T 3091—2015)，材料 Q235-A；无缝钢管参照《输送流体用无缝钢管》(GB/T 8163—2018)，材料 20 钢；螺旋焊缝钢管参照《普通流体输送管道用埋弧焊钢管》(SY/T 5037—2018)，材料 Q235-B。
2. 所有管道的配件、阀门和连接形式等均应满足该管道工作压力的要求。
3. 管螺纹连接的连接件有普通铸铁管接件、可锻铸铁管接件和钢质管接件。普通铸铁管接件承压小于 0.8 MPa；对于可锻铸铁管接件，当 $DN\leqslant 40$ mm 时，承压为 1.6 MPa，当 $DN\geqslant 50$ mm 时，承压为 1.0 MPa；钢制管接件承压为 2.0 MPa。低处的管接件（承压高）应采用钢制管接件。
4. 水煤气管（含镀锌管）试压限 $P=2.0$ MPa，加厚管试压限 $P=3.0$ MPa，无缝钢管试压限 $P=3.0$ MPa。工程使用时控制水煤气管 $P\leqslant 1.6$ MPa，加厚水煤气管和无缝钢管 $P\leqslant 2.0$ MPa。
5. 有酒店管理公司认为，在空调水系统采用化学处理方式的前提下，空调水系统的管道应采用不镀锌管。

3. 管道支吊架

（1）管道的支吊架详见《装配式管道支吊架（含抗震支吊架）》(18R417-2)或《室内管道支吊架》(05R417-1)、《室外热力管道支座》(97R412)。保冷管道与支吊架之间应垫经防腐处理的木衬垫（高密度难燃型酚醛发泡或保冷 PU 鞍座），垫块厚度应与绝热厚度相同。

（2）竖井内的立管，每隔 2～3 层设导向支架。

（3）钢管道的支吊架的最大间距如表 4-5 所列，室外总体管不适用该表。

表 4-5 钢管道支吊架的最大间距

公称直径 DN/mm	15	20	25	32	40	50	70	80	100	125	150	200	≥300
不保温管支吊架最大间距/m	2.5	3	3.5	4	4.5	5	6	6.5	6.5	7.5	7.5	9.0	10.5
保温管支吊架最大间距/m	1.5	2	2.5	2.5	3	3.5	4	5	5	5.5	6.5	7.5	9.5

注：适用于保温管的绝热材料密度≤200 kg/m^3。

（4）PVC-U 管道支承（管托）最大间距如表 4-6 所列。

表 4-6 PVC-U 管道支承（管托）最大间距

管径 De/mm	12	14	16	18	20	25	32	40	50	63	75	90	110
水平管支承（管托）最大间距/m	0.4	0.4	0.5	0.5	0.6	0.7	0.8	0.9	1.0	1.1	1.2	1.35	1.55
垂直管支承（管托）最大间距/m	0.5	0.6	0.7	0.8	0.9	1.0	1.1	1.3	1.6	1.8	2.0	2.2	2.4

注：仅适用于空调冷凝水管道。

4. 管道保温

（1）空调冷热水管和空调冷凝水管均需保温。

（2）空调冷热水管采用难燃型发泡橡塑保温，20℃对应导热系数 $\lambda \leqslant 0.037$ W/(m·K)，氧指数不小于 32，湿阻因子不小于 8 500（当难燃型发泡橡塑保温的技术参数不同时，应重新计算确定）。施工时，用专用胶水黏合，保温厚度如表 4-7 所列。

表 4-7 空调冷热水管（采用难燃型发泡橡塑保温）保温厚度

空调冷热水管管径/mm	室内	$DN \leqslant 40$	$50 \leqslant DN \leqslant 125$	$150 \leqslant DN \leqslant 400$	$DN \geqslant 450$	—	—
	室外	—	$DN \leqslant 40$	$50 \leqslant DN \leqslant 80$	$100 \leqslant DN \leqslant 150$	$200 \leqslant DN \leqslant 300$	$DN > 300$
保温厚度/mm		28	32	36	40	45	计算确定

注：1. 空调冷热水管内的介质温度为 7～65℃。
2. 采用的绝热材料不允许出现负公差。
3. 保温计算应满足工艺要求，供回水合计冷损失控制在 5%以下，热损失控制在 8%以下。

（3）空调冷热水管采用夹筋铝箔复面的离心玻璃棉管瓦保温，$\lambda \leqslant 0.04$ W/(m·K)，密度为 64 kg/m^3。施工时，用专用胶水与管壁粘贴，接缝处用铝箔胶带密封，保温厚度如表 4-8 所列。

表 4-8 空调冷热水管(采用夹筋铝箔复面的离心玻璃棉管瓦保温)保温厚度

空调冷热水管管径/mm						
空调冷热水管管径/mm	空调房间吊顶内	$DN \leqslant 25$	$32 \leqslant DN \leqslant 50$	$70 \leqslant DN \leqslant 300$	—	$DN \geqslant 350$
	非空调房间内	—	—	$DN \leqslant 25$	$32 \leqslant DN \leqslant 150$	$DN \geqslant 200$
保温厚度/mm		35	40	50	60	计算确定

注：1. 空调冷热水管内的介质温度为 7～65℃。
2. 采用的绝热材料不允许出现负公差。
3. 保温计算应满足工艺要求，供回水合计冷损失控制在 5%以下，热损失控制在 8%以下。

(4) 热水管采用夹筋铝箔复面的离心玻璃棉管瓦保温，60℃对应 $\lambda \leqslant 0.041$ W/(m·K)，密度为 64 kg/m^3。热水管采用夹筋铝箔复面的矿(岩)棉管瓦保温，60℃对应 $\lambda \leqslant 0.041$ W/(m·K)，密度为 80～150 kg/m^3。施工时，用专用胶水与管壁粘贴，接缝处用铝箔胶带密封，保温厚度如表 4-9 所列。

表 4-9 热水管保温厚度

热水管管径/mm	室内	$DN \leqslant 25$	$32 \leqslant DN \leqslant 50$	$70 \leqslant DN \leqslant 80$	$100 \leqslant DN \leqslant 150$	$200 \leqslant DN \leqslant 300$	$DN > 350$
	室外	$DN \leqslant 20$	$25 \leqslant DN \leqslant 32$	$40 \leqslant DN \leqslant 50$	$70 \leqslant DN \leqslant 80$	$100 \leqslant DN \leqslant 150$	$DN > 200$
保温厚度/mm		45	50	55	60	65	计算确定

注：1. 热水管内的介质温度不超过 100℃。
2. 保温计算应满足工艺要求，供回水合计热损失控制在 8%以下。

5. 减振措施

(1) 冷水机组和水泵等设备进出水管的吊架均采用减振吊架。

(2) 冷水机组和水泵等设备进出水管处均应按设计要求安装避振金属软接头。

6. 阀门

(1) 截止阀：截止阀是为了便于对设备进行维护、检修、更换而设置的，一般不作流量或压力调节用。

(2) 球阀和蝶阀主要用于下列方面：

① 空调设备供回水管道和两通自控阀的两侧均需安设，以便于日后的维护和更换。

② 冷水和热水供回水管路中所有立管(包括风机盘管系统的立管)的底部均需安设。

③ 各主要支管均需安设，作为系统隔离之用，也可作调节用。

(3) 闸阀不允许用作节流阀，只用于全开、全闭的管道。

(4) 平衡(限流)阀。

① 形式：恒流阀，带压力、温度仪表接点，用以测量压差和水流量。

② 位置：在回水立管的底部和设备回流侧，在恒流阀的两侧各设截止阀。

(5) 自动控制阀。空调机组用两通比例式控制阀，但连接于干管上的最后一台空调机组须用三通阀。风机盘管用两通阀，但下给式立管系统的顶层要使用三通阀。两通阀的选型须保证在有压差时不会漏水。

(6) 调试：为了便于日后管理人员定期检查管道内壁状况，在冷水、冷却水和空调热水系统干管上各安装一段同径法兰短管，并在两端设截止阀。

4.6 本章附录

4.6.1 ZJ 酒店空调水系统标准相关内容

一级和二级空调冷热水泵和冷却水泵应当是离心式的，表 4-10 列出可应用于相关情况的离心泵类型。恒速电机用来启动所有的一级泵，二级泵用变频电机启动。冷水和供暖系统要有独立的定压装置。

表 4-10 水泵类型

流量	管路			
	凝结水	冷却水	二次水	小流量
>25 L/s	卧式离心水泵	卧式离心水泵	—	—
<25 L/s	立式离心水泵	立式离心水泵	立式离心水泵	—
小流量	—	—	—	紧密耦合立式离心水泵

4.6.2 WH 酒店空调水系统标准相关内容

典型的系统构成包括高效能的水冷主机、一级/二级冷水泵系统(含旁通及多个二级回路)、定流量冷却水泵系统和冷却塔。辅助设备包括膨胀水箱、汽水分离器、化学水处理系统。

1. 空调系统冷水泵

(1) 设计要点：要进行准确的压头计算，须适当考虑安全系数以避免冷水泵在过载工况下运行或阀门压差过大。

(2) 类型要求：基本选用离心式水泵，转速为 1 450 r/min。端吸泵的流量选定为 63 L/s(1 kg/min)或以下；双吸泵的流量选定要大于 63 L/s(1 kg/min)。

(3) 容量选择：选择具有最高效率且输出功率大于计算峰值 10%的电机。流量应当与设备要求对应。

(4) 一级冷水系统：每台主机须配置一台工频定流量泵，另外整个系统配备一台备用泵，通过管道和阀门与所有其他水泵并联。

(5) 冷却水系统：每台主机配置一台工频定流量泵，另外整个系统配备一台备用泵，通过管道和阀门与所有其他水泵并联。

(6) 二级冷水系统：至少配置两台泵(其中一台备用)供空调和新风机组使用，同样须有两台泵(其中一台备用)供客房的风机盘管使用。所有的泵均须配备变频装置和带有变流量调节的电机。在距离主机房最远的使用区域要安装压力传感器。

2. 空调系统热水泵

(1) 设计要点：要进行准确的系统压力计算，确定合理的安全系数。避免水泵在过载情况下运行，也要避免造成各个回路阀门压差过大。

(2) 类型要求：离心式水泵，转速为 1 450 r/min。流量低于 63 L/s 的，采用端吸式；高于 63 L/s 的，采用双吸泵。

(3) 容量选择：按水泵最高效率选择水泵容量，水泵电机功率须为计算峰值功率的 110%，流量根据系统之中所有设备的总要求而定。

(4) 一级热水泵：每台锅炉配备定流量泵一台，外加一台系统备用泵。泵组通过管路和阀门并联。

(5) 二级热水泵：多回路的供暖热水系统内下列每个子系统应配置两台泵(一用一备)：风机盘管系统、空调机组系统、生活热水系统和洗衣房热水系统。所有泵须配有变频器和高效电机。压差传感器应安装在系统的最不利环路。

(6) 管道要求：管道上须安装同径截止阀，在泵的吸水口安装均流器，在泵的出水口安装"一体三用阀"(截止、平衡及过滤)。

(7) 安装：泵组应安装于带弹簧减振功能的混凝土惰性板上，并固定在 10 cm 厚的混凝土基础上。每台泵的进水口和出水口分别安装柔性不锈钢管接件，以使泵体与管道系统隔离而减少振动的传递。

4.6.3 KY 酒店空调水系统标准相关内容

冷水泵和冷却水泵的配置应有灵活性，以确保任何一台水泵均能和所有的冷水机组或冷却塔相匹配。冷水泵应设置一级泵系统和二级泵系统，二级泵系统的水泵应设置变频装置。在采用两通阀时，也可在冷水系统中设置压差旁通控制阀。

4.6.4 XLD 酒店空调水系统标准相关内容

空调冷水循环系统设计首选一级泵或二级泵系统。

冷水系统的一级泵为定流量运行，保证制冷机组的流量恒定。所有空调末端由双位控制阀控制，实现水系统的变流量运行。设计师要特别关注控制阀的选型问题。通过对制冷机和水泵的匹配控制，满足在任何负荷下的设计温度需求。

二级泵采用变频控制。须在一、二级回路间安装旁通管和管壁式流向指示器，以便发现旁通管内是否有倒流现象。要满足最不利回路的最小压差需求。在系统流量从 0 到 100%的变化过程中，要保证阀门所承受的压力不超过阀门关闭状态下的最大承压力。为了满足最小负荷需求，须在末端的风机盘管或空调箱上使用三通阀以维持最小的水系统循环，从而保证在低负荷时制冷机能够启动。对于整个酒店来说，水系统应该能够满足 70%的变工况运行需求。冷水、冷凝水、蒸汽和热水系统采用化学加药水处理。

5 酒店空调风系统

酒店按照功能大致可以分为公共区、后勤区和客房区三部分。公共区包括大堂、前厅、宴会厅、中餐厅、西餐厅、多功能厅、会议室、健身房及游泳池等人员集中的场所。后勤区指酒店服务所需以及员工休息的场所，包括厨房、员工餐厅、休息室和后勤办公室等区域。客房区由普通客房、普通套房、豪华客房、总统套房和行政酒廊等组成。

酒店空调系统的划分原则如下：

(1) 应根据使用功能、负荷特征、温湿度及通风要求划分不同的温度控制区。每个功能区须设置独立的空调系统。

(2) 非关键性区域(如后勤区、员工休息区等)可合并使用一个空调系统。

5.1 公共区空调风系统

公共区域人员比较密集，空间较大，空调系统适合采用全空气系统，空气集中处理，根据需要设置过滤段、冷(热)处理段、加湿段，有的还设新风、排风热回收功能段等。公共区域的净高较高，气流组织采用上送风或侧送风、下回风，利于冬季供暖，由于组合式空调机组噪声较大，须设消声器。

公共区域的空调箱(AHU,PAU)一般都需要设在空调机房内，酒店管理公司不接受采用吊装在吊顶内的安装方式，一是考虑检修是否方便，二是考虑噪声问题。公共区域尽量避免采用吊装的空调箱作为末端，噪声很难控制。

5.1.1 大堂、大堂吧空调风系统

大堂是酒店的中心和枢纽，是客人进入酒店后停留的第一站，因此大堂空调的舒适性是酒店给客人的第一印象。大堂一般有 2～3 层挑空，气流组织的设计尤为重要，一般采取侧送风、同侧下回风的方式。

大堂的外围护结构为保证通透性大多数设计为玻璃幕墙，冬季热损失较大，室内热空气上浮，大门的冷风侵入量较大，特别是寒冷地区和严寒地区，高大大堂的冬季供暖设计成为难点。

为减少冷风渗透和侵入，首先建议设置门斗，采用双层门或旋转门。其次，可以加设热

空气幕或门斗空间的加热系统。最后,大堂的空调系统在设计时应适当加大送回风比,保持室内处于微正压状态,以减少大门的冷风侵入。

推荐两种辅助供暖方式:一是设置地板辐射供暖系统,二是有外窗的沿围护结构周边设置地面送风系统或地面对流散热器(图 5-1)。地面对流散热器分为自然对流型和强制对流型,根据所接水管的类型可分为四管制和两管制。大堂一般选用两管制的强制对流型散热器。

图 5-1 地面对流散热器示意

星级酒店一般在大堂都会设置休息吧,将其作为商务、会客的场所,该处空调的设计参数一般应该比大堂稍高一档,以提升客人的舒适性,设计温度夏季可取 25℃,冬季可取 22℃。大堂吧的空调系统建议与大堂分开设置,或局部增设风机盘管。

酒店大堂的装饰设计一般都对空调送风口的设置比较关注和敏感,希望尽量隐藏送风口或减小送风口的尺寸,下回风口的设置位置也应尽量隐蔽。可以借鉴西安建筑科技大学李安桂教授的研究成果——关于大空间贴壁射流送风的理论,沿着一侧或两侧墙体设置顶送风口或沿着结构柱边设置送风口进行送风。贴壁(柱)射流送风结合了置换送风和混合送风的优点,适合于解决高大空间的送热风问题,也更易于实现较好的装修效果。图 5-2 所示为贴壁送风的气流模拟示意图,具体的计算请参考相关书籍和文献。

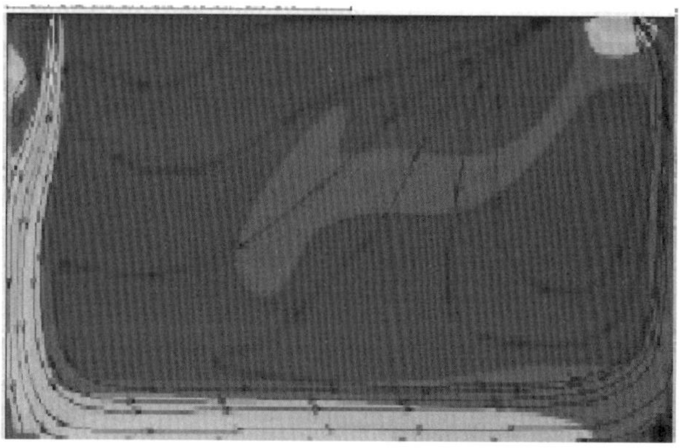

图 5-2 贴壁送风气流组织示意

5.1.2 宴会厅、多功能厅空调风系统

宴会厅、多功能厅在实际使用中可能会根据使用需求分隔为几个小空间，因此可采用多台空调箱或设计为总体变风量系统来满足使用要求。在人数多且密集的场所，空调系统的回风口或回风管内设置二氧化碳传感器，依据 CO_2 浓度调整新风量，降低新风系统能耗。

宴会厅或多功能厅一般都设置在内区，在过渡季或冬季应优先采用加大新风量的方式进行供冷。冬季使用时，刚开始需要进行预热，等使用一段时间后，内热负荷逐渐散发使得室内温度升高，又需要转换为供冷模式。因此，这些场所的空调系统在设计时可以考虑在过渡季（或冬季）采用全新风或加大新风量的方式。

变新风的全空气系统有以下三种实现方式。

(1) 双风机系统：送风机、回风机均定频运行，通过调节回风阀、排风阀和新风阀实现变新风甚至全新风运行（图 5-3）。

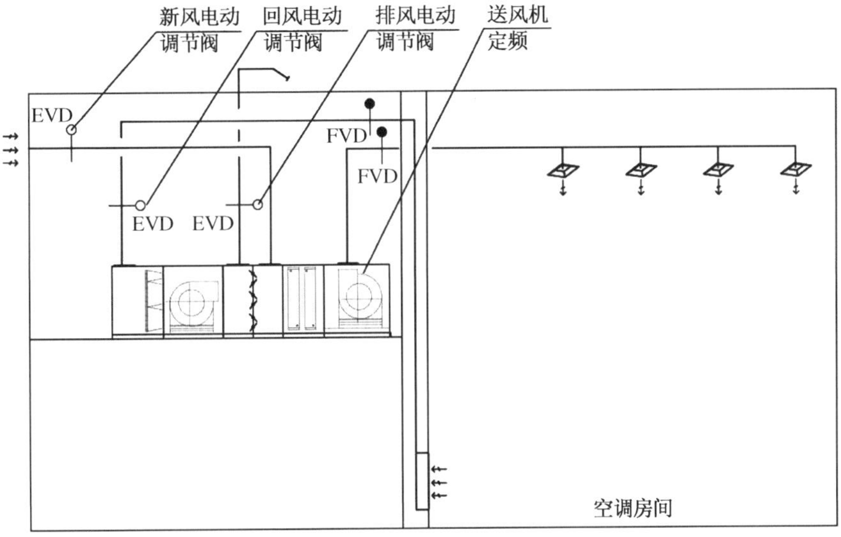

图 5-3 变新风比示意（一）

(2) 送风机（定频）+排风机（变频）：送风机定频运行，通过调节新风阀、回风阀来改变新风比，同时相应地改变排风机频率（图 5-4）。

(3) 送风机（变频）+排风机（变频）：送风机、排风机均变频运行，通过关闭回风阀，打开新风阀，切换至全新风运行状态。根据室内外焓差、室内温度来变频调节风量（图 5-5）。

多功能厅、宴会厅的辅助房间如声光控制室、新娘化妆间一般都设置独立的空调系统，采用风机盘管加新风系统或多联机，以满足独立运行的需求。

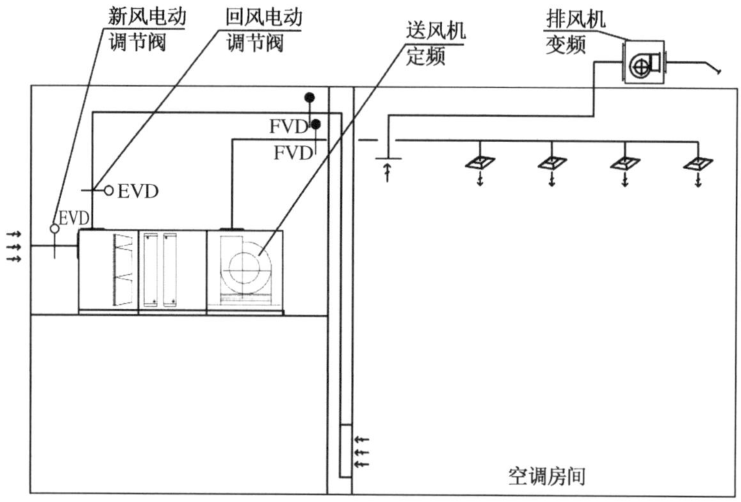

图 5-4　变新风比示意(二)

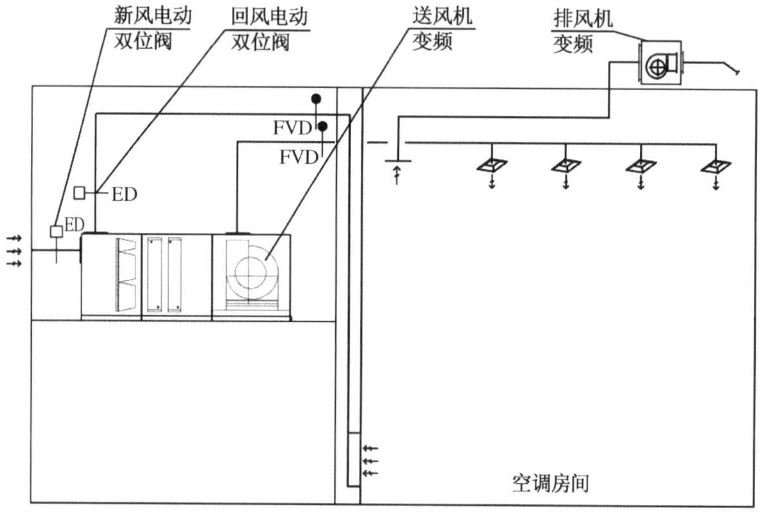

图 5-5　变新风比示意(三)

5.1.3　游泳区空调风系统

1. 游泳区室内设计温度选择

酒店游泳区的室内设计温度一般要求比池水温度高 1～2℃，酒店的游泳池属于休闲娱乐型游泳池，根据实际的运行情况，冬季池水的温度为 30～32℃，人员出水后才会无冷感、比较舒适。因此，游泳区冬季的室内设计温度宜为 31～33℃，夏季室内设计温度可以取 28～29℃。

2. 游泳区空调负荷计算注意事项

在游泳区的空调负荷计算中，池水蒸发的潜热量是一个需要考虑的因素。对于夏热冬冷地区的室内游泳区，此部分潜热量占总热负荷的比例约为 11.3%，占总冷负荷的比例为 9.8%。在实际工程设计中，在冬季，此部分潜热量可以作为安全余量考虑；在夏季，此部分潜热量则需计入总的冷负荷中。

室内空气向水传递的显热量为

$$Q_x = \alpha(t_n - t_w) \tag{5-1}$$

式中 Q_x——空气向水传递的显热量，W/m²；

α——空气与水面之间的对流传热系数，W/(m² · ℃)；

t_n——室内空气的干球温度，℃；

t_w——池水面温度，℃。

水蒸发带入室内的潜热量为

$$Q_q = \gamma L_w / 3.6 \tag{5-2}$$

式中 Q_q——水蒸发带入室内的潜热量，W/m²；

γ——水的汽化潜热，平均取 2 450 kJ/kg；

L_w——从池水面产生的水蒸气量，kg/(h · m²)。

池水蒸发造成的潜热负荷为

$$Q = Q_q - Q_x \tag{5-3}$$

式中 Q——池水蒸发造成的潜热负荷，W/m²；

Q_q——水蒸发带入室内的潜热量，W/m²；

Q_x——空气向水传递的显热量，W/m²。

3. 游泳区空调系统选择

酒店游泳区空调系统有以下两种方案。

方案一：选择空气处理机组，可以根据需要设置热回收装置。此方案适合于各种气候类型。运行模式如下：夏季制冷除湿，可通过再热维持室内温度；过渡季全新风运行，通风除湿；冬季可以采用低含湿量的新风除湿，并通过加热维持室内温度。夏季再热的热源应独立设置，可以从游泳池生活热水的一次热源中分出独立支路。

方案二：采用一体式除湿热泵机组，此方案常年运行制冷除湿模式，夏季可以回收冷凝热加热生活热水，因此更适合于夏热冬暖地区，而对于夏热冬冷及其以北地区，冬季的供热量不足，须另配置热水盘管。

4. 围护结构结露问题的解决措施

有些建筑设计为了使游泳池有通透感，将游泳池的围护结构四周或两至三面设计为玻璃幕墙，有的游泳池屋顶甚至也采用玻璃结构(图 5-6)。因此，解决冬季游泳池围护结构的结露问题成为一个设计难点。

图 5-6　某酒店游泳池实景

解决围护结构内表面结露问题，一是提高围护结构的保温性能，采用具有热断桥的双层中空玻璃，并设置凝结水的导流沟槽，以便在结露时做到有组织排水；二是提高围护结构的内表面温度，靠外墙的地面送风口送热风，地板送风口宜高出地面 300～500 mm，避免水进去，或沿外墙设置低矮式散热器；三是保持室内相对湿度在 75%以下。

游泳池设计排风的目的是稀释室内氯气和排除室内高湿空气，而对于星级酒店，游泳池水的消毒一般都采用臭氧消毒，因此排风换气次数的确定可以仅考虑除湿的要求。

5.1.4　其他公共区空调风系统设计要点

（1）消声措施：配置的风管避免穿过活动隔断上方的隔音墙。当必须穿过时，应用消声器来减小邻室间的串声。当空调通风设备设置在空调房间上/下相邻的设备层（或屋面）时，所接风管应至少设置两个 90°的弯头以减小声音的传递。

（2）客人公共卫生间应设风机盘管。

（3）应尽量避免采用吊装空调处理机，尤其是较大规格（风量大于 3 000 m^3/h）的机组，不能避免时，须设置相应的隔声措施，且应设置维修平台及照明以便日后维护保养。任何空调（新风）处理机不得吊装于厨房吊顶内，厨房本身使用的设备除外。

（4）风机盘管的回风箱如果妨碍对风机盘管风机、电机的维护保养，须在平顶上另设检修口。

（5）严寒地区须设置预热盘管，寒冷地区宜设置。可以采用热水或蒸汽作为热媒，通过预热盘管的空气流速不超过 2.5 m/s。

5.2 客房区空调风系统

客房区分为普通客房、普通套房、豪华客房、行政酒廊和总统套房，空调系统一般采用风机盘管加新风系统。

5.2.1 空调水管制式选择

在供冷、供热模式日切换每年超过 20 d 的地区，应该采用四管制风机盘管。供冷、供热模式日切换每年少于 20 d 的地区，可采用分区域两管制。空调系统分区应能满足不同区域因日照影响需分别进行供冷或供热的要求。

夏热冬冷地区一般选用四管制，寒冷地区可以选用四管制，夏热冬暖地区和严寒地区一般选用两管制。

5.2.2 客房空调通风系统设计关键点

客房风机盘管容量按设计冷负荷、高挡风量选择。客房的高峰负荷在白天，客人进入房间后对风机盘管噪声不敏感。晚上负荷较低，风机盘管按中速或低速运行，降低了运行噪声，风机盘管容量选大会造成双位控制水阀启停过于频繁。靠外墙有外窗的客房卫生间冷热负荷较大，须设独立的风机盘管。

每个客房的新风量为 100 m^3/h，排风通过卫生间排风系统排走，每间客房卫生间可设置独立的低噪声管道风机（带止回阀），排风量为 85 m^3/h。卫生间的门下应设置 12 mm 的缝隙作为补风口。卫生间至少应有两个排风口，一个设在马桶区域上方，一个设在淋浴间上方。排风立管超过 1 层时，需设置向上弯的支管，支管长度大于 55 cm，以减小客房间的串声。

空调冷凝水排水。不允许将风机盘管的冷凝水接到与卫生间下水道相连通的排水管道或地漏，应该设置独立的冷凝水排水立管。

风机盘管安装位置。卧式风机盘管安装在客房入口走道的吊顶上方，出风口气流避免对床吹送（图 5-7）。回风格栅检修口的定位与室内装修设计结合考虑。送风口选择双层格栅风口，带水平和垂直 15°角的调节装置。回风口选择带过滤器的门铰型回风口，安装在客房入口处的吊顶上。当设置在净空高的场所顶层时，风机盘管应设回风箱。

客房的新风与排风系统之间宜设置显热回收装置，为避免串味，可采用板式显热回收、热管式热回收器或采用新风、排风热回收热泵机组。

5.2.3 总统套房空调系统设计关键点

总统套房房间较多，一般由客厅、餐厅、书房、卧室、卫生间、随从人员房间等组成。因此，需要配置多台风机盘管，以确保各房间的舒适性（图 5-8）。卫生间宜设置风机盘管或散热器以提高舒适性。

图 5-7 某酒店客房实景

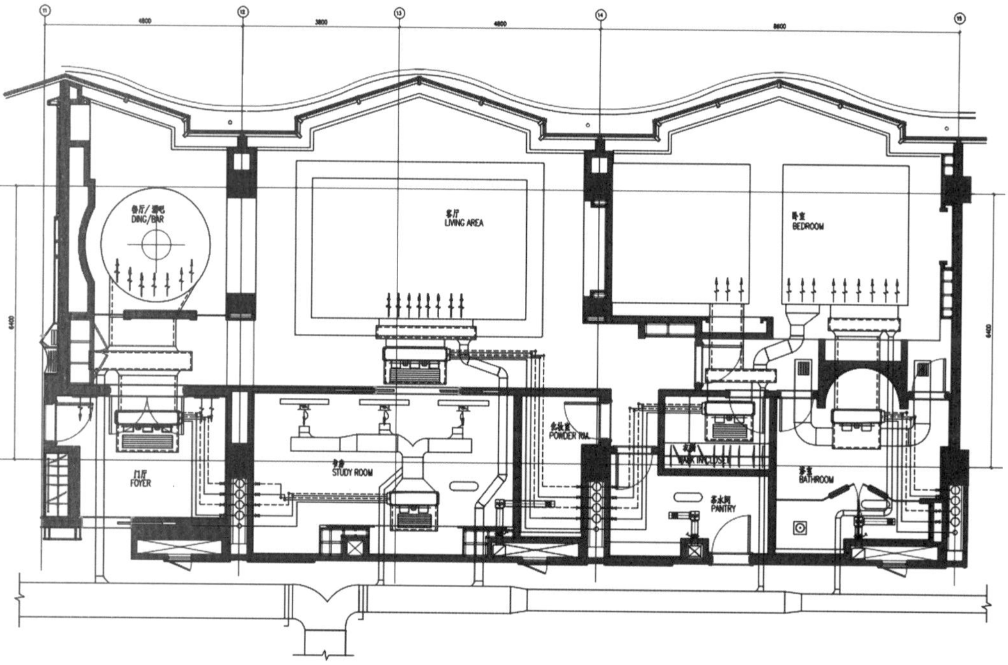

图 5-8 某总统套房空调平面图

噪声控制非常重要，特别是夜间的噪声问题。空调系统要做好消声措施，可在送风管上设置管式消声器，回风口避免直接设置在风机盘管的下方，最好设置回风消声静压箱(图 5-9)。采用消声设施后需校核普通风机盘管的机外余压能否满足要求，或采用高静压风机盘管。

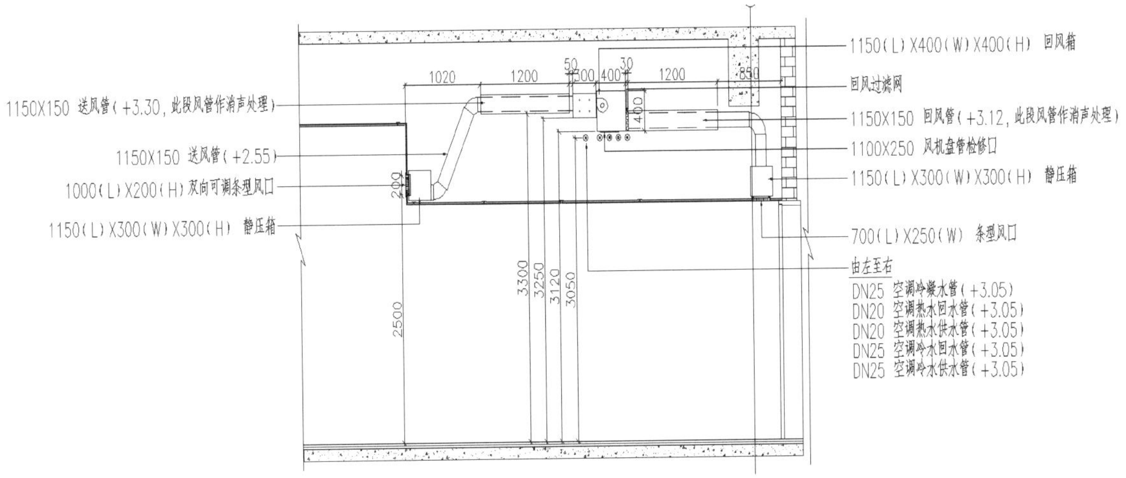

图 5-9 风机盘管消声示意

5.2.4 客房新风系统送风方式

客房层新风经集中处理后有三种送风方式。

(1) 垂直新风系统。该系统可将新风机组放置在设备层、屋顶层或在这两层均设置(采取分段送风)，然后通过设于客房内的新风竖井及水平支管将新风送至室内(图 5-10)。该系统的优点是客房层的走道内没有新风管，减少走道内管线交叉，提高走道净高；缺点是客房内需设置新风竖井，占用建筑面积。

(2) 水平新风系统。传统的水平新风系统在每层设置新风机房。新风机房宜靠外墙设置；如果不能靠外墙设置，需要设置集中的新风竖井，也需占用建筑面积。新风经过每层的新风机组处理后由走道内的新风管送至客房(图 5-11)。有的业主对占用使用面积不认可，因此派生出第三种送风方式。

(3) 垂直水平组合新风系统。该系统是在设备层或屋顶层集中设置新风机组，通

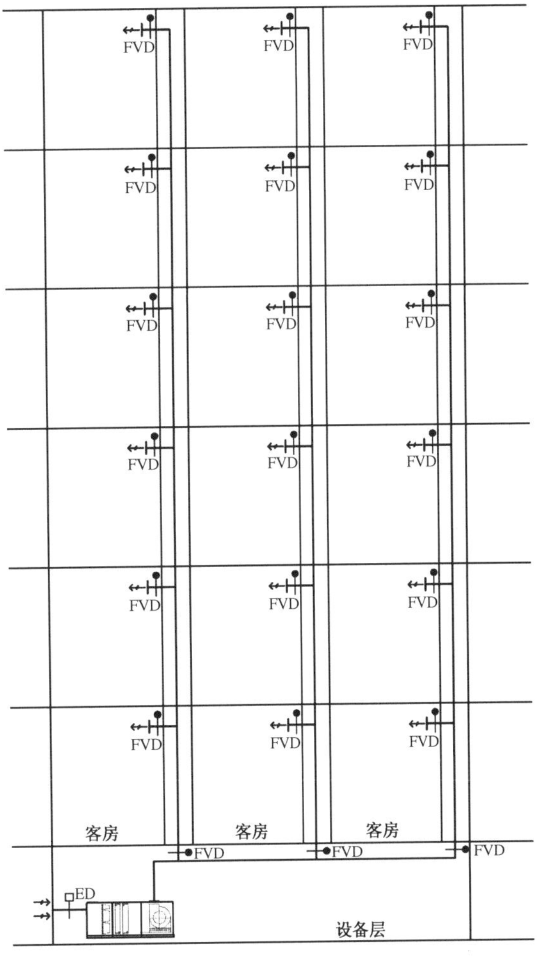

图 5-10 客房层垂直新风系统示意

过设在核心筒内的竖井和每层的水平干管将新风送至该层的客房(图 5-12)。

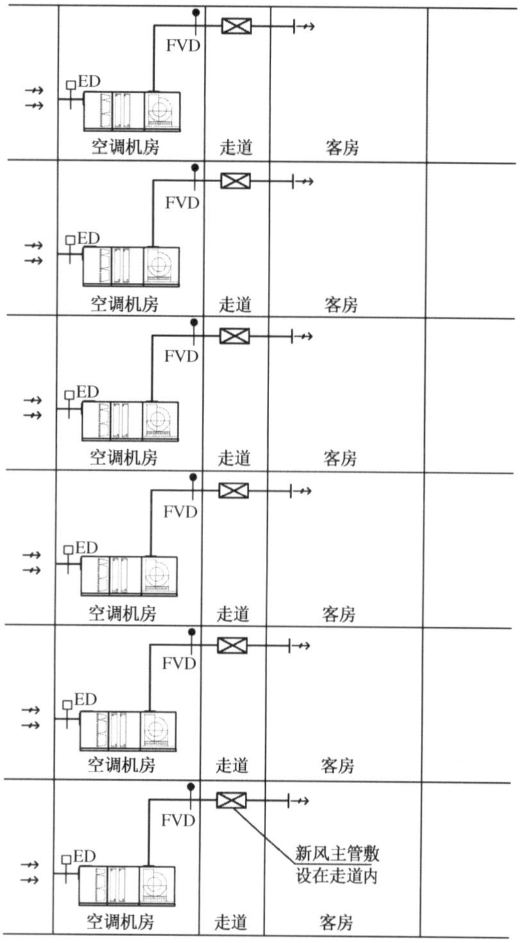

图 5-11　客房层水平新风系统示意

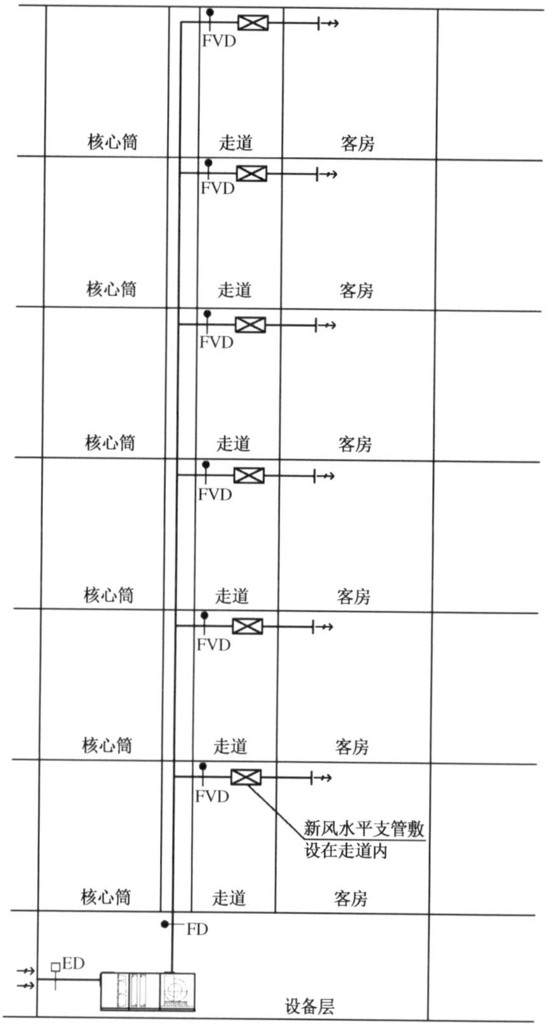

图 5-12　客房层垂直水平组合新风系统示意

三种新风系统的特点比较如表 5-1 所列。

表 5-1　三种新风系统特点

系统	优点	缺点	适用场合
水平新风系统	(1) 增大客房的有效面积； (2) 疫情期间不存在垂直交叉感染的问题	(1) 每层设置新风机房，占用建筑面积； (2) 占用走道吊顶空间	无设备层的多层或小高层酒店
垂直新风系统	(1) 减少走道内管线，提高走道净高； (2) 节省每层空调机房面积	新风竖井占用客房内建筑面积	比较常用
垂直水平组合新风系统	(1) 增大客房的有效面积； (2) 节省每层空调机房面积	占用走道吊顶空间	客房层层高较高或客房有效面积较小的酒店

对于以上三种方式，推荐采用第一种和第三种，第二种对于酒店建筑不常用。当对客房走道净高要求较高时可采用第一种方式；当每间客房面积较小，没有多余的管道井位置时，可采用第三种方式。对于以上方式，垂直系统负担的层数不应太多，否则风量难以平衡，垂直送风超过 15 层时，建议采用上下对送的方式，可在设备层和屋顶层分别设置新风机组。

5.2.5 客房标准层管井

客房标准层管井一般设置在两间客房的卫生间之间，管井为两间客房共用。管井内的管道包括空调水管（冷水供回水管、热水供回水管、冷凝水管）、给排水管道（冷水管、热水管、热水循环管、排水管）、消火栓水管（部分有）、新风管、排风管。

如果管井面积有限，可以将新风管独立设置。部分酒店管理公司要求每间客房的新风立管和排风立管独立设置，不能共用，防止串声。

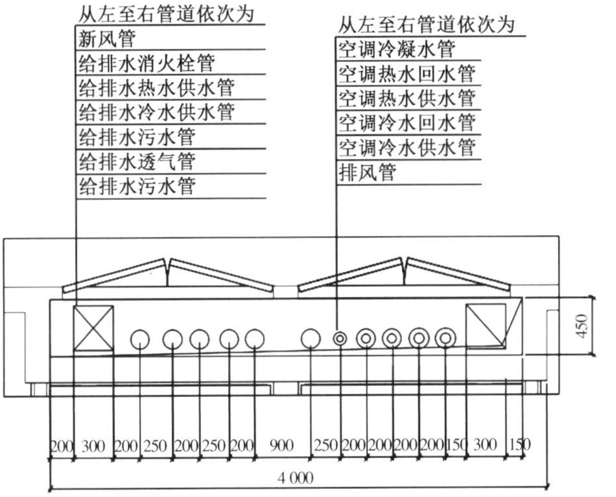

图 5-13 客房标准层横向管井示意

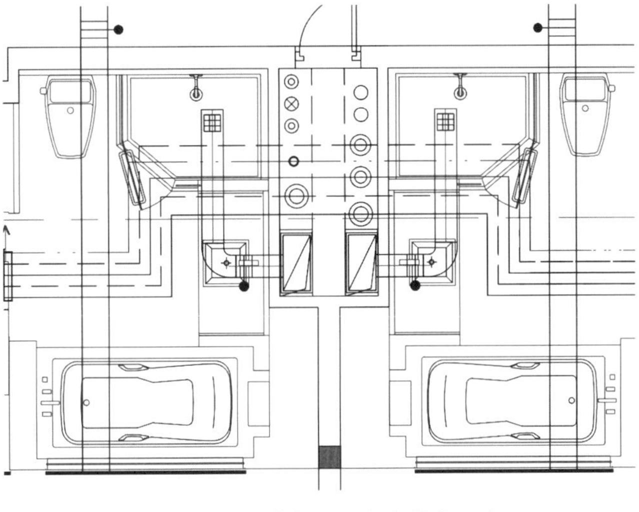

图 5-14 客房标准层竖向管井示意

标准管井有横向和竖向两种类型(图 5-13 和图 5-14),对于空调水管、新风管为垂直系统的管井,横向管井尺寸建议为 4 000 mm×450 mm,竖向管井尺寸建议为 2 700 mm×900 mm。

5.3 后勤区空调风系统

厨房宜设置岗位送风系统,岗位送风量由灶位决定或按厨房补风量的 35%设置。岗位送风冬季温度不低于 18℃,避免冷风影响员工的情绪,确保油脂状物不会凝结在过滤网上;在夏季要采取降温措施,确保送风温度不高于 27℃。饼房和粗加工区应保持在 21℃。冷菜间、冰雕间、裱花间、面包房、蛋糕房设风机盘管。

洗衣房发热量较大,且空气条件较差,其空调通风系统宜设计为直流系统,并设置岗位送风。熨烫宜单独设置空调系统,干洗机单独设置排风。

员工餐厅、办公室及工程部等服务房间一般设置于地下室,可采用两管制空调系统。员工餐厅采用定风量全空气系统,配餐间、办公室等房间采用风机盘管加新风系统。

酒窖宜设置独立的空调系统,空调温度宜为 15℃左右,恒温恒湿,可以采用恒温恒湿机组或设置小型的风冷冷水机组,末端采用空调箱,并设置加湿器。

5.4 机房空调

主变配电间、电梯机房、消防控制中心、计算机房及服务中心设独立分体空调或小型风冷机房专用空调。如果集中空调能够布置到酒店计算机房及服务中心等房间,则这些区域也设集中空调末端,以便节能运行。

5.5 本章附录

5.5.1 ZJ 酒店空调风系统标准相关内容

1. 空调系统形式选择

(1) 酒店必须采用中央空调系统。别墅式度假酒店、公寓和后勤楼可根据不同情况决定。

(2) 空调水系统形式选择:温带型气候区酒店采用四管制空调;热带型气候区酒店采用两管制空调。

在中国大多数地区,为实现客房常年可随时供暖及制冷,应采用四管制式风机盘管空调系统。两管制只能用在无须供暖的酒店客房。若客房需供暖及制冷空调,但又不采用四管制,经过技术部门评估可采用带电供暖的风机盘管。

2. 空调系统的划分

(1) 应根据使用功能、负荷特征、温湿度及通风要求划分不同的温度控制区。每个控制区须设置独立的空调系统。

(2) 非关键性区域(如后勤区、员工休息区等)可合并共用一个空调系统。

3. 不同区域的空调形式

1) 客房

(1) 采用四管制风机盘管系统,风机盘管在中挡运行时能满足最大负荷,此挡位的运行噪声不超过 32 dB(A)。

(2) 有大面积玻璃窗时可考虑加装对流式散热器,靠外墙的卫生间须设置辐射散热器。

(3) 在温带气候地区的浴室,须设置由空调热水系统提供热源的加热毛巾架,如果电价较低,可用电加热器。

(4) 不是所有地区冬季都需要设置加湿系统,只有当环境相对湿度持续小于 40%时需要通过新风系统进行加湿。

(5) 套间内有 2 台以上风机盘管时,应采用 1 个温控器进行控制。

2) 公共区和服务区

(1) 宴会厅、餐厅、会议厅和大堂应优先采用变风量系统,其次选择中压定风量系统。当送风量超过 3 000 m^3/h 时,应设置双速风机。

(2) 当设置有大面积的双层玻璃幕墙时,冬季供暖负荷超过 450 W,须设置对流式散热器。

3) 其他区域

(1) 计算机房、电话室和电梯机房须设置独立空调。

(2) 商场和部门办公室采用风机盘管加最小新排风系统。

(3) 厨房和洗衣房应采用全新风系统,所有岗位送风降温系统的送风温度设定为 24℃。厨房冬季补风温度不应低于 18℃,否则油脂会凝固。饼房和粗加工区应保持在 21℃。冷菜间、冰雕间、裱花间、面包房、蛋糕房设风机盘管。

(4) 室内游泳池空调系统要考虑除湿部分的容量。

(5) 会议室风机盘管移到走道上,不要安装在会议室内,减少噪声,便于维修。

(6) 所有客用公共卫生间设风机盘管。

4. 其他

(1) 冬季加湿不是必须的。但对于冬季室外相对湿度低于 40%的地区,客房的新风系统需要加湿,其他区域的新风是否加湿须征得集团同意。

(2) 冬季及过渡季(室外温度低于 14℃)内区供冷可由免费冷却塔提供冷水。

5.5.2 WH 酒店空调风系统标准相关内容

1. 客房及公共区域空调

客房的风机盘管送风及处理新风不应吹向睡床方向。客房层服务间须设空调、新风及排风系统。靠外墙/外窗的客房浴室须设空调。宴会厅及前厅须设可变风量空调系统，新风量须根据房间内的 CO_2 浓度进行调节。

1）客房风机盘管的选定

客房风机盘管的荷载是基于冷负荷的峰值来计算的，将下列条件作为计算依据：室外最高的设计温度，客房窗帘拉上，房内人数为两人，房内电器散热量为 250 W，风机盘管送风量以中速为设计风量值。

2）空调箱技术要点

（1）送风温度：冷水盘管的出风温度为 11.1℃（52.0℉）或以下，加热后的出风温度在相对湿度 50％时为 22.2℃（72.0℉）。

（2）设计风量：换气能力不得小于每小时 6 次。

（3）冷热水盘管：风速不得大于 3 m/s。

（4）风机：选用通用的在设计条件下具有最高效率和运行稳定的风机，风扇为气流型接插式或后倾式。

（5）电机：对于轴流型风机，电机配置功率为计算功率的 110％；对于后倾式风机，电机配置功率为计算功率的 120％。

3）区域性要求

（1）对热带气候的适用要求：对空调机的室外新风进行预处理；增加盘管排数，给新风预降温。

（2）在预计湿度渗入量很大的地方要对新风进行二次循环处理以降低湿度。

（3）在海洋气候或腐蚀性空气环境中须采用铜管制作的盘管，并使用铜质翅片；采用防腐性的暖通空调设备和风管。

2. 后勤区域空调

洗衣房、酒店载客电梯厅、酒店服务电梯厅、酒店后勤区走道、酒店公共及后勤区卫生间等均须设空调。

3. 特殊用房空调

主变配电间、电梯机房、消防控制中心、酒店电话/计算机房及服务中心须设独立分体空调。同时，酒店电话/计算机房及服务中心须设中央空调。饼房和肉食品间须设独立分体空调。所有独立空调系统须接应急电源。

4. 游泳池区域空调

游泳池区域空调须采用不需设远置冷凝器的空调、通风及池水加热一体化游泳池专用除湿热泵，以利节能。游泳池区域的室温应较池水温度（26℃）高 2℃，送风不得直接吹在玻璃窗上。

5. 其他技术要点

（1）所有机房包括空调机房须预留足够的维修空间。

（2）应尽量避免采用吊装空调处理机，且任何空调处理机/新风处理机不得吊装于厨房吊顶内。所有吊装的空调处理机须于机组旁边的适当位置提供维修平台及照明以便日后维护保养。

（3）所有接至线形/条形回风口的风机盘管的回风管上须设检修口以利对风机盘管风机/电机进行维护保养。

（4）安装在屋顶上的空调机组最少要在送、回风管道上各安装两个90°弯头，以减少噪声的传送。

（5）不建议采用吊顶回风（包括风机盘管及空调机组），所有回风须采用风管连接回风口及空调机组或风机盘管。

（6）空调机组须为组合式空调机组，并且须配置初效及中效空气过滤器。

（7）空调机组新风进风管上须设与机组联动运作的电动调节风阀作为防冻措施。

5.5.3 KY 酒店空调风系统标准相关内容

1. 空调系统分区依据

空气系统分区依据如下：酒店的运行需求、内部负荷变化情况、人员在室率、日和年太阳辐射热、显热比例、废气控制、换气次数、各个区域的独立计量。

2. 空调设备及附件选择

（1）在温带地区，用于公共场所的空调机组要设置加湿装置。通过风阀的调节，机组应能满足100%新风和100%回风状况的要求。这样的设置可以使空调机组在室外干球温度低于13℃的情况下100%采用室外新风。100%回风工况可以使空间快速预热和冷却。控制功能包括焓值控制、手动修正、快速预热和快速制冷。

（2）冬季室外设计温度小于或等于5℃时，须设置预热盘管，可以采用热水或蒸汽作为热源。通过预热盘管的空气流速不超过2.8 m/s。

（3）在冬季室外设计温度小于或等于5℃的地区，循环热回收盘管应设在预热盘管的下游。

（4）在热带或亚热带地区，除湿需要尽量增大回风、减少新风。

3. 客房空调系统

（1）客房空调可选择风机盘管，带有独立温度控制功能。

（2）送风口选择双层格栅风口，带水平和垂直15°角的调节装置。

（3）回风口选择带过滤器的门铰型回风口，安装在客房入口处的吊顶上。

（4）在冬季室外设计温度小于或等于5℃的地区，须在客房的窗台下设置辐射散热器，并通过温控器与风机盘管连锁。

（5）在供冷、供热模式日切换每年超过20 d的地区，应该采用四管制风机盘管。

（6）在供冷、供热模式日切换少于20 d的地区，可采用区域两管制。

（7）空调系统分区应能满足建筑不同区域根据室外参数进行供冷、供热的要求。

（8）客房新风与风机盘管的水系统应该独立设置，每间客房的新风量按 100 m^3/h 计算，或根据房间面积进行调整。房间相对湿度保持在 50%～55%。

（9）客房排风量为 85 m^3/h。浴室门下预留 12 mm 缝隙来补风，在门上开格栅是不允许的。卫生间排风格栅由室内设计师决定，应至少有两个排风口，一个在马桶区域上方，一个在淋浴间上方。排风立管超过 1 层时，须设置向上弯的支管，支管长度大于 55 mm。

5.5.4 XED 酒店空调风系统标准相关内容

（1）客房采用风机盘管加新风系统，客房走道须设置新风系统。

（2）公共区域（宴会厅、会议室、餐厅）采用变风量系统。

（3）以下区域安装分体空调：计算房、配电房、电梯机房、交换机房、电视机房、监控中心、所有冷菜间、巧克力房、裱花间、垃圾房、酒水仓库。

5.5.5 XLD 酒店空调风系统标准相关内容

（1）建议采用集中空调系统，空气处理机组服务于公共区及后勤区，四管制风机盘管服务于酒店客房。

（2）空气处理机组应设置于机房内，以减少噪声和便于拆卸检修。空气处理机组和风管外壁为双层。空气过滤器应使用中效、可拆卸型的。

（3）后勤区和公共区的空调也可选择带多速风机的水环热泵，但须处理好噪声问题和控制系统。

（4）在严寒地区，当使用大面积玻璃窗时，应设置踢脚板散热器。

（5）对于高层建筑酒店，在供暖季节应考虑冷风渗透引起的烟囱效应，因此电梯机房应使用空调降温而不是通风，应特别关注风阀门的漏风率。

（6）客房区域空调应注意以下几点：

① 四管制风机盘管服务于酒店客房。

② 只有在冬季比较温暖的地区考虑两管制风机盘管，并辅以电加热。

③ 在比较湿热的地区，考虑在风机盘管中使用热管技术来提高其除湿能力。

④ 禁止在客房中使用窗式空调。

⑤ 客房新风送入风机盘管回风口处。

（7）公共区域空调应注意以下几点：

① 建议使用变风量系统、压力无关型末端，气流量可调至零。

② 在外区和需要保证一定换气次数的公共活动区，建议使用风机动力型末端。

6 酒店通风系统

6.1 厨房通风系统

酒店厨房功能复杂，划分为小房间，根据餐食类型分为西餐厨房和中餐厨房。中餐厨房的排油烟量大，部分西餐厨房为开式厨房。日料餐厅厨房排油烟需要设置下排风系统。

厨房通风系统的分类如图 6-1 所示。

- 厨房通风系统
  - 排风
    - 排油烟系统
      - 排除炒菜、烧烤、油炸等油烟的系统
      - 排除蒸煮等水蒸气的系统
    - 平时(兼事故)排风系统：加工间、冷库、洗碗间
  - 送风
    - 补风系统
      - 未经冷热处理
      - 经冷热处理
    - 岗位送风系统

图 6-1　厨房通风系统分类

排油烟系统应根据厨房提供的排烟罩需求量设计，建议热炒、油炸用排风罩和蒸煮用排风罩系统分开设置，蒸煮类的排风可以不经过净化器排出。在施工图阶段，当厨房工艺未定时，排油烟量的计算可按表 6-1 进行。换气次数按整体厨房面积计算。

表 6-1　厨房通风量按换气次数　　(单位：次/h)

厨房类型	总排风量	排油烟量	全面排风量	总送风量	普通送风量	岗位送风量
中餐厨房	50	35	15	40	28	12
西餐厨房	30	21	9	24	17	7

在二次精装阶段，排油烟量由厨房顾问提资，也可按排气罩面积指标计算：四面无墙罩 2 750 $m^3/(h \cdot m^2)$，长边靠墙罩 1 830 $m^3/(h \cdot m^2)$。表 6-2 为某酒店厨房顾问的排油烟量提资(折算为换气次数)。

表 6-2　某酒店厨房顾问排油烟量提资

厨房类型	厨房面积/m^2	排油烟量/($m^3\cdot h^{-1}$)	排油烟量折算换气次数/(次$\cdot h^{-1}$)	蒸煮排风量/($m^3\cdot h^{-1}$)	蒸煮排风量折算换气次数/(次$\cdot h^{-1}$)	总换气次数/(次$\cdot h^{-1}$)	备注
日料厨房	610	21 000	11	—	—	11	铁板烧、下排风
全日餐厅厨房	64	24 500	128	2 800	15	143	开放式厨房
宴会厨房	460(150)	30 000	22(67)	8 000	6(18)	28(85)	
意大利厨房	165(90)	17 000	34(63)	5 000	10(19)	44(82)	
中餐厨房	400(220)	39 000	33(59)	15 000	13(23)	46(82)	

注：1. 括号内数值为热加工区数据。
　　2. 以厨房吊顶净高 3 m 计算。

厨房洗碗间的排风宜独立设置，星级酒店的洗碗间排风量可按 800～1 000 m^3/h 设计。全面排风系统在罩台排风不运行时开启，保证厨房通风换气。对于地下室厨房或地上有固定窗的厨房（当使用燃气时），全面排风系统可兼作事故通风系统，并与燃气切断阀连锁，当燃气泄漏达到标定值时开启。

厨房送风系统分为补风系统和岗位送风系统。补风系统补充排油烟系统的排风量。岗位送风系统为了厨师的舒适性而设置，送风口设置在排烟罩周边。如果使用带补风口的排油烟罩（图 6-2），则可减少进行冷热处理的补风量，室外的空气直接通过排油烟罩的新风口补入并形成空气幕，阻挡油烟和热量的散发。厨房总的送风量略小于总排风量，可按总排风量的 80%进行设计，以使厨房保持负压，避免油烟逸散到客人活动的空间。

直接补入厨房的补风宜做冷热处理，夏季送风温度为 24～26℃，冬季送风温度为 18～22℃，不得低于厨房露点温度，以防结露。

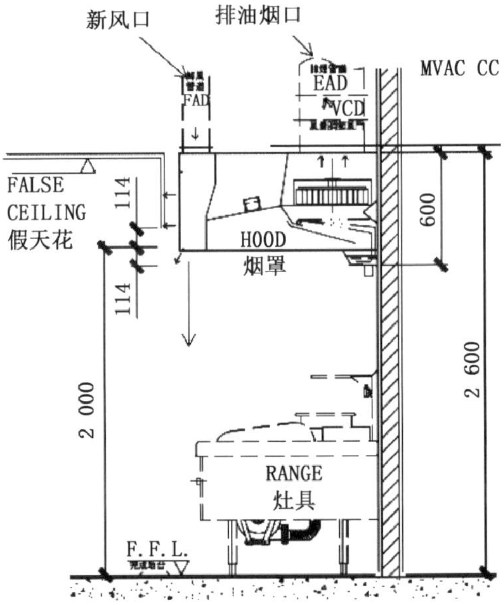

图 6-2　带补风口的厨房排油烟罩

开放式厨房要有排烟罩，排风量不能太大，且每个罩可以分别控制。可采用小排量、低噪声的排风机，这样可以节能，以免餐厅里空气被大量排走。新风补风口可以布置在排烟罩周围（图 6-3）。

厨房的排油烟风机与补风机连锁，同开同关。厨房的排油烟须经过净化后进行排放，尽量在主楼屋顶排放，如果管井设置有困难，可在裙房屋顶排放，但须满足环保、卫生防疫

图 6-3 厨房排油烟罩实景

部门的相关规定。排油烟净化设备有静电式和机械式，静电式又可分为带自动清洗式和不带清洗式两种。厨房排风管在立管底部设集油器并在适当的地方设置清洗门，水平风管应有坡度，排风管风速以 8～10 m/s 为宜。

厨房的冷库如果采用水冷式，则需要设置保证 24 h 运行的独立冷却水系统，该系统一般采用闭式冷却塔。冷却塔及其水泵的配电应有应急电源，保证不断电运行。

6.2 洗衣房通风系统

6.2.1 洗衣房环境特点

(1) 温度高：洗衣房一般位于地下室，设备表面温度为 50～60℃，辐射散热量大。

(2) 湿度大：洗烫过程中蒸汽泄漏、散发。

(3) 有害气体：干洗剂大多采用四氯乙烯(允许浓度不超过 200 mg/m^3)。洗衣房的通风系统须根据工艺提供的资料进行设计。

6.2.2 洗衣房通风系统

当无数据时，小型洗衣房可按 20～30 次/h 计算排风量，补风量为排风量的 80%～90%。当有洗衣房顾问提资时，应根据设备发热量、散湿量进行洗衣房通风量的热湿平衡计算。

(1) 岗位送风系统：洗衣房的环境温度夏季不高于 28℃，为改善操作人员的工作环境，夏季对送风作降温处理，并在高温操作区内设球形铝合金可调风口进行岗位送风。

(2) 局部排风系统：设置独立的排风机，排风管应根据各设备的位置布置并与烘干机、干洗机、大烫机等机器连接(图 6-4)。在烘干机的排风管路上设置绒毛收集器，以清除排风中的飞絮。

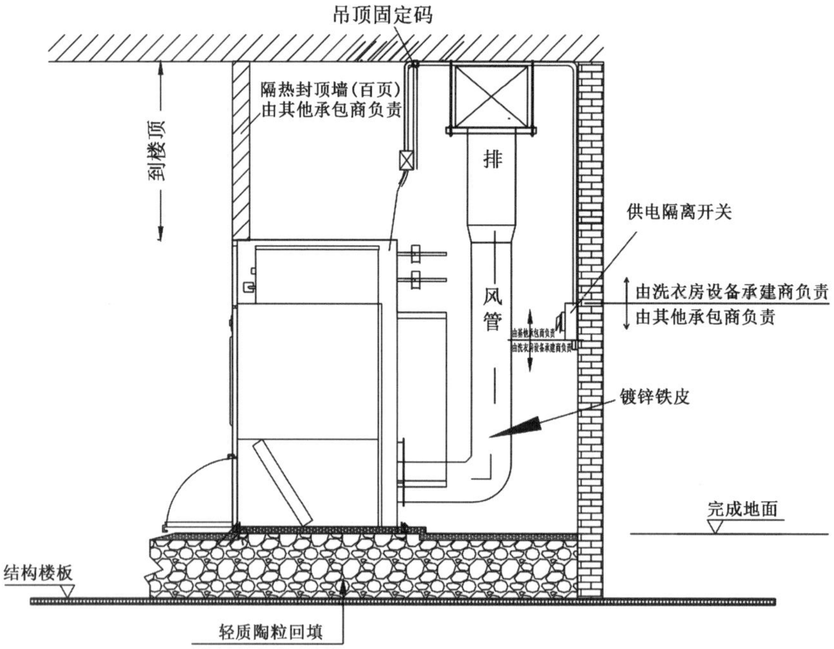

图 6-4　烘干机、烫平机局部排风系统

(3) 全面排风系统：送入洗衣房的空气从低温区流向高温区，然后将吸收了室内大量余热、余湿的空气经设在高温区上方的排风口排到室外。

因洗衣房和后勤厨房的排风管道要经常清洗，所以在设计时要考虑风管上开清扫口的位置。清扫口一般设置在立管底端和每一个弯头处。两个清扫口在水平管段上最大间距为 6 m，立管段上的最大间距为三个楼层。

洗衣房烘干机的排风管要向设备方向倾斜，以防冷凝水积存，用带防水接头的镀锌金属片连接风管并直接排到建筑外。

6.2.3　洗衣房空调系统

一般酒店管理公司要求，洗衣房夏季室内温度为 27～28℃，相对湿度不大于 75%，冬季室内温度为 20℃。

洗衣房的发热量较大，如果采用全新风直流系统，能耗会非常大。因此，可以在局部散发有害气体的干洗间和烫熨间周边加围墙，设置局部排风，洗衣房其他区域可采用带回风的全空气空调降温系统。烘干、熨烫区采用岗位送风，其他区域均匀送风。布草间、整理修补间应设 24 h 连续运行降温除湿空调系统。

6.3　设备用房通风系统

设备用房包括制冷机房、锅炉房、变配电室、柴油发电机房、换热机房、水泵房、污水处理间、垃圾房等，这些房间宜设置独立的通风系统，以便能够独立运行。

6.3.1 锅炉房、变配电室

锅炉房、变配电室的散热量大，可以设置带热回收装置的热泵机组，冷风可作为设备房的冷却通风，回收的热量可用于预热生活热水。变配电室的发热量可按变压器功率的1.25%～1.5%计算。

6.3.2 柴油发电机房

1. 柴油发电机组

目前常用的柴油发电机组的冷却方式均是通过发动机的冷却液循环冷却，根据冷却散热器的安装方式可以分为整体式和远置式两种。

1）采用整体式散热器的柴油发电机组

(1) 散热排风机由机组自带，该风量已考虑带走机组辐射到室内热量所需风量。可根据厂家提供数据确定进、排风竖井及相关百叶面积。

(2) 当进风竖井阻力较大时，可根据情况增设送风机。当资料不足时，进风量可按柴油发电机额定功率 80～90 $m^3/(h \cdot kW)$估算。

2）采用远置式散热器的柴油发电机组

(1) 柴油发电机组的冷却散热由远置式散热器带走，辐射到室内的热量由通风系统排除。

(2) 机房进风量 L_j 按排除机房内余热确定，则

$$L_j = 3\,600 \frac{\sum Q_{yu}}{(t_y - t_w)c\rho} \tag{6-1}$$

式中 L_j ——机房进风量，m^3/h；

Q_{yu} ——机房内余热量，kW；

t_y ——机房排风温度，取 40℃；

t_w ——夏季通风室外计算温度，℃；

c ——空气的比热容，取 1.01 kJ/(kg·℃)；

ρ ——空气密度，kg/m^3。

柴油发电机房余热量计算式为

$$\sum Q_{yu} = Q_1 + Q_2 + Q_y \tag{6-2}$$

式中 Q_1——柴油机的辐射散热量，由厂家提供数据，kW；

Q_2——发电机的辐射散热量，由厂家提供数据，kW；

Q_y ——室内排烟管的辐射散热量，与管径、管长、保温厚度有关，粗略按 0.000 5 kW/(kW·m·h)计算。

(3) 机房排风量为进风量减去燃烧空气量，燃烧空气量可按发电机额定功率 7 $m^3/(h \cdot kW)$估算。

(4) 当资料不足时，柴油发电机房余热量可按柴油发电机组燃油热量的 6%～8%，或柴油发电机组功率的 14%～18%进行估算。

2. 柴油发电机房通风系统

(1) 柴油发电机房内最高温度不应高于 40℃，相对湿度不大于 75%。

(2) 柴油发电机房的平时通风量按 3 次/h 换气计算，储油间通风量按 5 次/h 换气计算。

(3) 柴油发电机房的排烟管应做消声处理并单独排出户外，室内部分的管道应保温，表面温度不超过 60℃。

(4) 柴油机排烟口和排烟管连接应采用柔性连接，当两台或两台以上连接时，支管上应设单向阀。

6.3.3 污水处理间、垃圾房

污水处理间、垃圾房有污染，排风应优先高空排放，至少应在裙房屋顶排放。排风机应设在系统的最末端，使整个系统的风管都保持负压。

可在污水处理间的吸风口处增设喷雾器，雾化除臭液，使之与污水处理间的排风均匀混合并吸附臭气，经一系列化学反应，臭气的分子结构发生改变，从而消除排风中的臭味，上述反应的生成物为水、氧气、氮气等无味、无害物质。此方法的除臭效果显著，运行费用也明显低于活性炭过滤吸附装置。

设备用房的通风换气次数可参照表 6-3。

表 6-3 设备用房的通风换气次数

房间名称	排风		送风		备注
	换气次数/(次・h^{-1})	方式	换气次数/(次・h^{-1})	方式	
地下变压室	风量由热平衡计算确定	机械	风量由热平衡计算确定	机械	
地下变配电室	风量由热平衡计算确定	机械	风量由热平衡计算确定	机械	
地下制冷机房	6	机械	6	机械	
地下水泵房	6	机械	6	机械	
燃油泵房	10	机械	8	机械	
日用油箱间	6	机械	5	机械	
燃气调压间	3	机械	2	机械	
地下锅炉房	燃气不少于 6 次/h，事故通风不少于 12 次/h	机械	风量为排风量与燃烧空气量之和	机械	燃油不少于 3 次/h，事故通风不少于 6 次/h

（续表）

房间名称	排风		送风		备注
	换气次数/(次·h^{-1})	方式	换气次数/(次·h^{-1})	方式	
地下发电机房	由发电机排风量确定	机械	风量为排风量与燃烧空气量之和	机械	排热量计算校核
热交换机房	5	机械	5	机械	发热量计算校核
污水处理间	12	机械	10	机械	设除臭装置
垃圾房	15	机械	—	自然	设除臭装置

6.4 特殊区域及汽车库通风系统

1. 特殊区域通风系统

吸烟室、美发室、SPA、酒吧等房间的空气比较污浊、潮湿，所以这些区域应设置独立的排风系统。

2. 汽车库通风系统

地下汽车库可采用机械排风、机械补风或自然补风的通风方式，机械排风可采用设置风管的方式或诱导风机，排风应消除死角。汽车库的排风次数可按 6 次/h 或稀释浓度法计算，补风量按排风量的 80%确定。排风机可采用双速或变频调速，可根据车库内设置的一氧化碳浓度传感器进行控制。

车库排风百叶的设置位置应避开人员活动场所并避免贴邻对噪声要求较高的场所，距离敏感设施 10 m 以上，在非绿化带区域车库排风百叶的底部应至少离地 2.5 m。

6.5 本章附录

6.5.1 ZJ 酒店通风系统标准相关内容

(1) 卫生间排风系统推荐采用集中排风机，该风机可定时启停（由楼宇自动化系统控制）。但必须注意风量的平衡问题，在每个支管处设防火调节阀。如果安装小排扇，则不要采用天花式排气扇，应采用静音型管道式排风机。

(2) 包房、会议室、KTV 包房、游泳池、浴室、更衣室等场所应有独立的排风系统。

(3) 公共盥洗室要设风机盘管和排风系统，不要新风系统。

(4) 煤气表（阀）房、高低压配电室、水泵房、车库、压缩机房、锅炉房、制冷机房、热交换机房等应设机械通风系统。

(5) 垃圾房和隔油池间要求设排风系统。

(6) 厨房空调通风系统要求如下。

① 排风系统应根据厨房设计公司提供的排烟罩需求量设计。

② 厨房需要设补风系统,送风温度为:冬季 16℃,夏季 27℃。新风量略小于排风量。

③ 冷菜间、粗加工间、糕饼房、巧克力房、肉类加工间等必须提供空调设施(风机盘管)。

④ 排烟罩周边应设有新风补风口或岗位送风。

⑤ 开放式的厨房要有排烟罩,排风量不能太大,且每个罩可以分别控制。可采用小排量、低噪声的排风机,这样可以节能,以免餐厅里空调风被大量排走。新风补风口可以布置在排烟罩周围。

(7) 洗衣房通风系统要求如下。

① 夏季环境温度不高于 28℃。应采用全室外新风系统。为了降温,所有员工工作岗位应设岗位送风(送风温度为 24℃)。

② 洗衣房应有三个通风系统。

A. 新风处理系统:要求新风管引至各工作岗位,即岗位式送风系统。

B. 设备排风系统:独立的排风机,排风管应根据各设备的位置布置并与烘干机、干洗机、大烫机等机器连接。

C. 室内排风系统:独立的排风系统,不要与其他区域合用。

洗衣房和厨房的排风管道要经常清洗,所以在设计时要考虑风管上开若干个人孔的位置。

(8) 地下车库排风系统要求每小时换气 6 次,最好可根据 CO 浓度,变速控制排风机。

6.5.2 WH 酒店通风系统标准相关内容

下列场所须提供机械排风:游泳池,机房,车库,卫生间,制冰间,修理间,更衣室,厨房,酒吧,洗衣房,员工餐厅,其他产生气味、烟或热气的房间,以及按照国家规范需要设置排风的场所。客房主楼下列地方须设置机械排风:电梯厅、布草中转站、管家部、冷饮售卖处和机电房。具体要求如下。

(1) 设置一氧化碳传感器用以控制车库的通风系统。

(2) 吸烟室、雪茄吧、大堂酒廊、美容发廊、按摩室等场所须对室内空气进行特别处理(排风或空气过滤),避免气味扩散到周围环境中。

(3) 新风口位置要选在安全的地方,与下列设施的间距不小于 3 m(10 ft):①排气出口;②交通要道、卡车聚集地;③有污染源的场地。

(4) 卫生间排风按排风立管与所在排风点之间的距离和最小风压值来设计。

(5) 冷库压缩机房:提供的最小排风量为 340 m^3/h(200 ft^3/min),但必须保证环境温度在 32℃(90℉)以下。

(6) 燃烧补风:按照设备厂商的要求和政府规范,燃气和燃油设备(包括锅炉、游泳池加热器和烘干机)均有一定的补风要求。寒冷地区在机房设供暖设备,将引进新风预热至

4℃(40℉)以上,以防止房间温度过低造成水管或设备冻结。如果补风系统配有风机,应与锅炉控制板联动以满足锅炉启动时对燃烧风量的要求。

(7) 通风:对无空调的空间提供机械通风以保证冬季的最低温度在 12℃(54℉)以上、夏季的最高温度在 32℃(90℉)以下。

(8) 风机选型。

① 类型:以离心式为主,但车库可以选用低噪声的轴流式风机。

② 驱动方式:带式,但专用的机械排烟风机除外。

③ 电机功率:为不同形式风机所配置的电机,要求选用大于计算功率 10%～20%的电机。

④ 防排烟系统的风机需要在启动器上提供辅助触点,以接收来自消防报警系统的信号。

(9) 厨房补风系统须通过分别设置的补风系统将全新风送入各个厨房油烟罩或多个工作区合用的油烟罩。

① 采用原装风机并配备燃气加热、热水盘管或电加热功能以保证进入厨房的新风温度不低于 18℃(64℉)。避免冷风影响员工的情绪并确保油脂状物不会凝结在过滤网上。同样,在夏季要提供降温措施以确保送风温度不高于 27℃(81℉)。

② 容量选择:补风量不得大于油烟罩排气量的 80%。

③ 控制功能:与排油烟风机联动并在每个油烟罩旁设开关。

④ 厨房油烟罩排风:为每个厨房的油烟罩提供独立的排风系统,该油烟罩带自动清洗功能和喷淋头安装孔、耐火等级为 2 h。在面点房要设置独立的排风管。采用 16 号不锈钢板风管,坡向油烟罩安装,接缝处焊接密封。不得用法兰及垫衬作为连接。不得采用镀锌钢板,可采用 UL 认可的预制整体保温风管。

⑤ 清洗检修门:安装在立管底端、每一个弯头处和喷淋头处。水平管段上最大间距为 6 m(20 ft),立管段上的最大间距为三个楼层。

⑥ 尺寸:确定风速在 7.5～10 m/s(1 500～2 000 ft/min),以防油腻物积蓄在风管里并确保油腻物不会滞留在油烟罩过滤网上而从构筑物里排出。

⑦ 排风机:采用 13 m/s(2 600 ft/min)的高速排风机,带排泄口和可拆式不锈钢排气风叶。

⑧ 安装位置:装在屋顶,出风口要朝远离建筑的方向并防止油烟被吸入新风口。风机位置应使整个厨房的排油烟系统处于负压状态。

⑨ 调节阀门:在排油烟系统中不能使用。

⑩ 保温:整个排油烟风管用 50 mm(2 in)厚度的高温玻璃纤维包扎,并外包保护层。

⑪ 专用的厨房洗碗机和洗衣房平烫机的排风管应用不锈钢板制作,并向进风口方向倾斜,以免冷凝水在风管壁积存。风管直接排至室外。

⑫ 不允许将洗碗机排风接至厨房排油烟管或其他排风系统。

（10）洗衣房烘干机的排风管要向设备方向倾斜，以防冷凝水积存，用带防水接头的镀锌金属片连接风管并直接排到建筑外。

（11）室内游泳池和池水药剂库房的风管须用不锈钢板。

（12）垃圾房和污水处理间的排风系统要设计成负压并把风机安装在系统最远端，风管直接排至建筑外。

（13）客房卫生间排风：采用沿墙安装的排风口并用套管插入排风立管中，排风立管直接通到安装在屋顶的风机上。每个淋浴间的排风量是 85 m^3/h(50 ft^3/min)。在不能用套管的地方要在就近的管井墙上安装防火阀。

（14）排风口位置。

① 排风出口与新风入口及任何可开关窗户的距离不得小于 6 m(20 ft)。

② 厨房排风出口与新风入口及可开关的窗户之间的距离不得小于 15 m(49 ft)。

③ 在有壁炉的地方，壁炉的排风口与新风入口及可开关的窗户之间的距离不得小于 15 m(49 ft)。

6.5.3 KY 酒店通风系统标准相关内容

通风系统要能有效地阻止热气集中、污染物气味、有害气体及臭气。另外，在所有公共区域人员密集场所，烟草产生的烟气是普遍现象，设计系统应包括烟雾过滤器或臭氧装置以确保烟气排放干净。

1. 客房排风

（1）客房排风应通过卫生间门下 12 mm 宽的门缝排入卫生间，不能在卫生间门上设置百叶。

（2）排风口应符合室内设计要求，而且必须至少有两个排风口，一个在洗手间上方，另一个在淋浴器上方。

（3）超过一层的排风竖井应设置主、副风道，以满足防火、防烟和隔音要求。由卫生间接入排风竖井的水平支风管应有高度为 55 mm 的风管向上插入竖井。

（4）连接排风口和排风竖井的支风管应为铁皮风管。

2. 风机

1）离心风机

（1）离心风机应为电动机和叶轮整体组装在可调校基础上的成套设备。

（2）离心风机应能低噪运行，并满足 AMCA 标准的要求。

（3）风机外壳应采用重型镀锌钢板整体制造，并适当加固。

（4）风机的出风口配与风管连接的软连接。

（5）采用后倾叶片式叶轮的风机。

（6）应做动、静平衡测试。

(7) 风机轴承应是自重校正滚轴式轴承，平均寿命不少于 100 000 h，经工厂润滑并配有标准润滑脂注入口。

2) 排气扇

排气扇是用来去除烟味和作厨罩的，有一个进口和两个外部连接着电动机和传动带的轴台中的滚球轴承。

3) 厨房排油烟风机

(1) 厨房排风机的进风和出风口应高出可燃屋面 1 m。

(2) 发动机必须抗高温或者放于气流通道外。

4) 屋顶排风

在屋顶上的排风口要有自动或动力百叶窗，能防雨防鸟进入。

5) 卫生间排风扇

卫生间排风扇只安装防风罩，不设百叶和风阀等装置。

6) 洗衣房的排风

洗衣房的排风系统应设置过滤装置以使其排风满足排放要求。

3. 厨房排风系统

1) 排风

(1) 烹饪设备会产生蒸汽、烟或者油污，需要按照美国消防协会(National Fire Protection Association, NFPA)要求，配备排油烟罩。

(2) 每个排油烟罩要配有自动灭火系统，并与火警系统相连接，燃气阀门自动关闭。

(3) 排油烟罩配有灯光，与内部设计和洗衣房顾问协调。

(4) 排油烟罩要配有自动清洁装置，建议采用自动喷水和化学除脂型。

2) 管道

(1) 油脂管道要按照 NFPA 要求设计。

(2) 管道厚度不少于 2 mm。

(3) 排油烟管道直接通向大厦的外部。

(4) 每个排油烟罩都要有一个单独的管道连接，在同一层和同一区域的管道可以连接形成单独管道系统。

(5) 风速：根据厨房顾问提资确定排风量，排油烟管道设计风速为 8～10 m/s。

(6) 潮湿的管道：产生潮气的设备要用不锈钢管连接，并采取接地连接。

6.5.4 XED 酒店通风系统标准相关内容

(1) 卫生间排气采用集中排气，每个系统设两台排风机相互切换，互为备用。

(2) 厨房排油烟风机应考虑故障备用，并能自动切换。厨房排油烟管道每隔 3 m 设一清洗口，排油烟风道用不锈钢材料。厨房通风须与厨房顾问协商，厨房应设排油烟系统、全面排风系统、洗碗间排风系统，不能使用土建风道，并避免在管道内使用衬垫。

（3）洗衣房设置独立的送排风系统，采用局部通风和全面通风相结合的方式，同时设置风机盘管（岗位送风），岗位送风口应安装调节装置。

（4）通风换气次数如下：变配电间 10～15 次/h；水泵房 6 次/h；制冷机房 6 次/h；锅炉房 6 次/h（事故排风 12 次/h）；汽车库 6 次/h（排烟 6 次/h）；员工淋浴间/更衣室 12 次/h；餐厅和会议室 6 次/h；客房卫生间排风量为 102 m^3/h；客房走廊 2 次/h；公共卫生间 12 次/h；洗衣房 15～60 次/h（取决于服务区域）。

6.5.5 XLD 酒店通风系统标准相关内容

（1）客房卫生间排风系统应集中控制，不应使用可单独控制的排气扇。

（2）厨房排风。

① 排油烟罩应有自动清洗功能。计算考虑 95％排气量被吸收，以防止气味扩散到相邻的公共区域。

② 厨房排油烟系统必须独立设置，并且只服务于一个楼面的一个厨房。

③ 所有管道系统的钢材都是焊接，坡向罩子安装，在每一个弯头和管道每隔 3 m（10 ft）处设清扫口。

④ 不得安装导向装置或调节阀。

⑤ 管道须满足不低于 1 h 或者规范规定最低标准的防火要求。

⑥ 烹饪排油烟罩在底部安装排水连接管，以便清理和人工排水。

⑦ 厨房每小时最少换新风 20 次。

（3）向室内游泳池区域提供一个可变风量的排风系统。

（4）在冷冻垃圾间安装机械排风装置。

（5）在洗衣房为熨烫器或蒸汽机等设备提供排气风管。

（6）维修工作区域应提供附加的换风装置。

7 酒店防排烟系统

建筑物中存在较多的可燃物，这些可燃物在燃烧过程中会产生大量的热和有毒烟气，同时要消耗大量的氧气，烟气中含有的一氧化碳、二氧化碳、氟化氢、氯化氢等多种有毒有害成分，对人体伤害极大，致死率高；高温缺氧也会对人体造成很大危害；烟气有遮光作用，使能见度下降，这对疏散和救援活动造成很大障碍。

建筑物发生火灾后，在浮力、烟囱效应、膨胀力、外界风压等作用下，烟气可由着火区向非着火区蔓延，与起火区相连的走道、楼梯间及电梯井等处都会迅速充满烟气，对人员逃生和消防扑救造成非常不利的影响。

7.1 概述

控制烟气有“防烟”和“排烟”两种方式。防烟是防止烟的进入，是被动的；相反，排烟是积极改变烟的流向，使之排出户外，是主动的，二者互为补充。合理设置防烟、排烟系统可以及时排除烟气，保证建筑物内人员的安全疏散和消防救援的展开。

防排烟系统对于酒店的安全非常重要，一旦发生火灾，防排烟系统可以为客人创造一个安全的逃生通道。防排烟系统的设计应遵守国家规范《建筑设计防火规范》(GB 50016—2014)(2018 年版)、《建筑防烟排烟系统技术标准》(GB 51251—2017)、《汽车库、修车库、停车场设计防火规范》(GB 50067—2014)、《建筑高度大于 250 米民用建筑防火设计加强性技术要求(试行)》(公消〔2018〕57 号)及各省市的地方标准。

国际酒店管理公司一般都有自己的防排烟设计标准，有的会比国内的规范要求严格，设计前应该充分和业主以及酒店管理公司进行沟通，以确定防排烟系统的设计标准。酒店管理公司的消防要求一般都是参考 NFPA 相关标准(表 7-1)。

表 7-1 NFPA 相关标准

标准号	标准名
NFPA 101	《生命安全规范》(禁用第 43 章及“平面安全出口”)
NFPA 13	《自动喷水灭火系统安装标准》
NFPA 14	《消防立管及软管系统安装标准》
NFPA 17A	《湿式化学灭火系统标准》

（续表）

标准号	标准名
NFPA 20	《固定消防泵安装标准》
NFPA 24	《私有消防设备及其附属物安装标准》
NFPA 30	《易燃性与可燃性液体规范》
NFPA 70	《国家电气规范》
NFPA 72	《国家火灾报警规范》
NFPA 80	《防火门与防火窗标准》
NFPA 82	《焚化炉、废弃物与布草处理系统设备标准》
NFPA 88A	《停车场建筑标准》
NFPA 90A	《空调与通风系统安装标准》
NFPA 92	《烟气控制系统标准》
NFPA 96	《商业烹饪操作的通风控制和防火标准》
NFPA 110	《应急与备用电源系统标准》
NFPA 750	《细水雾消防系统标准》
NFPA 1142	《市郊与乡镇消防供水标准》

酒店管理公司的消防标准与国内规范主要有以下几点不同。

(1) 酒店管理公司的标准一般不认可自然排烟和自然防烟的方式，需要设置防排烟的区域都需要采用机械防排烟措施。

(2) 所有逃生楼梯须设正压送风系统。每个正压送风系统负担的楼层不超过 10 层，当楼层在 10～20 层时，在屋顶和底层各设一台风机。楼层超过 20 层，应设置多台风机。

(3) 每一排烟分区都设置补风，补风量不低于排烟量的 70%。

(4) 所有客房层走道须设机械排烟系统及其补风系统。

(5) 客房走道排烟系统设计：排烟立管居中安装，通常在电梯厅侧。各层设常闭式自动排烟阀。当系统动作时，只有一个火警层的排烟阀会被打开，但安装于屋顶的排烟风机的容量是按照三个楼层同时排烟及每小时 8 次换气量来选定。

(6) 所有厨房、餐厅(包括员工餐厅)、行政酒廊、中庭、大堂、宴会厅、宴会厅前厅、大于 32.5 m^2 的会议室、健身中心等均须设机械排烟系统。

(7) 排烟口的位置须远离房间的逃生出口。

7.2 防烟系统

7.2.1 防烟系统设置部位

建筑物中需要设置防烟系统的部位主要有：封闭楼梯间、防烟楼梯间及其前室、消防电梯前室、合用前室、避难走道及其前室、避难层(间)。

7.2.2 防烟方式

建筑防烟系统的设计应根据建筑高度、使用性质等因素，采用自然通风系统或机械加压送风系统。对于高度较高的建筑，自然通风受建筑本身的密闭性以及自然环境中风向、风压的影响较大，难以保证防烟效果，所以需要采用机械加压来保证防烟效果。

建筑高度大于 50 m 的公共建筑、工业建筑和建筑高度大于 100 m 的住宅建筑，其防烟楼梯间、独立前室、共用前室、合用前室及消防电梯前室应采用机械加压送风系统。

建筑高度小于或等于 50 m 的公共建筑、工业建筑和建筑高度小于或等于 100 m 的住宅建筑，除表 7-2 所列情况外，应采用机械加压送风系统。

表 7-2　可不设机械加压送风系统的情况

序号	部位		须满足条件
1	封闭楼梯间	地上	满足规范规定的自然通风开窗或开口的面积和位置
		地下	同时满足如下条件，可不设机械加压送风系统： ① 地下仅一层； ② 不与地上楼梯间共用； ③ 首层设置有效面积不小于 1.2 m^2 可开启外窗或直通室外的疏散门
			同时满足以下条件，可采用自然防烟系统： ① 地下室高度小于 10 m； ② 满足规范规定的自然通风开窗或开口的面积和位置
2	防烟楼梯间	地上	独立前室或合用前室满足如下条件之一，楼梯间可不设防烟系统： ① 采用全敞开的阳台或凹廊； ② 设有两个及以上不同朝向的可开启外窗，且独立前室两个外窗面积分别不小于 2 m^2，合用前室两个外窗面积分别不小于 3 m^2
			独立前室、共用前室及合用前室同时满足以下条件，楼梯间可采用自然防烟系统： ① 前室设置机械加压送风； ② 前室加压送风口设置在前室顶部或正对前室入口的墙面
		地下	同时满足以下条件，地下楼梯间可采用自然防烟系统： ① 地下室高度小于 10 m； ② 满足规范规定的自然通风开窗或开口的面积和位置
3	独立前室		当满足规范规定的自然通风开窗或开口的面积和位置要求时，独立前室可采用自然通风系统
			同时满足以下条件，独立前室可不设置防烟系统： ① 楼梯间设置机械加压送风； ② 其前室仅有一个门与走道或房间相通
4	消防电梯前室、合用前室		当满足规范规定的自然通风开窗或开口的面积和位置要求时，消防电梯前室、合用前室可采用自然通风系统
5	避难走道		满足如下条件之一，可仅在前室设置机械加压送风系统： ① 避难走道一端设置安全出口，且总长度小于 30 m； ② 避难走道两端设置安全出口，且总长度小于 60 m
6	避难层(间)		当满足规范规定自然通风开窗或开口的面积和位置要求时，避难层(间)可采用自然通风系统

共用前室与消防电梯前室合用的前室（即“三合一”前室），应采用加压送风的防烟方式；“三合一”前室对应的剪刀楼梯间，当满足自然通风条件时，可采用自然通风的防烟方式。

建筑首层由门厅（含火灾危险性低的门厅）、走道形成的扩大封闭楼梯间，以及防烟楼梯间扩大前室（含合用前室），可采用自然通风的防烟方式。

7.2.3 自然通风设施

采用自然通风方式的封闭楼梯间、防烟楼梯间，应在最高部位设置面积不小于 1.0 m^2 的可开启外窗或开口；当建筑高度大于 10 m 时，应在楼梯间的外墙上每 5 层内设置总面积不小于 2.0 m^2 的可开启外窗或开口，且布置间隔不大于 3 层。

对于地下楼梯间，除最高部位设置可开启外窗或开口外，应增设面积不小于 1.0 m^2 的可开启外窗或开口。即采用自然通风方式的地下建筑楼梯间，其可开启外窗或开口面积不小于 2.0 m^2。地下仅为一层的地下、半地下建筑的封闭楼梯间，当其不与地上楼梯共用，且在首层设置有效面积不小于 1.2 m^2 的可开启外窗或直通室外的疏散门时，楼梯间外墙可不设其他外窗或洞口。

前室采用自然通风方式时，独立前室、消防电梯前室可开启外窗或开口的面积不应小于 2.0 m^2，共用前室、合用前室可开启外窗或开口的面积不应小于 3.0 m^2。

采用自然通风方式的避难层（间）应设有不同朝向的可开启外窗，其有效面积不应小于该避难层（间）地面面积的 2%，且每个朝向的面积不应小于 2.0 m^2。设置机械加压送风系统的避难层（间），尚应在外墙设置可开启外窗，其有效面积不应小于该避难层（间）地面面积的 1%。

对于建筑高度大于 250 m 的民用建筑，采用外窗自然通风防烟的避难区，其外窗应至少在两个朝向设置，总有效开口面积不应小于避难区地面面积的 5%与避难区外墙面积的 25%中的较大值。

可开启外窗应方便直接开启，设置在高处不便于直接开启的可开启外窗应在距地面高度为 1.3～1.5 m 的位置设置手动开启装置。手动开启装置包括就地机械装置或电控装置。

7.2.4 机械防烟设施

1. 机械加压送风系统

建筑高度大于 100 m 的建筑，其机械加压送风系统应竖向分段独立设置，且每段高度不应超过 100 m。

建筑高度小于或等于 50 m 的公共建筑、工业建筑和建筑高度小于或等于 100 m 的住宅建筑，当采用独立前室且其仅有一个门与走道或房间相通时，可仅在楼梯间设置机械加压送风系统；当独立前室有多个门时，楼梯间、独立前室应分别独立设置机械加压送风系统。

当采用合用前室时，楼梯间、合用前室应分别独立设置机械加压送风系统。当采用剪刀楼梯时，其两个楼梯间及其前室的机械加压送风系统应分别独立设置。对于剪刀楼梯间，当作为每个楼层上一个安全出口考虑时，其两个楼梯间（通常可不设隔断）可设置一套机械加压送风系统；当作为每个楼层上两个安全出口考虑时，其两个楼梯间（需设置隔断）应分别独立设置机械加压送风系统。

设置机械加压送风系统的楼梯间的地上部分与地下部分，其机械加压送风系统应分别独立设置。当受建筑条件限制，且地下部分为汽车库或设备用房时，可共用机械加压送风系统，并应符合下列规定：①应分别计算地上、地下部分的加压送风量，相加后作为共用加压送风系统风量；②应采取有效措施分别满足地上、地下部分送风量的要求。

建筑高度小于或等于 50 m 的建筑，当楼梯间设置加压送风井（管）道确有困难时，楼梯间可采用直灌式加压送风系统。建筑高度大于 32 m 的高层建筑，应采用楼梯间两点部位送风的方式，送风口之间距离不宜小于建筑高度的 1/2。

除直灌式加压送风系统外，采用机械加压送风系统的防烟楼梯间及其前室应分别设置送风井（管）道、送风口（阀）和送风机。

2. 加压送风机（房）

机械加压送风机宜采用轴流风机或中、低压离心风机，其设置应符合下列规定。

（1）送风机的进风口应直通室外，且应采取防止烟气被吸入的措施。

（2）送风机的进风口宜设在机械加压送风系统的下部。

（3）送风机的进风口不应与排烟风机的出风口设在同一面上。当确有困难时，送风机的进风口与排烟风机的出风口应分开布置。当竖向布置时，送风机的进风口应设置在排烟出口的下方，二者边缘最小垂直距离不应小于 6.0 m；当水平布置时，二者边缘最小水平距离不应小于 20.0 m。

（4）避难层的机械加压送风系统应独立设置，机械加压送风系统的室外进风口应至少在两个方向上设置。

（5）送风机宜设置在系统的下部，且应采取保证各层送风量均匀的措施。

（6）送风机应设置在专用机房内，送风机房应采用耐火极限不低于 2.00 h 的隔墙、不低于 1.50 h 的楼板和甲级防火门与其他部位进行防火分隔，风机两侧应有 600 mm 及以上的安装维修空间。当加压送风机独立布置确有困难时，可以与补风机合用机房。当受条件限制，加压送风机、补风机确需与其他通风机、空调机合用机房时，除应符合上述专用机房的相关要求外，还应符合下列条件：①机房内应设有自动喷水灭火系统；②机房内不得设有用于排烟和事故通风的风机与管道。

（7）当送风机出风管或进风管上安装单向风阀或电动风阀时，应采取火灾时自动开启阀门的措施。

3. 加压送风口

设置机械加压送风系统的场所，楼梯间应设置常开风口，前室应设置常闭风口。加压送风口的设置应符合下列规定。

(1) 除直灌式加压送风方式外,楼梯间宜每隔 2~3 层设一个常开式百叶送风口。

(2) 前室应每层设一个常闭式加压送风口,并应就近设置手动开启装置。

(3) 送风口的风速不宜大于 7 m/s,送风口不宜设置在被门挡住的部位,直灌式加压送风口不宜设在影响人员疏散的部位。

前室(或合用前室)的机械加压送风系统,当其所服务的楼层数小于或等于 3 层时,前室(或合用前室)送风口可采用常开百叶风口,但应设置送风机的现场手动启动信号按钮。

4. 加压送风管(井)道

机械加压送风系统应采用管道送风,且不应采用土建风道。送风管道应采用不燃材料制作且内壁应光滑。此处所指的送风管道是指加压送风系统的压出段风道,吸入段风道可以采用土建风道,但其中水平风道应采用不燃材料制作的管道或混凝土风道。

当送风管道内壁为金属时,设计风速不应大于 20 m/s;当送风管道内壁为非金属时,设计风速不应大于 15 m/s。

送风管道的厚度应符合设计要求和现行国家标准的规定,当采用金属风管且设计无要求时,钢板或镀锌钢板的厚度应符合表 7-3 的规定。

表 7-3 钢板风管板材厚度 (单位: mm)

风管直径 D 或长边尺寸 B	送风系统		排烟系统
	圆形风管	矩形风管	
$D(B) \leqslant 320$	0.5	0.5	0.75
$320 < D(B) \leqslant 450$	0.6	0.6	0.75
$450 < D(B) \leqslant 630$	0.75	0.75	1.0
$630 < D(B) \leqslant 1\,000$	0.75	0.75	1.0
$1\,000 < D(B) \leqslant 1\,500$	1.0	1.0	1.2
$1\,500 < D(B) \leqslant 2\,000$	1.2	1.2	1.5
$2\,000 < D(B) \leqslant 4\,000$	按设计	1.2	按设计

机械加压送风管道的设置和耐火极限应符合下列规定。

(1) 竖向设置的送风管道应独立设置在管道井内;当确有困难时,未设置在管道井内或与其他管道合用管道井的送风管道,其耐火极限不应低于 1.00 h。

(2) 水平设置的送风管道,当设置在吊顶内时,其耐火极限不应低于 0.50 h;当未设置在吊顶内时,其耐火极限不应低于 1.00 h。

(3) 对于建筑高度大于 250 m 的民用建筑,水平穿越防火分区或避难区的加压送风管道、未设置在管井内的加压送风管道,其耐火极限不应低于 1.50 h。

机械加压送风系统的管道井应采用耐火极限不低于 1.00 h 的隔墙与相邻部位分隔,当墙上必须设置检修门时应采用乙级防火门。

5. 外窗

采用机械加压送风的场所不应设置百叶窗，且不宜设置可开启外窗。设置机械加压送风系统的避难层(间)，尚应在外墙设置可开启外窗，其有效面积不应小于该避难层(间)地面面积的1%。

设置机械加压送风系统的封闭楼梯间、防烟楼梯间，尚应在其顶部设置不小于1.0 m^2的固定窗。靠外墙的防烟楼梯间，尚应在其外墙上每5层内设置总面积不小于2.0 m^2的固定窗。

《浙江省消防技术规范难点问题操作技术指南(2020版)》规定，超高层建筑内区(核心筒)楼梯间被避难层分隔成上、下梯段，在各避难层的下梯段部分的顶部或进入该梯段的前室(或合用前室)设置了直通室外的排热通道(其耐火极限不低于1.50 h)，该排热通道在外墙上设置的固定窗可作为下梯段楼梯间顶部的固定窗使用。

7.3 排烟系统

7.3.1 排烟系统设置部位

1. 地上建筑

在下列场所或部位应设置排烟设施。

(1) 设置在一、二、三层且房间建筑面积大于100 m^2的歌舞娱乐放映游艺场所，设置在四层及以上楼层、地下或半地下的歌舞娱乐放映游艺场所。

(2) 公共建筑内建筑面积大于100 m^2且经常有人停留的地上房间。

(3) 公共建筑内建筑面积大于300 m^2且可燃物较多的地上房间。

(4) 建筑内长度大于20 m的疏散走道。

(5) 总建筑面积大于200 m^2或一个房间建筑面积大于50 m^2，且经常有人停留或可燃物较多的地上无窗房间。

2. 地下建筑

地下或半地下建筑(室)，当总建筑面积大于200 m^2或一个房间建筑面积大于50 m^2，且经常有人停留或可燃物较多时，应设置排烟设施。

3. 汽车库

除敞开式汽车库、建筑面积小于1 000 m^2的地下一层汽车库和修车库外，汽车库、修车库应设置排烟系统，并应划分防烟分区。

4. 中庭

《民用建筑设计术语标准》(GB/T 50504—2009)对中庭的定义为："建筑中贯通多层的

室内大厅。”《烟气控制系统标准》(NFPA 92)(2018 年版)第 3.1.1 条对中庭的定义为:“贯通两个及以上楼层的有顶(盖)大容积空间,不包括楼梯间、电梯厅、自动扶梯开口及水、电、空调、通信等设施的竖井。”高大空间可以理解为《建筑防烟排烟系统技术标准》(GB 51251—2017)第 4.6.3 条所指的除中庭外的“公共建筑、工业建筑中空间净高大于 6 m 的场所”。

民用建筑中,中庭与高大空间的区别主要在于:

(1) 贯通楼层数,中庭为两层及以上,高大空间不限。

(2) 中庭与多个楼层连通,高大空间不与之连通。

(3) 中庭无具体使用功能,高大空间有具体使用功能(如厅、堂、馆等)。

(4) 中庭内不应布置可燃物,高大空间(除作为前室或扩大前室的门厅外)未作此限制。

建筑的中庭、与中庭相连通的回廊及周围场所的排烟系统的设计应符合下列规定。

(1) 中庭应设置排烟设施。

(2) 周围场所应按《建筑设计防火规范》(GB 50016—2014)(2018 年版)中的规定设置排烟设施。

(3) 回廊排烟设施的设置应符合下列规定:

① 当周围场所各房间均设置排烟设施时,回廊可不设,但商店建筑的回廊应设置排烟设施。

② 当周围场所任一房间未设置排烟设施时,回廊应设置排烟设施。

7.3.2 排烟方式

建筑物的排烟方式根据其驱动力分为自然排烟和机械排烟,建筑排烟系统的设计应根据建筑的使用性质、平面布局等因素,优先采用自然排烟系统。多层建筑受外部条件影响较小,一般采用自然排烟方式较多。高层建筑受自然条件(如室外风速、风压、风向等)的影响较大,一般采用机械排烟方式较多。中庭及其周围场所和回廊应根据建筑构造选择设置自然排烟系统或机械排烟系统。

在同一个防烟分区应采用同一种排烟方式,同一建筑空间宜采用同一种排烟方式。当相邻的两个防烟分区采用不同的排烟方式时,两个防烟分区之间的挡烟设施必须分隔到位,即采用建筑墙体等围护结构进行分隔,或挡烟垂壁应能降至两个防烟分区中较低的设计储烟仓底部及以下。

7.3.3 防烟分区

为了防止火势蔓延和烟气传播,规定建筑必须划分防火分区和防烟分区。防火分区的作用是有效阻止火灾在建筑物内沿水平和垂直方向蔓延,把火灾限制在一定的空间范围内,以减少火灾损失。防烟分区的作用是在一定时间内把建筑火灾的高温烟气控制在一定的区域范围内,为排烟设施排出火灾初期的高温烟气创造有利条件,而且也能阻止烟气蔓延。

1. 挡烟设施

设置排烟系统的场所或部位应采用挡烟垂壁、结构梁及隔墙等挡烟设施划分防烟分区。(活动)挡烟垂壁的性能应符合《挡烟垂壁》(XF 533—2012)的技术要求。活动挡烟垂壁与建筑结构(柱或墙)面的缝隙不应大于 60 mm;由两块或两块以上的挡烟垂帘组成的连续性挡烟垂壁,各块之间不应有缝隙,搭接宽度不应小于 100 mm。活动挡烟垂壁的手动操作按钮应固定安装在距楼地面 1.3～1.5 m 的便于操作、明显可见处。

设置排烟设施的建筑内,敞开楼梯和自动扶梯穿过楼板的开口部位应设置挡烟垂壁等设施。挡烟设施围合的区域,通常无疏散要求、无其他使用功能,可不设置排烟设施。

除有顶棚的步行街外,当中庭与周围场所未采用防火隔墙、防火玻璃隔墙、防火卷帘时,中庭与周围场所之间应设置挡烟垂壁。

当空间净高大于 9 m 时,应按规定划分防烟分区(也称"逻辑防烟分区"),但防烟分区之间可不设置挡烟设施。

挡烟垂壁等挡烟分隔设施的深度不应小于储烟仓厚度,储烟仓底部距地面的高度应大于安全疏散所需的最小清晰高度。对于有吊顶的空间,当吊顶开孔不均匀或开孔率小于或等于 25%时,吊顶内空间高度不得计入储烟仓厚度。当采用自然排烟方式时,储烟仓的厚度不应小于空间净高的 20%,且不应小于 500 mm;当采用机械排烟方式时,储烟仓的厚度不应小于空间净高的 10%,且不应小于 500 mm。

2. 防烟分区划分原则

防烟分区不应跨越防火分区。公共建筑、工业建筑防烟分区的最大允许面积及其长边最大允许长度应符合表 7-4 的规定,当工业建筑采用自然排烟系统时,其防烟分区的长边长度不应大于建筑内空间净高的 8 倍。

表 7-4 公共建筑、工业建筑防烟分区的最大允许面积及其长边最大允许长度

空间净高 H_j /m	最大允许面积/m^2	长边最大允许长度/m
$H_j \leqslant 3.0$	500	24
$3.0 < H_j \leqslant 6.0$	1 000	36
$H_j > 6.0$	2 000	60;当具有自然对流条件时,不大于 75

关于长边最大允许长度,对于矩形、L 形的房间(防烟分区),一个防烟分区的任一边长度不应大于表 7-4 中规定的防烟分区长边的最大允许长度;对于多边形或圆形房间(防烟分区),能覆盖(包含)该房间(防烟分区)且覆盖面积最小的矩形的任一边长度不应大于防烟分区长边的最大允许长度。

对于走道(回廊),其防烟分区的长边长度是指任意两点之间最大的沿程(烟气蔓延)距离。当公共建筑的走道宽度不大于 2.5 m 时,其防烟分区的长边长度不应大于 60 m,否则应按表 7-4 划分防烟分区。

对于宽度不一的走道,主体宽度不大于 2.5 m 的走道,当其局部变宽(该局部的累计长度不超过该走道总长度的 1/4,变宽的宽度不超过 6 m)时,该走道防烟分区的长边长度不应大于 45 m;宽度大于 2.5 m 且小于或等于 3.0 m 的走道的防烟分区的长边长度不应大于 50 m。

根据《汽车库、修车库、停车场设计防火规范》(GB 50067—2014)的相关规定,汽车库防烟分区的建筑面积不宜大于 2 000 m^2。汽车库防烟分区的最大允许长边长度不宜大于 60 m; 当具有自然对流条件时,不宜大于 75 m。

7.3.4 自然排烟设施

1. 设置要求

采用自然排烟系统的场所应设置自然排烟窗(口)。防烟分区内自然排烟窗(口)的面积、数量、位置应经计算确定,且防烟分区内任一点与最近的自然排烟窗(口)之间的水平距离不应大于 30 m。当公共建筑空间净高大于或等于 6 m,且具有自然对流条件时,其水平距离不应大于 37. 5 m。

自然排烟窗(口)应设置在排烟区域的顶部或外墙,并应符合下列规定:

(1) 当设置在外墙上时,自然排烟窗(口)应在储烟仓以内,但走道、汽车库、室内空间净高不大于 3 m 的区域的自然排烟窗(口)可设置在室内净高度的 1/2 以上。

(2) 自然排烟窗(口)的开启形式应有利于火灾烟气的排出,不应采用向内开启的排烟窗形式。当房间面积不大于 200 m^2时,自然排烟窗(口)的开启方向可不限。常见的可用作自然排烟的可开启外窗形式有上悬窗、中悬窗、下悬窗、平推窗、平开窗和推拉窗等(图 7-1)。

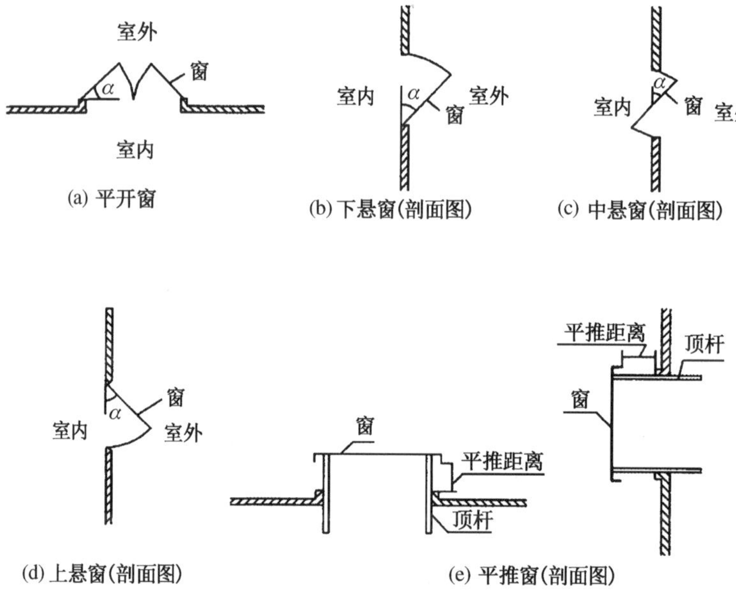

图 7-1 可开启外窗示意

(3) 自然排烟窗(口)宜分散均匀布置,且每组的长度不宜大于 3.0 m。

(4) 设置在防火墙两侧的自然排烟窗(口)之间最近边缘的水平距离不应小于 2.0 m。

2. 有效排烟面积

在设计时,必须将用于排烟的窗设置在储烟仓内,如果中悬窗的下开口部分不在储烟仓内,该部分面积不能计入有效排烟面积。

在计算有效排烟面积时,侧拉窗按实际拉开后的开启面积计算,其他形式的窗按开启投影面积计算,可采用下式计算

$$F_p = F_c \sin\alpha \tag{7-1}$$

式中 F_p——有效排烟面积,m^2;

F_c——窗的面积,m^2;

α——窗的开启角度。

当窗的开启角度大于 70°时,可认为已经基本开直,有效排烟面积与窗面积相等。

对于悬窗,应按水平投影面积计算;对于推拉窗,应按垂直投影面积计算;当采用百叶窗时,其面积应按窗的有效开口面积(窗的净面积乘以遮挡系数)计算。

当屋顶采用平推窗时,其面积可按窗洞周长的 1/2 与平推距离的乘积计算,但最大不超过窗洞面积。当平推窗设置在外墙时,其面积可按窗洞周长的 1/4 与平推距离乘积计算,但最大不超过窗洞面积。

7.3.5 机械排烟设施

1. 机械排烟系统

当建筑的机械排烟系统沿水平方向布置时,每个防火分区的机械排烟系统应独立设置。当排烟系统沿垂直方向布置时,各楼层接至垂直主风管的每根排烟支管只能承担一个防火分区的排烟。

建筑高度超过 50 m 的公共建筑和建筑高度超过 100 m 的住宅建筑,其排烟系统应竖向分段独立设置,且公共建筑每段高度不应超过 50 m,住宅建筑每段高度不应超过 100 m。此处的建筑高度可以理解为系统服务建筑高度,限定系统服务建筑高度目的是提高系统的可靠性并及时排出烟气,防止排烟系统因担负楼层数太多或竖向高度过高而失效。对于超高层建筑,竖向分段宜结合设备(避难)层合理布置。建筑高度大于 250 m 的民用建筑,机械排烟系统应根据避难层进行竖向分段设计。

排烟系统与通风、空气调节系统应分开设置;当确有困难时可以合用,但应符合排烟系统的要求,且当排烟口打开时,每个排烟合用系统的管道上须联动关闭的通风和空气调节系统的控制阀门不应超过 10 个。对于建筑高度大于 250 m 的民用建筑,机械排烟系统不应与通风、空气调节系统合用。

2. 排烟风机(房)

排烟风机宜设置在排烟系统的最高处,烟气出口宜朝上,并应高于加压送风机和补风

机的进风口，二者垂直距离或水平距离应符合相关规定。

排烟风机应设置在专用机房内，风机两侧应有 600 mm 以上的空间，并应符合《建筑设计防火规范》(GB 50016—2014)(2018 年版)的规定。对于排烟系统与通风空气调节系统共用的情况，排烟风机与排风风机的合用机房应符合下列规定：①机房内应设置自动喷水灭火系统；②机房内不得设置用于机械加压送风的风机与管道；③排烟风机与排烟管道的连接部件应能在 280℃时连续 30 min 保证其结构完整性。

排烟风机应与风机入口处的排烟防火阀连锁，当该阀关闭时，排烟风机应能停止运转。

排烟风管与风机的连接宜采用法兰连接或采用不燃材料柔性短管连接。当风机仅用于排烟时，不宜采用柔性连接。

3. 排烟口

排烟口的设置应经计算确定，且防烟分区内任一点与最近的排烟口之间的水平距离不应大于 30 m。除吊顶排烟的情况以外，排烟口的设置应符合下列规定。

(1) 排烟口宜设置在顶棚或靠近顶棚的墙面上。

(2) 排烟口应设在储烟仓内，但走道、室内空间净高不大于 3 m 的区域，排烟口可设置在其净空高度的 1/2 以上；当设置在侧墙时，吊顶与其最近边缘的距离不应大于 0.5 m。

(3) 对于需要设置机械排烟系统的房间，当其建筑面积小于 50 m^2时，可通过走道排烟，排烟口可设置在疏散走道。

(4) 火灾时由火灾自动报警系统联动开启排烟区域的排烟阀或排烟口、活动挡烟垂壁、自动排烟窗，应在现场设置手动开启装置。排烟阀或排烟口、活动挡烟垂壁、自动排烟窗的手动驱动装置应固定安装在明显可见、距楼地面 1.3～1.5 m 便于操作的位置，预埋套管不得有死弯及瘪陷，手动驱动装置操作应灵活。

(5) 排烟口的设置宜使烟流方向与人员疏散方向相反，排烟口与附近安全出口相邻边缘之间的水平距离不应小于 1.5 m。排烟口安装时，距可燃物或可燃构件的距离不应小于 1.5 m。

(6) 排烟口的风速不宜大于 10 m/s，每个排烟口的排烟量不应大于最大允许排烟量，最大允许排烟量宜按式(7-2)计算，或按《建筑防烟排烟系统技术标准》(GB 51251—2017)附录 B 选取。针对净高较小的房间，《浙江省消防技术规范难点问题操作技术指南(2020 版)》规定，对于净高小于或等于 3 m 的房间及走道，单个排烟口的排烟量仅按风速(≤10 m/s)确定即可。

$$V_{max}=4.16\gamma d_b^{\frac{5}{2}}\left(\frac{T-T_0}{T_0}\right)^{\frac{1}{2}} \tag{7-2}$$

式中 V_{max}——排烟口最大允许排烟量，m^3/s；

γ——排烟位置系数；当风口中心点到最近墙体的距离大于或等于 2 倍的排烟口当量直径时，γ 取 1.0；当风口中心点到最近墙体的距离小于 2 倍的排烟口当量直径时，γ 取 0.5；当吸入口位于墙体上时，γ 取 0.5；

d_b——排烟系统吸入口最低点之下烟气厚度，m，如图 7-2 所示；

T——烟层的平均绝对温度，K；

T_0——环境的绝对温度，K。

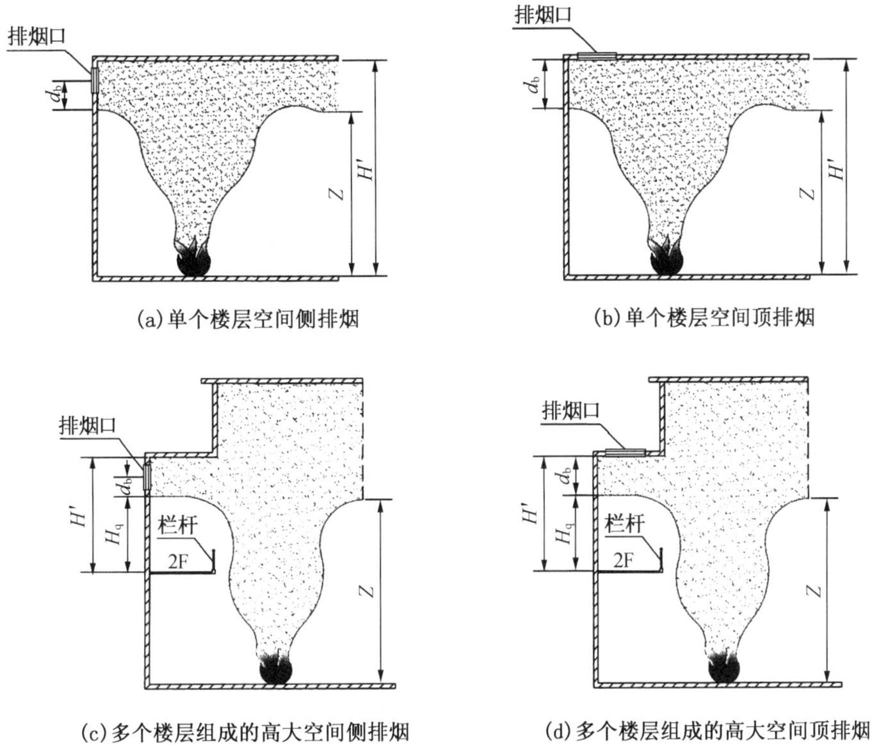

图 7-2　排烟口设置位置与 d_b 关系

(7) 一个防烟分区内多个机械排烟口边缘之间的最小距离应满足以下要求

$$S_{min}=0.9V_e^{\frac{1}{2}} \tag{7-3}$$

式中　S_{min}——机械排烟口边缘之间最小距离，m；

V_e——一个排烟口的排烟量，m^3/s。

当排烟口设在吊顶内且通过吊顶上部空间进行排烟时，应符合下列规定。

(1) 吊顶应采用不燃材料，且吊顶内不应有可燃物。

(2) 封闭式吊顶上设置的烟气流入口的颈部烟气速度不宜大于 1.5 m/s。

(3) 非封闭式吊顶的开孔率不应小于吊顶净面积的 25%，且孔洞应均匀布置。

7.3.6　消防补风设施

根据空气流动的原理，必须要有补风才能排出烟气。当排烟系统排烟时，补风的主要目的是形成理想的气流组织，迅速排除烟气，有利于人员的安全疏散和消防人员的进入。

1. 补风系统

除下列场所外，设置排烟系统的场所应设置补风系统：①地上建筑的走道；②地上建筑面积小于 500 m^2的房间。

补风系统应直接从室外引入空气。可采用疏散外门、手动或自动可开启外窗等自然进风方式以及机械送风方式，防火门、窗不得用作补风设施。机械补风系统在水平方向宜按防火分区设置。

2. 补风量计算

补风量不应小于排烟量的 50%，补风系统计算风量应按补风量最大的一个防烟分区的补风量确定，补风系统的设计风量不应小于该系统计算风量的 1.2 倍。

3. 补风机(房)

机械补风机及补风机房设置要求可参照机械加压送风系统执行。机械补风机宜采用轴流风机或中、低压离心风机，其设置应符合下列规定。

(1) 补风机的进风口应直通室外，且应采取防止烟气被吸入的措施。

(2) 补风机应设置在专用机房内，机房应采用耐火极限不低于 2.00 h 的隔墙、耐火极限不低于1.50 h 的楼板和甲级防火门与其他部位进行防火分隔，风机两侧应有 600 mm 及以上的安装维修空间。

4. 补风口

补风口与排烟口设置在同一空间内相邻的防烟分区时，补风口位置不限；当补风口与排烟口设置在同一防烟分区时，补风口应设在储烟仓下沿以下；补风口与排烟口水平距离不应少于 5 m。

机械补风口的风速不宜大于 10 m/s，人员密集场所补风口的风速不宜大于 5 m/s；自然补风口的风速不宜大于 3 m/s。

《浙江省消防技术规范难点问题操作技术指南(2020 版)》规定，对于地上建筑，当房间建筑面积大于或等于 500 m^2，或房间建筑面积小于 500 m^2但大于 300 m^2且空间净高大于 6 m 时，无论其采用机械排烟还是自然排烟方式，均应设置直接补风设施；当地上无窗房间设置了排烟口且房间门为防火门时，也应设置直接补风设施；其余则可通过相连的走道进行补风。

5. 补风管道

补风管道耐火极限不应低于 0.50 h；当补风管道跨越防火分区时，管道的耐火极限不应小于 1.50 h。

7.4 防排烟系统的控制

防排烟系统应具有与火灾自动报警系统联动启动的功能，并应与火灾自动报警系统联动。防排烟系统的工作启动需要先期的火灾判定，火灾的判定一般是根据火灾自动报警系统的逻辑设定，探测器工作后，确认火灾应该符合《火灾自动报警系统设计规范》(GB 50116—2013)的相关要求。

7.4.1 防烟系统的控制

加压送风机既要具备联动启动功能，又要具备手动启动功能。

1. 联动启动

(1) 火灾自动报警系统联动启动。将常闭加压送风口所在防火分区内的两只独立的火灾探测器，或一只火灾探测器与一只手动火灾报警按钮的报警信号作为常闭加压送风口开启和加压送风机启动的联动触发信号，并应由消防联动控制器联动控制该防火分区内着火层与其相邻上、下层前室及合用前室的常闭加压送风口开启和加压送风机启动(图 7-3 和图 7-4)。

(2) 当系统中任一常闭加压送风口开启时，送风口的开启信号成为加压送风机启动信号，由消防联动控制器控制加压送风机的启动，加压送风机和常闭加压送风口的联动启动时间不应大于 15 s。

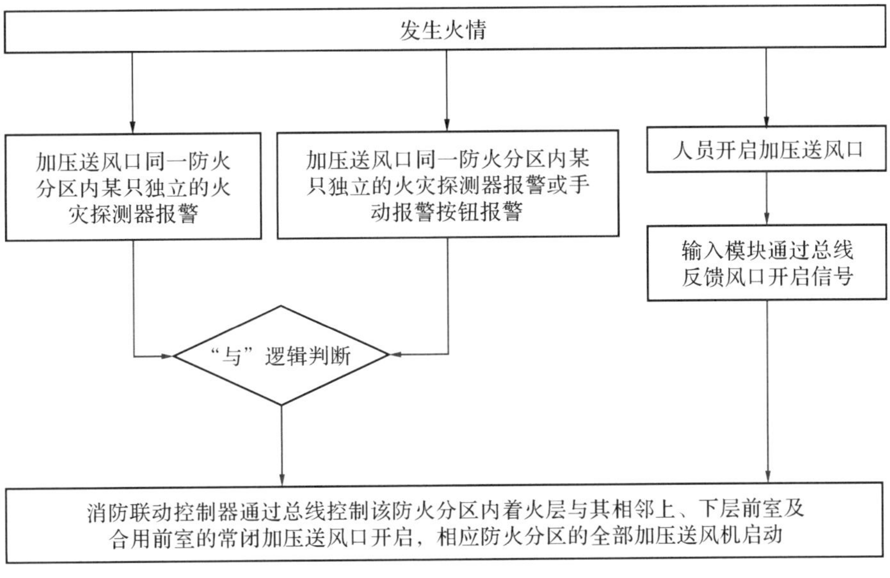

图 7-3 机械加压送风系统联动启动流程

2. 手动启动

1) 现场手动启动

应在加压送风机房内或风机附近设置就地控制柜(箱)。就地控制柜(箱)应具有手动启停、手动/自动控制信号反馈功能，并应设置相应的手动启停按钮与手动/自动控制切换开关。

序号	图形和文字符号	名　称
1	P	压力传感器
2	YKZQ	余压控制器
3	JY	加压送风机
4	70℃	常开防火阀(70℃熔断)
5		常闭加压送风口
6		电动调节阀
7	— - - —	余压监测系统通信线

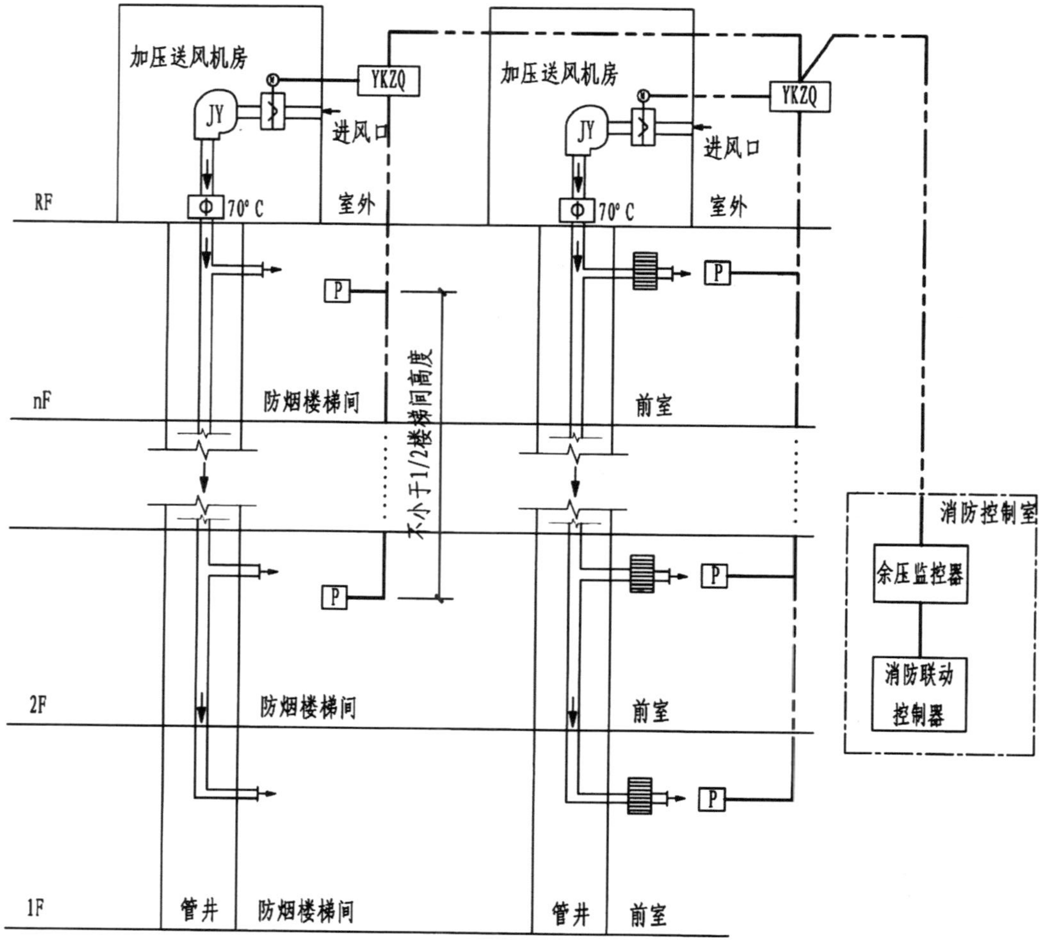

图 7-4　机械加压送风系统联动控制示意

序号	图形和文字符号	名 称
1	M	模块箱
2	I/O	输入/输出模块
3	CB	风机控制箱
4	JY	加压送风机
5	70℃	常开防火阀(70℃熔断)
6		常闭加压送风口
7		电动调节阀
8	---S2-----	联动信号总线
9	—C—	直接控制线路
10	——	消防设备供电线路

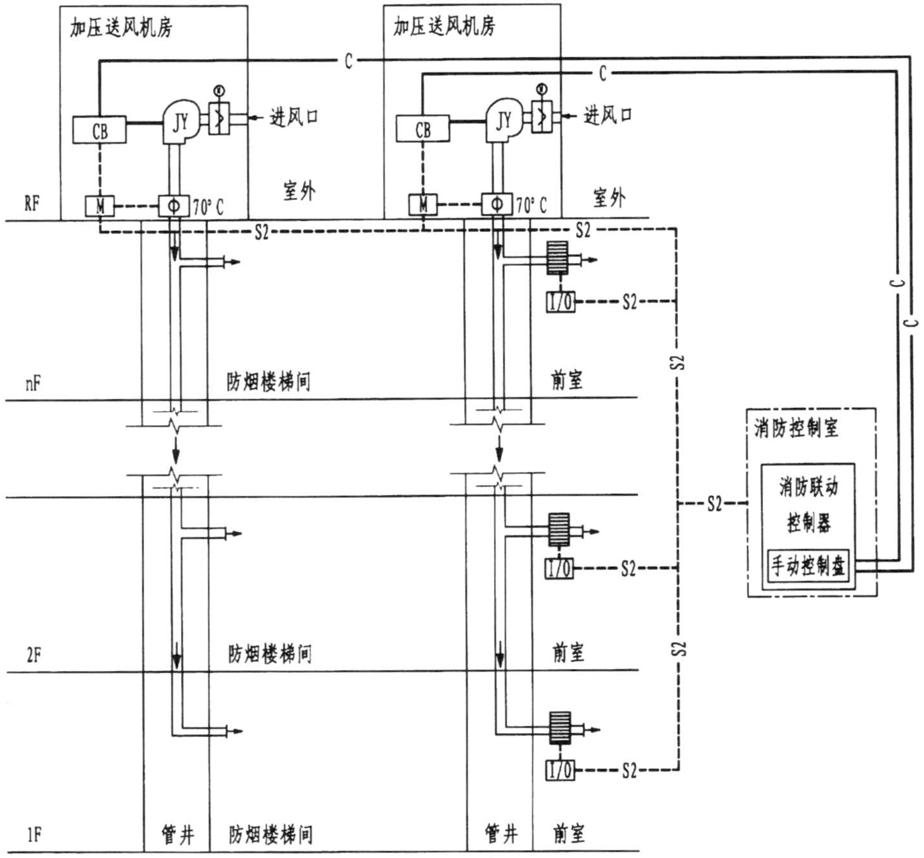

图 7-5 机械加压送风系统余压监控示意

2）消防控制室手动启动

在消防控制室联动控制器的手动控制盘上，应能通过专用线路直接手动远程控制启动或停止加压送风机。

为了满足走廊—前室—楼梯间的压力呈递增分布[前室、封闭避难层(间)与走道之间的压差应为 25～30 Pa，楼梯间与走道之间的压差应为 40～50 Pa]，机械加压送风系统宜设有测压装置及风压调节措施，在楼梯间、前室等场所布设压力传感器，其探测点设置在疏散门的内外两侧，控制余压值在设计值范围内(图 7-5)。当实际余压值超过疏散门内外两侧的最大允许压差时，系统联动控制电动泄压阀或加压送风机入口处的电动风阀等执行器进行泄压，以确保疏散门能正常开启。

消防控制设备应显示防烟系统的送风机、阀门等设施的启闭状态。

7.4.2　排烟系统的控制

1. 机械排烟风机、补风机

机械排烟风机、补风机既要具备联动启动功能，又要具备手动启动功能。

1）联动启动

(1) 火灾自动报警系统联动启动。将同一防火分区内的两只独立的火灾探测器的报警信号作为排烟口、排烟阀开启的联动触发信号，并应由消防联动控制器联动控制排烟口、排烟阀的开启，同时停止该防烟分区内与排烟无关的所有通风与空调系统(图 7-6)。

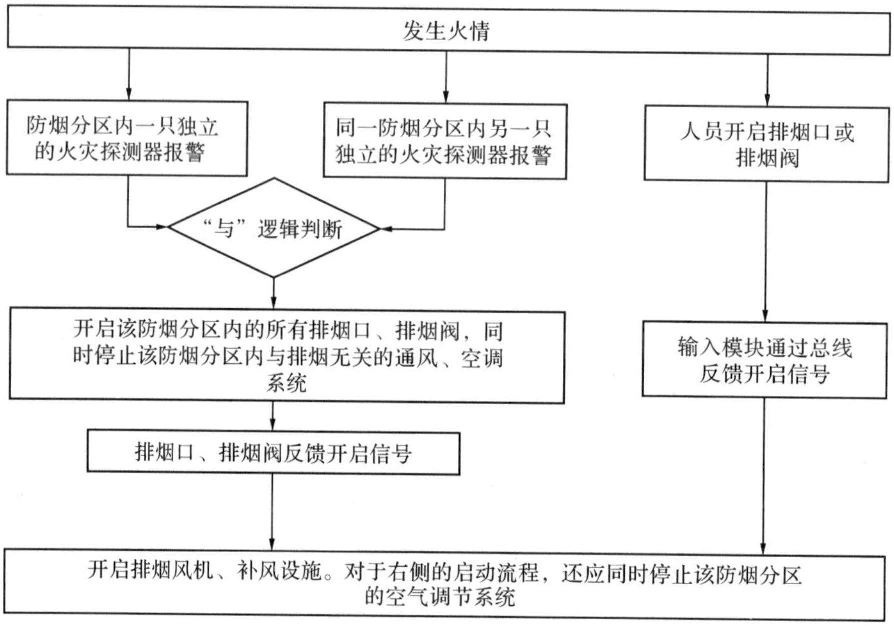

图 7-6　机械排烟系统联动启动流程

应将排烟口、排烟阀开启的动作信号作为排烟风机、补风设施启动的联动触发信号，并应由消防联动控制器联动控制排烟风机、补风设施的启动。

(2) 当系统中任一排烟阀或排烟口开启时，联动触发排烟风机、补风设施启动，由消防联动控制器控制排烟风机、补风设施的启动。

2) 手动启动

(1) 现场手动启动。应在排烟风机、补风机房内或风机附近设置就地控制柜(箱)。就地控制柜(箱)上设置手动启停按钮与手动/自动控制切换开关。

(2) 消防控制室手动启动。应能使用设置在消防控制室联动控制器的手动控制盘，通过专用线路直接手动远程控制排烟风机、补风机的启动、停止。排烟风机应与其入口处设置的排烟防火阀连锁，当该阀在 280℃ 自行关闭时，应连锁关闭排烟风机、补风机。

2. 排烟阀(口)

机械排烟系统中的常闭排烟阀(口)应具有火灾自动报警系统自动开启、消防控制室内的消防联动控制器上手动开启和现场手动开启功能。

当火灾确认后，火灾自动报警系统应在 15 s 内联动开启相应防烟分区的全部排烟阀、排烟口、排烟风机和补风设施，并应在 30 s 内自动关闭与排烟无关的通风、空调系统。

当火灾确认后，担负两个及以上防烟分区的排烟系统，应仅打开着火防烟分区的排烟阀(口)，其他防烟分区的排烟阀(口)应呈关闭状态。

3. 自动排烟窗

用于自然排烟系统的自动排烟窗可采用与火灾自动报警系统联动和温度释放装置联动的控制方式。当采用与火灾自动报警系统联动启动时，自动排烟窗应在 60 s 内或小于烟气充满储烟仓的时间内开启完毕。带有温控功能的自动排烟窗，其温控释放温度应大于环境温度 30℃ 且小于 100℃。

4. 活动挡烟垂壁

活动挡烟垂壁应具有火灾自动报警系统自动启动、消防控制室内的消防联动控制器上手动启动和现场手动启动的功能。将同一防烟分区内、位于其附近的两只独立的感烟火灾探测器的报警信号作为活动挡烟垂壁降落的联动触发信号，并应由消防联动控制器联动控制活动挡烟垂壁的降落。火灾确认后，火灾自动报警系统应在 15 s 内联动相应防烟分区的全部活动挡烟垂壁，且活动挡烟垂壁应在 60 s 以内降落到位。

电动排烟窗、常闭补风口、排烟口、排烟阀等开启和关闭的动作信号，排烟风机、补风机启动和停止以及电动排烟防火阀关闭的动作信号，均应反馈至消防联动控制器(图 7-7)。

序号	图形和文字符号	名 称
1	I	输入模块
2	I/O	输入/输出模块
3	M	模块箱
4	CB	风机控制箱
5	PY	排烟风机
6	BF	补风机
7	70℃	常开防火阀（70℃熔断）
8	280℃	常开排烟防火阀(280℃熔断)
9		常闭排烟阀（口）
10		常闭补风口
11	----S2----	联动信号总线
12	—— C ——	直接控制线路
13	————	消防设备供电线路

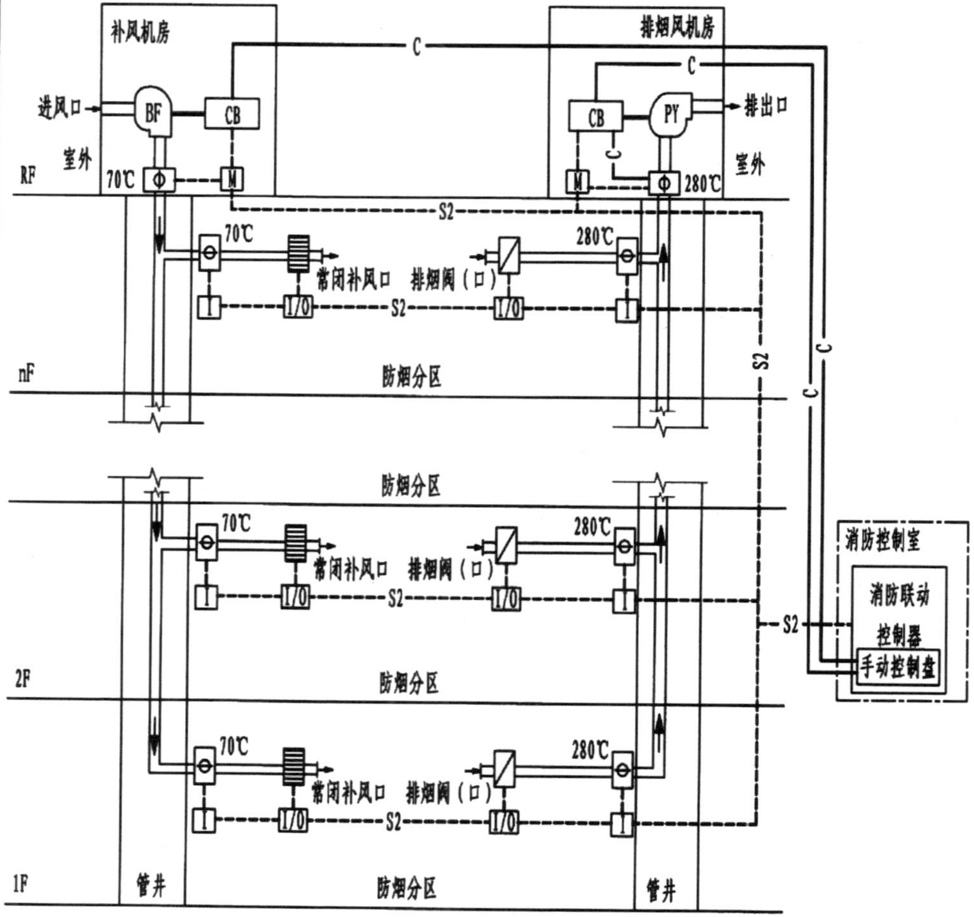

图 7-7　机械排烟系统联动控制示意

7.5 本章附录

7.5.1 ZJ 酒店防排烟系统标准相关内容

(1) 风管穿过耐火极限为 2 h 的墙壁、楼板时须设防火阀。

(2) 客房新风管和卫生间排气管连接竖井穿墙壁处须装防火阀。防火阀必须用硬管连接并紧贴墙安装。

(3) 中庭排烟：当体积小于或等于 17 000 m^3 时，排烟量不小于 68 040 m^3/h 或 6 次/h 的换气量；当体积大于 17 000 m^3 时，排烟量不小于 4 次/h 的换气量。

(4) 中庭消防补风：高度小于或等于 16.8 m 的中庭在下部采用自然补风，其开口尺寸应该满足 50%的补风量要求；高度大于 16.8 m 的中庭应采用机械补风，补风量为排烟量的 50%。

(5) 根据《购物中心、中庭和大空间的烟气控制导则》(NFPA 92B)设计消防排烟系统。

(6) 高度大于或等于 21 m 的建筑可采用对平时供热通风与空气调节系统的风机的切换来控制烟气流向。例如，当发生火灾时，可开启着火区域的排风机和非着火区域的送风机，关闭着火区域的送风机和非着火区域的排风机。这些控制都应由消防控制中心统一手动操作。

7.5.2 WH 酒店防排烟系统标准相关内容

1. 总则

(1) 一般要求：机械排烟系统用于控制烟雾向疏散口的扩散，并进行排烟以维持受保护区域内人员的可接受环境条件，使之不受烟雾的影响。

(2) 在以下位置提供一整套工程烟雾控制系统：①建筑物楼层高于 6 层且具备特殊条件；②所用楼层比最底层消防出入口的高度高出 23 m(75 ft)的建筑物；③中庭。

(3) 需设置排烟系统的区域：①大堂、中庭、客房走廊；②餐厅、宴会前厅、宴会厅、厨房；③面积大于 32.5 m^2(350 ft^2)的会议室。

(4) 每一空间视为独立的防烟分区对待。

(5) 排烟量：需要排烟的区域，排烟量最少按 8 次/h 计算。

(6) 后勤区域：只在规范明确规定的区域安装防排烟系统。

(7) 风阀：防排烟系统应安装低渗漏自动复位电动风阀。

(8) 补风系统：封闭防烟分区需提供补风，需要手动打开通向邻接区域的安全通道门。

2. 公共空间

每个需要排烟的空间须使用铁皮排烟风管，不允许使用吊顶式排烟。

(1) 信号：防排烟系统通过火警信号启动，该信号来自该防烟分区的烟感探测器。

（2）供暖、通风及空调系统：对于可从其他区域抽取新鲜空气的区域，服务该区域的暖通空调系统将关闭。这样可以维持该区域的负压，以防着火区域内的烟雾外溢至非着火区域。

（3）封闭区域的供暖、通风及空调系统：对于无法从其他区域抽取新鲜空气的区域（宴会厅、会议室等），服务该区域的暖通空调系统将关闭回风风阀，并向该区域输送100%外部新鲜空气。

（4）其他区域的供暖、通风及空调系统：送风、回风和排风机处于正常运转状态。

（5）变风量系统：在带有变风量系统的领域，空气处理单元送风机和变风量末端必须达到100%开启状态。

3. 厨房排烟系统

（1）厨房排烟系统通过火灾报警系统的信号启动，信号来自排油烟罩Ansul（食人鱼）系统。

（2）烟罩排风机继续以正常模式运转。

（3）其他区域内的送风、回风和排风机继续以正常模式运转。

4. 客房走道

（1）排烟立管居中安装，通常在电梯厅侧。各层设常闭式自动排烟阀。

（2）当系统动作时，只打开着火层的排烟阀，但安装于屋顶的排烟风机的容量按照三个楼层同时排烟及每小时8次换气量中的最大值来选定。

（3）送风和排烟立管之间的最大水平距离是45.72 m（150 ft）。这样可以保证烟雾的流动方向与从活动区撤离到疏散口的走向相反。

（4）走道上的烟感器或喷淋水流指示器发出信号，由消防控制系统发出动作指令，启动排烟系统。

（5）处于火警层的排烟阀会被自动打开，而非火警层的排烟阀仍处于关闭状态。排烟风机全负荷工作，出风阀完全打开。

（6）客房楼层的新风机继续正常工作，无须关闭。

（7）按设计而定，启动楼层走道的消防补风风机（该机的容量是按照不低于每小时换气6次的能力选定，同时向每层送风），并停掉楼层和客房的主空调机组。

（8）所有其他客用楼层的排气风机（包括卫生间、售货间、强/弱电机房的排气风机）继续正常工作。

（9）如果防烟门将走道划分成两个或更多的部分，则每个部分必须有独立的补风和排烟系统。

5. 楼梯间

有防排烟要求的区域，其出口楼梯间必须设有正压送风系统。

（1）送风立管从楼顶到楼底上下连通，整个楼梯的出风口数量按每三个楼面设一个风口的比例配备。楼层数小于 10 层，在屋顶安装 1 台送风机；楼层数大于 10 层小于 20 层，分别在屋顶和底层各安装 1 台送风机；楼层数大于 20 层，至少在底层安装 1 台送风机。

(2) 不允许采用余压阀减压。

(3) 风机带变频装置和静压传感器(安装在楼梯井中)，对风压的要求是可以建立起对每扇楼梯门保持 37～62 Pa(0.15～0.25 inH_2O 表压)的静压且最大允许拉力(由走道进入疏散楼梯)为 35 磅力(155.69 N)。风机选定容量是以每扇门送风量为 1 698 m^3/h(1 000 ft^3/min)为准。

公共区(客房除外)烟感器或喷淋水流指示器发出信号，由消防控制中心发出启动指令给正压送风系统，平时处于停止状态的正压送风机在启动指令下自动运行。

6. 防排烟控制柜

防排烟控制柜带有手动自动化系统(HOA)和指示灯(每个空调机组、风机和排烟阀都具有一个开关和指示灯)，防排烟控制系统的所有设备都可以手动控制。

(1) 防排烟控制柜和主要火警控制柜置于同一位置。

(2) 为手动操作所有设备提供内置电源，电压与消防报警系统相同。

(3) “手动”位置人工地将所有设备激活为防排烟控制模式。

(4) “关闭”位置关闭设备，并将所有的排烟阀复位。

(5) “自动”位置使系统以正常模式运转，或在接收火灾报警系统的信号后进入防排烟控制模式。

7. 送风风管烟感探测器

(1) 位置：送风量大于 3 396 m^3/h(2 000 ft^3/min)的空气处理机的总送风管上。

(2) 操作：烟感探测器探测到烟雾时，关闭空调机组并发送火警信号到消防控制柜，但不会启动防排烟控制系统。

7.5.3 KY 酒店防排烟系统标准相关内容

防排烟系统的设计须遵循《建筑物设计、施工和使用中的防火措施》(BS 5588)、NFPA 标准、ASHRAE 标准，严格按其要求来设计。须设置集中消防监控系统，所有空调设备在火灾模式下都具有独立手动和自动控制功能。

7.5.4 XED 酒店防排烟系统标准相关内容

防排烟系统须符合 NFPA 标准和中国规范。

8 酒店暖通节能健康技术

酒店是民用建筑中的耗能大户，也是人们休闲娱乐和商务差旅的场所，如何在满足人们对健康舒适要求的前提下，实现节能运行是一个非常重要的课题。本章将分析和阐述适合酒店建筑的节能技术和保证人们健康舒适的技术措施。要实现真正的节能，设计只是第一步，应该更加关注实际运行效果，并根据运行中的反馈数据修正设计方案。

8.1 空调水侧节能技术

8.1.1 加大温差，减小流量

输送同样的冷量，采用大温差系统可以减少水流量，从而使整个冷水系统的输配管道尺寸减小，水泵规格减小，水泵的耗电量降低。因此，适当增大空调供回水温差，可提高水系统的输送能效比。

大温差、小流量空调水系统中，冷水机组供/回水温度为 5℃/13℃（温差 8℃），与 5℃温差相比，相应的冷水流量减少 37.5%，降低水泵能耗 40%～60%。但是采用大温差、小流量空调水系统后，为了保证末端设备的平均水温不变，冷水机组的出水温度降低，其效率有所下降，耗电量有所增加。综合考虑这些因素，并参照有关规范、酒店管理公司技术标准及国内外设计实例，建议供/回水温度为 5℃/12℃或 6℃/12℃，温差为 7℃或 6℃。当采用蓄冷装置时，温差可加大。

8.1.2 冷却塔供冷技术（又称免费供冷技术）

四管制供冷供暖的酒店，冬季用冷却塔产出的低温冷却水进行供冷，以减少冷水机组的运行时间，降低空调电力能耗。

冷却水温度受室外湿球温度的制约，气温升高，出水温度也升高。而末端释冷设备是按夏季冷负荷和冷水温度选择的，冬季释冷量由免费供冷水温来决定，并达到冬季冷负荷，加之开式冷却塔水质差，需经水-水换热后的二次水来供末端，二次水水温至少比一次水水温升高 1～1.5℃，所以在设计免费供冷时，首先要根据冬季冷负荷，决定该项目的允许最高一次水水温，当然最不利、不重要的部分也可以不保证。通常设定酒店的一次水水温为 11℃来进行免费供冷设计，主要是冷却塔的非标准工况运行（图 8-1）。

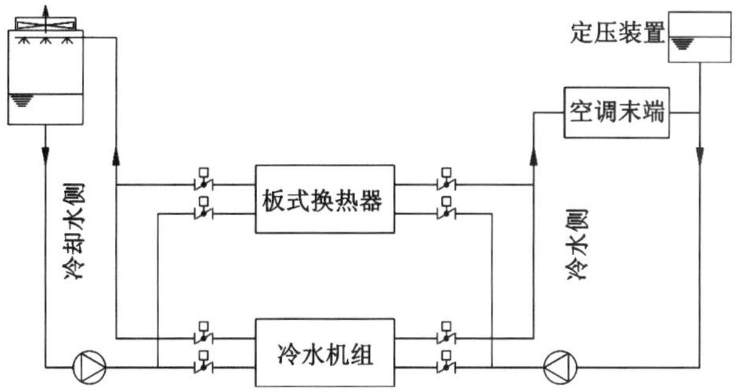

图 8-1 冷却塔供冷示意

冷却塔额定工况的冷幅一般为 3℃,效率高的冷却塔,冷幅可以达到 2℃。出水温度比室外湿球温度高 3℃,当减少循环水量时,出水温度会降低(冷幅增大),但出力也相应减少,冷却塔的出力变化将决定冷却塔的开启台数,另外,还可以适当地减少末端装置的进出水温差来增加释冷。

冷却塔非标准工况运行参数有多个,这里假定风侧不变,只调节水侧。如循环水量以 1.0,0.67,0.5 倍的额定水量运行,当室外湿球温度升高时,以降低循环水量来满足出水温度,该时段的冷却塔出力变化,根据上海地区气象 BIN 参数(2℃分段计时)得出冷季冷却塔非额定工况运行特性,从表 8-1 可以看出上海地区 24 h 供冷的酒店理论供冷小时数为 3 112 h,实际因控制原因会少一些。

表 8-1 冷季冷却塔非额定工况运行特性(上海地区)

室外湿球温度 t_s /℃	冷却塔出水温度 t_2 /℃	冷季水量与额定水量的比值	进出水温差 Δt /℃	冷季冷却塔散热量与额定散热量的比值	“免费供冷”时数/h	
					全日供冷	一班制供冷
≤4	11	1.0	3	0.6	2 099	790
		0.67	4	0.536		
5	11	1.0	2.5	0.5	244	90
		0.67	4	0.536		
6	11	0.67	4	0.536	249	97
		0.5	5	0.5		
7	11	0.67	2.5	0.334	260	97
		0.5	5	0.5		
8	11	0.5	3	0.28	260	102
合计	—	—	—	—	3 112	1 176

免费供冷的切换条件如下。

(1) 当室外湿球温度低于冬季供冷回水温度约 7℃时,方可从冷水机组供冷切换到免费供冷板式换热器;设定冷却塔的出水水温比室外湿球温度高 3℃(冷幅高)。

(2) 当室外湿球温度低于 10℃时切换,当冷却塔的水温接近或低于 10℃时,利用冷却塔的冷却水代替制冷机作为冷源。

冷却塔供冷模式是否启动,需要根据室外气象条件、室内冷负荷大小、冷却塔与空调末端设备的供冷能力以及空调系统中新风的处理方式等因素综合分析,同时需要在运行中掌控冷却塔供冷和机械制冷的转换条件。

冬季免费供冷与外气温度关系:要增加供冷时数,供冷冷却水温差随气温升高调小,供冷水量随水温升高而增大。

设计方法与步骤如下。

(1) 获取建筑工程所在地区的室外气象条件(含冬季室外干、湿球温度频率分布)的详细数据资料,以计算节能效果。

(2) 根据室内、外设计参数及空调系统形式,计算非制冷季的空调冷负荷。

(3) 根据各制冷系统形式特点以及工程的实际条件,选定合适的系统形式。应注意冷却塔合理分组,以适应全年运行的不同工况要求,便于管理,户外冬季运行的冷却塔设防冻设施。

(4) 根据冷却塔热工特性曲线或冷却塔厂商直接提供的热工数据,以及前三个步骤的结果,对相关的空调系统末端设备进行校核计算,变更冬季冷却塔供冷系统冷却水、冷水的供/回水温度。

(5) 进行水泵校核计算,完成系统设备选型。

(6) 对工程中所采用冷却塔供冷系统进行使用时限分析,提出控制要求。

8.1.3 空调冷凝水回收系统

空调冷凝水是由空气中的水蒸气冷凝而成的,空气中除了干空气和水蒸气外,还有灰尘、细菌、病毒等一些有害物质,空气中的水蒸气在冷凝时把这些有害物质带到冷凝水中,空气污染的程度越大,冷凝水中的有害物质含量也越多,但空调冷凝水温度较低,通常在 10～15℃,低于自来水温度,可利用该低温水源给冷却塔补水,提高冷水机组的制冷效率。

(1) 空调机房往往上下对齐,这给冷凝水的回收带来了便利条件。冷凝水回收汇合至冷却塔补水池,减少市政给水的补充。

(2) 在建筑的地下层设置冷凝水泵房,空调冷凝水靠重力流汇集至地下层的水箱内,再经水泵增压至酒店屋面的冷却塔集水池(盘),这样将整栋大楼的冷凝水作为冷却塔的补水。

8.1.4 双温冷源的冷水系统

空调冷水的设计温度一般设定在 7℃,主要因为夏季需要除湿。如果把温度和湿度进行解耦分别控制,由新风系统承担除湿功能,空调末端只承担显热负荷,则可以设计为双温冷源,低温冷源供新风系统,高温冷源采用 12～16℃的高温水供空调末端,这样高温制冷机的能效在 8.0～9.0,远大于常规低温冷源的性能系数。

8.2 空调风侧节能技术

8.2.1 合理设置空调分区

应按房间的使用时间、温度、湿度等,合理设置空调分区,减少空调系统风管的长度,降低风机的输送能耗。

8.2.2 新风需求控制

人流量有大幅度起伏的场所,诸如大会议厅、宴会厅等,宜用二氧化碳浓度感应器调节新风量,降低空调负荷。

8.2.3 排风设热回收装置

当技术、经济比较合理时,设有集中排风的空调系统宜设置空气-空气能量回收装置。酒店的客房新、排风系统,条件允许时,宜设热回收装置。酒店的 SPA 区域冬季设计温度为 26℃,夏季设计温度为 25℃,冬季温度较高,与室外温差大,可在 SPA 区域的送风与排风处设置显热回收,采用板式热回收装置,节能效果明显。

设计应考虑以下因素。

(1) 为避免不严密处的漏风引起排风对新风的污染,板式热回收装置的新风风机采用压入式,其排风风机采用抽出式。

(2) 为降低热回收装置在非使用期间的能耗,热回收装置的新、排风系统均设置旁通风管及季节切换用电动双位阀,设置变频器调节风机转速,以维持热回收机组切换使用时系统总新风量不变。

(3) 综合考虑热回收效率、热回收装置的占地面积及其初投资,通常按新风通过热回收装置的风速不超过 2.5 m/s 选型。

热回收装置的效率、风机效率、热回收装置的阻力和排风量与新风量比值是影响热回收经济性的几个重要因素。因此,是否设置排风热回收装置,须进行初投资和节省的运行费用分析。初投资包括增加的费用(热回收设备初投资、材料费和安装费)和减少的费用(减少的冷热源设备费用)。需要分析全年逐时回收的能量和风机增加的电耗,从而计算出节约的运行费用。

(1) 当热回收效率低于 65%时,动态回收期费用增加比较多,经济性比较差。当热回收效率低于 34%时,热回收装置反而会增加能耗。

(2) 当排风量减小到新风量的 80%时,动态回收期费用增加比较多,经济性比较差。当排风量与新风量之比小于 30%时,热回收装置反而会增加能耗。

(3) 当热回收装置的阻力达到 350 Pa 时,经济性比较差。阻力大于 550 Pa,反而会增加能耗。

8.2.4 空调排风直接回用

空调排风节能利用的方式是将楼内高品位、高标准区域的空调排风直接送到楼内其他较低标准的场所或空间，满足这些场所或空间的功能要求，这种方式也被称为空调排风直接回用。在酒店建筑当中，将按规范设计的空调区域的排风作为风源，仓库、变配电室、汽车库、屋顶水箱间、电梯机房、制冷机房、换热站等都可以是空调排风的低位使用者，以提高附属用房的舒适度，减少或不需再配置其他空调设备。

(1) 空调排风直接回用将空调排风的热量或冷量利用，没有温差，不用换热，能量利用效率较高。利用空调排风，冬季供热，夏季改善附属房间的条件，不需加设换热回收机组，节省投资。

(2) 空调排风的直接回用使回用房间不再大量引入室外空气，夏季节省冷量，冬季减少了通风热负荷，降低能耗。

(3) 由于空调排风温度冬季高于室外温度，夏季又低于室外温度，因此房间通风量减小，风机造价及运行费用得以降低。

(4) 变配电室、电梯机房等有较大发热量的房间，当采用室外空气通风降温时，室内温度仍较高，高于 40℃会造成程控失效，因此这类房间应采用分体空调降温。

8.2.5 可调新风技术(风侧经济器)

全空气空调系统配置双风机或排风机系统，使整个空调系统在过渡季和冬季能以增加室外新风(天然冷源)的方式带走室内余热，减少冷水机组及水泵的运行时间，降低能耗。

8.2.6 风机变频控制技术

(1) 风量较大的全空气系统空调箱设置变频器，根据室内回风温度控制送风量在70%～100%变化，以达到降低风机能耗的目的。

(2) 宴会厅、多功能厅等人员密度大的高大空间，使用人数变化比较大，全空气系统可以变频调节，适合不同的负荷需求。

(3) 地下汽车库的机械通风系统在满足室内空气质量的前提下，宜采用定时启、停(台数或转速)控制，或根据室内 CO 气体浓度控制风机运行，以达到节能效果。

8.3 冷热源节能技术

8.3.1 回收与利用制冷机冷凝热

冷水机组制冷时需排除冷凝热，将此部分冷凝热回收利用是有效的节能减排措施。制冷机冷凝热回收有两种方式：一是冷凝器侧热回收，二是冷却水侧热回收。冷凝器侧热回收又分为部分热回收型和全热回收型。冷却水侧热回收可以直接在冷却水侧设置板式换热器回收冷却水中的热量，也可以设置水-水热泵机组，吸收冷却水侧的低品位热量并转化为高温热水。

工程应用中应根据不同项目的回收热量、回收温度的要求采用不同的形式，但是应以维持制冷机高效率运行为前提，避免为提高热回收出水温度而降低冷机运行效率。酒店全年有生活热水需求，为空调冷凝热回收技术应用提供了场所，目前高端酒店管理公司基本都有此要求。

根据项目的气象条件、建筑特点及使用功能所需水量、水温等，测算投资、运行费用，结合水温标准等因素，分析冷凝热回收热量用于生活热水的预热或全程加热的节能效果。当采用全热回收时，因为回收的热水温度较低，回收的冷凝热仅用于生活热水的预热，须另设辅助加热热源（如热水锅炉等）把生活热水加热至所需要的温度（图 8-2）。

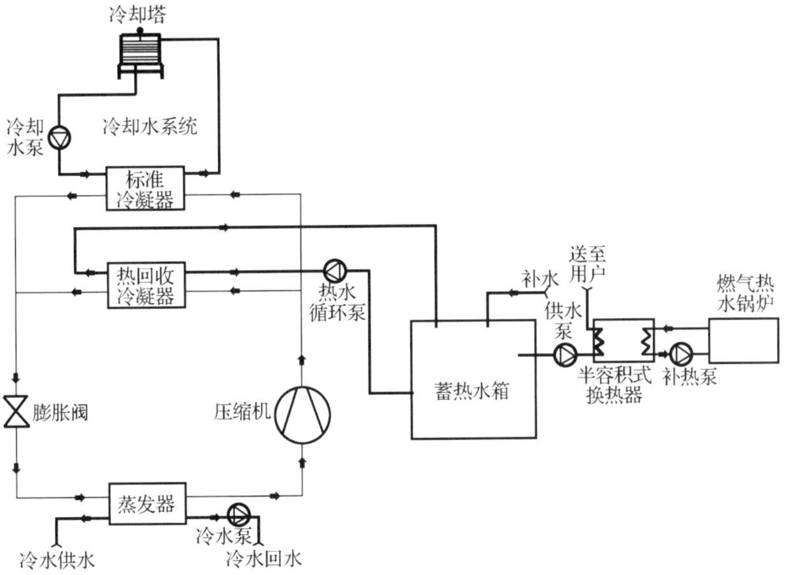

图 8-2 全部冷凝热回收加热生活热水示意

当采用部分热回收时，虽然回收的热量较少，但热水的出水温度较高，可以达到供水温度的需求，不需要另设辅助加热热源（图 8-3）。

从经济性和节能的角度考虑，生活热水应尽量采用冷凝热加热。但生活热水负荷变化率和制冷负荷变化率不尽相同，如何匹配生活用热和制冷负荷之间的关系成为热回收制冷（热泵）机组选型的关键因素。生活用热

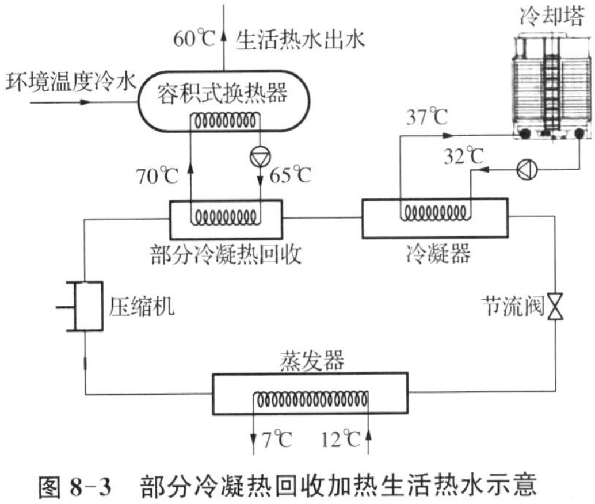

图 8-3 部分冷凝热回收加热生活热水示意

负荷与建筑功能的关系最大，制冷负荷与建筑功能和气候条件都有关系。对于酒店建筑，一般空调冷凝热都远大于生活热水负荷，因此建议对经常使用的1台冷机设置热回收功能。

8.3.2 回收锅炉烟气的余热

锅炉的排烟温度是体现锅炉热效率的重要指标，排烟温度高，烟囱抽力大，燃烧时会增加过量空气，增加热损失，从而降低锅炉效率。为降低排烟温度，可以在锅炉烟道尾部配设节能器，回收烟气余热。燃气热水锅炉排烟余热包括两部分：烟气的显热和烟气中水蒸气的汽化潜热。常规的热水锅炉设置节能器，都是利用了烟气的显热。如果采用的是冷凝锅炉，则可以利用全部烟气的显热和一部分水蒸气的潜热。

8.3.3 制冷机运行调节

（1）大、小主机搭配。主机的冷量调节范围在30%～100%，设计大、小主机搭配，当冷量需求低于单台大主机冷量的50%时，由小主机接力，大、小主机搭配时总装机容量可实现5%～100%的调节能力。

（2）变频主机。如果选择相同容量的主机，其中1台可设计为变频主机，在低负荷情况下运行变频主机。对于供冷时间长的夏热冬暖地区，如果投资允许，可以全部选择变频主机，轮换运行，保证每台主机运行时间均衡和寿命一致。

8.3.4 发热量大的房间设热回收装置

洗衣房、配电室等房间散热量大且热量稳定，为这些房间增设带热回收装置的热泵机组，经热回收后的冷风可作为房间冷却通风，产生的热水满足员工更衣室、员工厨房及洗衣房生活热水需求。

8.4 酒店暖通空调系统运行节能

8.4.1 合理控制室内温度与湿度

夏季温度不要过低，冬季温度不要过高，将温湿度控制在合理范围内，可以降低空调系统的运行能耗。对于风机盘管系统，可以锁定面板上的温度设定区间；对于变风量系统，可以通过自控系统集中设置温度的可调范围。

8.4.2 过渡季合理的预冷措施

过渡季的判断标准有两条：一是项目所在地区的历史室外技术温度记录，二是室外日平均气温。春季当室外日平均温度大于10℃不超过26℃时，进入春季过渡季模式；秋季当室外日平均温度低于26℃且高于15℃时，进入秋季过渡季模式。

在过渡季充分利用室外新风进行预冷。例如,过渡季可以利用夜间室外的低温空气(当温度小于20℃时),开启新风机进行提前预冷。当室外温度较高进入夏季,必须开启空调进行预冷时,应关闭新风阀,进行全回风循环模式预冷。

8.4.3 冷热源群控系统节能运行

冷热源群控系统以系统效率最优为控制目标进行运行控制。

(1) 制冷机出水温度重设:当机组在部分负荷运行时,可以通过提高出水温度的设定值提高主机的运行效率。

(2) 冷水泵变频控制:根据供回水压差变频调节水泵。

(3) 冷却塔风机变频控制:根据室外湿球温度,对冷却塔进行优化控制,根据冷却塔出水温度,控制冷却塔风机运行频率。

8.5 酒店暖通健康技术

8.5.1 酒店暖通健康技术概述

通过新冠肺炎疫情,健康建筑的设计理念得到加快落实和发展,我国的《健康建筑评价标准》(T/ASC 02—2016)、《健康住宅评价标准》(T/CECS 462—2017)和《健康社区评价标准》(T/CECS 650—2020)为行业推荐标准。随着国家要求建立安全的公共卫生防疫体系,相信政府层面会像推动绿色建筑一样来推动健康建筑的发展。我国的健康建筑标准强调空气、水、舒适、健身、人文和服务六大理念。健康环境的营造是一个动态过程。

大量研究表明,病态建筑综合征并不是一种室内污染物的单独作用,也不是完全由室内空气污染物所致,而是多种因素综合作用的结果。建筑环境包括空气环境、光环境、热湿环境。其中,室内热湿环境和空气质量的营造与暖通专业关系密切。

8.5.2 室内热湿环境与健康的关系

室内热湿环境的营造应摒弃某些厂家和开发商宣传的恒温、恒湿、恒氧的"三恒"理念,因为人体的热舒适是以变化为前提的,人在长期进化过程中已经形成了对自然环境的自适应系统。室内空气温度、相对湿度、空气流速和平均辐射温度应该是可以在一定范围内调节的。室内外的参数差异控制在一定范围内是比较合理的。对于非人员经常停留的区域,适当减少室内外温湿度的差异,不仅有利于节能,而且有利于健康。

《民用建筑室内热湿环境评价标准》(GB/T 50785—2012)规定了采用人工冷源和非人工冷源的不同舒适等级的温度范围。开启空调季的室内温度控制范围可以参考图8-4。非开启空调季的室内温度范围见表8-2—表8-3。

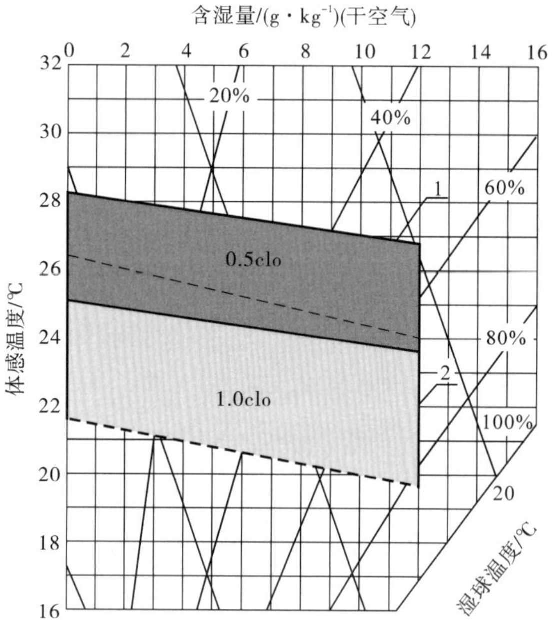

图 8-4 空调季的热湿环境体感温度范围

表 8-2 严寒及寒冷地区非人工冷源热湿环境评价等级

等级	评价指标	限定范围
Ⅰ级	$t_{op\,Ⅰ.b} \leqslant t_{op} \leqslant t_{op\,Ⅰ.a}$ $t_{op\,Ⅰ.a} = 0.77t_{rm} + 12.04$ $t_{op\,Ⅰ.b} = 0.87t_{rm} + 2.76$	18℃ $\leqslant t_{op} \leqslant$ 28℃
Ⅱ级	$t_{op\,Ⅱ.b} \leqslant t_{op} \leqslant t_{op\,Ⅱ.a}$ $t_{op\,Ⅱ.a} = 0.73t_{rm} + 15.28$ $t_{op\,Ⅱ.b} = 0.91t_{rm} - 0.48$	18℃ $\leqslant t_{op\,Ⅱ.a} \leqslant$ 30℃ 16℃ $\leqslant t_{op\,Ⅱ.b} \leqslant$ 28℃ 16℃ $\leqslant t_{op} \leqslant$ 30℃
Ⅲ级	$t_{op} < t_{op\,Ⅱ.b}$ 或 $t_{op\,Ⅱ.a} < t_{op}$	18℃ $\leqslant t_{op\,Ⅱ.a} \leqslant$ 30℃ 16℃ $\leqslant t_{op\,Ⅱ.b} \leqslant$ 28℃

表 8-3 夏热冬冷地区非人工冷源热湿环境评价等级

等级	评价指标	限定范围
Ⅰ级	$t_{op\,Ⅰ.b} \leqslant t_{op} \leqslant t_{op\,Ⅰ.a}$ $t_{op\,Ⅰ.a} = 0.77t_{rm} + 9.34$ $t_{op\,Ⅰ.b} = 0.87t_{rm} - 0.31$	18℃ $\leqslant t_{op} \leqslant$ 28℃
Ⅱ级	$t_{op\,Ⅱ.b} \leqslant t_{op} \leqslant t_{op\,Ⅱ.a}$ $t_{op\,Ⅱ.a} = 0.73t_{rm} + 12.72$ $t_{op\,Ⅱ.b} = 0.91t_{rm} - 3.69$	18℃ $\leqslant t_{op\,Ⅱ.a} \leqslant$ 30℃ 16℃ $\leqslant t_{op\,Ⅱ.b} \leqslant$ 28℃ 16℃ $\leqslant t_{op} \leqslant$ 30℃
Ⅲ级	$t_{op} < t_{op\,Ⅱ.b}$ 或 $t_{op\,Ⅱ.a} < t_{op}$	18℃ $\leqslant t_{op\,Ⅱ.a} \leqslant$ 30℃ 16℃ $\leqslant t_{op\,Ⅱ.b} \leqslant$ 28℃

影响室内热湿环境的指标包括空气温度、空气湿度、平均辐射温度和空气流速。人体在漫长的生物进化中已经逐渐形成了精细复杂和完善的人体体温调节系统，在一定温度变化范围内，人体体温调节系统可以通过各种适应性调节手段来维持体内温度的相对稳定，从而保证生命活动，因此符合自然变化规律的热湿环境才是真正舒适的热湿环境。

8.5.3 室内空气质量与健康的关系

室内空气质量的主要指标有 PM_{10}、$PM_{2.5}$、甲醛等挥发性有机物浓度、CO_2 浓度等。室内主要空气污染物的类型如表 8-4 所列，室内装饰装修材料、家具、办公用品、厨房燃烧产物等是室内空气污染物的主要来源。

表 8-4 民用建筑室内空气主要污染物

分类	主要污染物
化学性	氨、NO_x、SO_x、O_3
	甲醛、VOCs
	苯、PAEs、PBDEs、PAHs 等
生物性	细菌、真菌、病毒等
放射性	氡、电磁
颗粒物	PM_{10}、$PM_{2.5}$、灰尘、油烟、纤维尘等

室内空气污染物对人体健康的危害主要体现在对呼吸系统、血液循环系统、神经系统和生殖系统的危害，这些污染物很多具有致癌性和致突变性，长期接触可导致癌基因激活或遗传物质改变。$PM_{2.5}$、油烟、纤维尘等颗粒物特性较为复杂，其本身粒径等物理特性及所负载物质不同，对人体常表现为复合型污染。

室内空气质量指标如表 8-5 所列。如果室外空气质量好，在室外温度适宜的条件下，这些指标应优先通过引入足够的新风量实现。如果室外空气质量不好，应通过室内循环空气的过滤措施满足要求。

表 8-5 室内空气质量分指数及对应浓度限值

室内空气质量分指数 HAQI	污染项目浓度值		
	$PM_{2.5}$(24 h 平均)/($\mu g \cdot m^{-3}$)	PM_{10}(24 h 平均)/($\mu g \cdot m^{-3}$)	CO_2(1 h 平均)/($mg \cdot m^{-3}$)
0	0	0	786(约 0.04%)
50	35	75	1 571(约 0.08%)
100	75	150	1 964(约 0.10%)

部分污染物产生危害作用的浓度限值如表 8-6 和表 8-7 所列。

表 8-6　氮氧化物(NO_x)对呼吸系统产生危害作用的浓度限值

损伤作用类型	浓度阈值
接触人群呼吸系统患病率增加	0.2
短期暴露使敏感人群肺功能改变	0.3～0.6
对肺部的生理功能产生不良影响	0.6
呼吸道上皮受损，产生生理学病变	0.8～1
肺对有害因子抵抗力下降	1
短期暴露使人肺功能改变	2～4

表 8-7　CO 对人体的危害

暴露于 229 mg/m³ 的时间/min	暴露于 1 145 mg/m³ 的时间/min	人体反应
60	20	运动负荷降低
420	45	呼吸困难、头痛
—	75	严重头痛、无力、眩晕、视力衰退、判断力混乱、恶心、呕吐、腹泻、脉搏加快
—	120	意识混乱、摔倒、痉挛
—	300	昏迷、痉挛、脉搏变慢、血压降低、呼吸衰减甚至死亡

8.5.4 暖通健康技术措施

(1) 对有气味、有害气体散发的卫生间、垃圾房、隔油间，以及有臭氧散发的打印室设置独立排风系统。

(2) 厨房设置排油烟系统，防止油烟扩散至其他房间。

(3) 空调系统设置过滤措施，控制室内颗粒物 $PM_{2.5}$，PM_{10} 的浓度。

(4) 空调系统设置静电或活性炭等净化装置，降低室内污染物浓度。

(5) 设置空气质量监控与发布系统，并联动控制空调系统。

(6) 地下车库设置 CO 浓度监控系统。

(7) 室内的热湿环境指标、吹冷风引起的局部不满意率、垂直温差引起的不满意率和地板表面温度引起的不满意率应符合国家标准的Ⅰ级或Ⅱ级指标。空调系统的设计应重视气流组织。

(8) 对于靠外墙的房间，在室外气候条件适宜的情况下，优先采用自然通风满足室内的舒适性需求。

(9) 控制暖通空调设备噪声，选用低噪声的设备，同时采用消声减振措施，消除设备与基础之间的刚性连接，管道与设备之间采用软连接。

8.6 本章附录

8.6.1 ZJ 酒店暖通节能健康技术标准相关内容

(1) 酒店的空调系统占酒店总能耗的 30%(温和气候)～50%(热带气候),全部系统都应当按节能型设计。

(2) 高于 10 000 m^3/h 风量的系统,只要经济可行,应当实行热量回收。客房和长时间工作的大堂、舞厅等地方的换气,用热回收转轮最为合适。

(3) 为了节约能源,蒸汽冷凝水必须有效地返回锅炉房,所有用汽设备必须安装蒸汽疏水阀,如洗衣房设备、换热器、空调换热器、厨房蒸柜、洗碗机等。

(4) 为了提高凝结水回水率、防止凝结水的损失,在锅炉房与用汽设备中可采用凝结水自动输水泵,这种泵可将凝结水在封闭的状态下远距离输送回锅炉房,提高锅炉的热效率。

(5) 只要有可能,风机的电机应当安装变速驱动器。

8.6.2 WH 酒店暖通节能健康技术标准相关内容

(1) 一氧化碳感应器:用以控制车库的通风系统。

(2) 二氧化碳感应器:在人流量有大幅度起伏的区域,诸如宴会厅,用二氧化碳感应器调节新风量,减小空调负荷。

8.6.3 KY 酒店暖通节能健康技术标准相关内容

设计过程中,应尽可能采用节能技术和设备。

(1) 采用 100%室外空气节能循环系统。

(2) 节能循环系统的焓值控制。

(3) 车库、设备间和储藏室等使用二次/转换空气通风或调节空气。

(4) 对主要空调机组的排风进行热回收。

(5) 制冷机组热回收用于生活热水预热。

(6) 锅炉热回收用于补充水或生活热水预热。

(7) 冷却塔采用节能循环系统。

(8) 加强送风和风管系统的过滤和微生物控制。

(9) 根据使用情况调整新风量(如宴会厅)。

(10) 水处理(最好添加少量化学剂),减少冷却塔补水需求。

(11) 厨房和洗衣房局部供冷。

(12) 干燥剂型抽湿机。

(13) 空气或地源热泵,在制冷和供暖区之间转换能源。

(14) 所有三相电动设备采用变频驱动器。

(15) 采用变速厨房排烟罩。

(16) 室内传感器与客房风机盘管机组联动。

在确定节能投资的经济效率时，应使用先进的评估方法。如使用得当，这些技术可大幅度节约能源，减少设备投资成本及后续运营成本。

8.6.4 XLD 酒店暖通节能健康技术标准相关内容

(1) 当条件允许时，设计带空气节能器的空气调节装置。当空调机组使用空气节能器，而客房不需要制冷时，设计系统使冷冻机能关闭。

(2) 在确定的气候环境下，当客房和使用风机盘管的空间到达制冷载荷而不能使用空气节能器时，考虑使用一个冷却塔“自由供冷”系统，设计利用板式换热器。

9 酒店暖通空调能量管理与控制系统

酒店建筑暖通系统比较复杂，一般都会设置集中的控制系统，方便管理和后期根据酒店的运营情况对暖通空调的运行进行优化设置。

9.1 一般规定

1. 建筑物检测与监控系统的内容

根据酒店建筑的功能与标准、系统的类型、设备运行时间，经技术经济比较，由酒店管理公司决定以下部分或全部内容的监测与控制程度：①参数检测；②参数和设备状态及故障显示；③自动调节与自动控制；④工况自动转换；⑤设备连锁和自动保护；⑥耗能计量；⑦中央监控和管理。

2. 监控系统

1）集中监控系统

符合下列条件之一，采用集中监控系统：

（1）酒店规模大，设备台数多，采用集中监控可减少运行维护工作量，提高管理水平。

（2）酒店各部分距离较远且关联，采用集中管理便于工况转换和运行调节。

（3）须采用集中监控系统，合理利用能量，实现节能运行。

（4）须采用集中监控系统，防止事故的发生，保证设备和系统运行安全可靠。

2）自动监控系统

符合下列条件之一，采用就地的自动监控系统：

（1）酒店管理公司要求。

（2）须防止事故，保证安全。

（3）可合理利用能量，实现节能运行。

3）针对个别设备和阀门的连锁与遥控措施

当设备和系统未能实施集中或就地监控时，可以根据酒店管理公司要求和操作条件对个别设备和阀门设计连锁、保护、遥测、遥控措施，以提高管理安全并改善操作条件。

3. 暖通专业检测与控制的内容

（1）设置就地观测仪表。

(2) 确定各系统的控制方案，配合设计各系统的控制组态要求。

(3) 确定监测控制点及连锁环节。

(4) 确定和提供传感器和执行器的设置位置。

(5) 配合选择和设置传感器、控制器、执行器，向自控供应商提供选型参数及设计要求。

(6) 提供典型设备及典型系统的控制原理图及控制要求，包括工况转换分析及边界条件、控制点设计参数值等。

(7) 提供运行管理节能控制方案。

4. 对自带控制的机电一体化设备的监测

当采用集中监控系统时，对自带控制的机电一体化设备要求设通用的通信接口，如冷水机组群控、锅炉群控、变频调速机组等，可只监测、记录其运行状态。

5. 对热交换设备的监测与控制

通过调节一次侧蒸汽或热水的调节阀，保证二次侧的供水温度恒定。监测一次侧和二次侧的供/回水温度和压力。

9.2 暖通系统能量管理与自动控制

9.2.1 冷热源系统的自动控制

暖通工种提供工艺流程图、监测控制点信息表(设备监控点汇总表)、工况转换边界条件、控制点设计参数值，以供相关工种完成施工图设计和自控设备招投标。

1. 空调冷热源和空调水系统

应对下列参数进行检测：

(1) 冷水机组蒸发器进出口水温。

(2) 冷水机组冷凝器进出口水温。

(3) 换热器一/二次侧进出口温度。

(4) 分、集水器温度、压力(或压差)，集水器各支路温度。

(5) 水泵进出口压力。

(6) 水过滤器前后压差。

(7) 高位膨胀水箱、软水箱的液位，限位信号。

(8) 采用闭式气压罐定压方式时的气压罐压力。

(9) 冷水机组、水泵、冷却塔风机等设备的工作状态及故障报警。

(10) 宜监测冷水机组蒸发器、冷凝器的水流状态。

(11) 宜监测冷热水流量。

(12) 宜监测冷水机组、水泵等设备的启停次数、累计运行时间，以及设定定时检修提示。

(13) 当采用区域性冷源和热源时，应在用户冷源和热源入口处设置冷量和热量计量装置。公共建筑内部归属不同使用单位的各部分宜分别设置冷量和热量计量装置。

当以上内容与控制组态无关时，可设无电信号输出的仪表。

2. 蓄冷、蓄热系统

应对下列参数进行监测：

(1) 蓄热水槽的进出口水温。

(2) 电锅炉的进出口水温。

(3) 冰槽进出口溶液温度。

(4) 蓄冰槽液位。

(5) 运行工况显示。

(6) 调节阀的阀位显示。

(7) 流量计量与显示。

(8) 故障报警。

(9) 冷热量的计量。

3. 冷水系统

(1) 当冷水机组采用自动方式运行时，冷水系统中各相关设备及附件与冷水机组应进行电气连锁，按下列顺序启停：电动水阀、冷却水泵、空调冷水泵、冷却塔风机应先于冷水机组启动，冷水机组在冷水水流得以证实后启动；系统停机时上述顺序应相反。当采用停开冷却塔风机控制冷却水水温时，冷水机组应能在运行过程中受水温控制启停。

(2) 当两台或两台以上冷水机组和一级冷水泵或冷却水泵之间通过共用集管连接和运行时，每台冷水机组入口或出口管道上宜设置电动阀，且电动阀宜与对应运行的冷水机组和水泵连锁。

(3) 当多台开式冷却塔采用共用集管并联运行时，要控制各集水盘水位动态水力平衡。

(4) 冷却水系统，尤其是全年运行的冷却水系统，宜对冷却水的供水温度采取调节措施。

① 可采用根据供水温度控制冷却塔风机转速或开启台数的方法。

② 冬季或过渡季运行的冷却塔宜在冷却水供回水管之间设置旁通调节阀，控制旁通水量，调节控制冷却水供水温度。

③ 冷却水的供水温度应考虑不同类型制冷机对进出水温差和最低限温的要求。

冷却塔是否设置旁通调节阀，应根据使用期间室外湿球温度和冷水机组对冷却水的温度要求确定，电压缩式冷水机组最低水温限制的数值较低。如果采用停开冷却塔风机的方法可以满足要求，则不必设置旁通阀。

4. 热交换系统

热交换系统宜采用下列控制方式。

(1) 宜根据换热器二次热水的供水温度控制一次热媒流量。

(2) 供暖和空调热水系统的循环泵可通过台数调节或变速调节进行控制。

(3) 当多台换热器和热水循环泵一对一设置并采用共用集管连接和运行时，每台换热器宜设置与水泵连锁开闭的电动阀。

水泵停止运行时关闭对应的换热器水路，对正在工作的换热器保持水流速和换热效率有利。如果水泵为台数调节，不关闭对应的换热器阀门，运行的水泵流量会增加较大，水泵电机有可能超负荷，可设自力式流量控制阀（动态流量平衡阀）。

表 9-1 注明了图 9-1—图 9-11 中元件编号对应名称。表 9-2 是设备监控点汇总表，包含冷热源设备和空调设备，方便给电气工程师提供资料，也可供设备招投标使用。图 9-1 为冷（热）水机房控制示意图，将输出、输入、电源供给等要求汇总。

表 9-1 图 9-1—图 9-11 中元件编号对应名称及符号

元件编号	名称		符号
①	水流开关		F
②	水温度传感器		T
③	阀门执行器	调节型	
		开关型	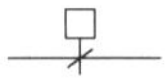
④	水静压差传感器		△P
⑤	流量测量元件		FT
⑥	液位传感器（开关）		LE
⑦	压力传感器		P
⑧	风门执行器	调节型	
		开关型	
⑨	空气湿度传感器		H
⑩	空气温度传感器		T
⑪	空气压差传感器		PdA
⑫	低温断路控制器		· 防冻
⑬	二氧化碳浓度传感器		CO_2
⑭	气流开关		Fs
⑮	室外温度传感器		Tw
⑯	静压传感器		P
⑰	电参数变送器		电瓶组 电压
⑱	干弹簧接点开关		机房门
⑲	巡更钥匙开关		NO. 巡更点

表 9-2 设备监控点汇总

工程项目				数字量输入 DI										数字量输出 DO					模拟量输入 AI									模拟量输出 AO				电源	继电器	点数统计			
序号	设备 代号	设备 名称	数量	运行状态	故障报警	水流检测	压差报警	液位检测	手动/自动	气流状态	开关状态	信号反馈	其他	启停控制	阀门控制	风门控制	开关控制	其他	气温检测	水温检测	风压检测	水压检测	温度检测	压差检测	流量检测	阀位显示	其他	执行机构	风门调节	调节阀	其他			DI	DO	AI	AO
1		空调机组																																			
2		新风机组																																			
3		通风机																																			
4		排烟机																																			
5		冷水机组																																			
6		冷水泵																																			
7		冷却水泵																																			
8		冷却塔																																			
9		换热器																																			
10		热水循环泵																																			

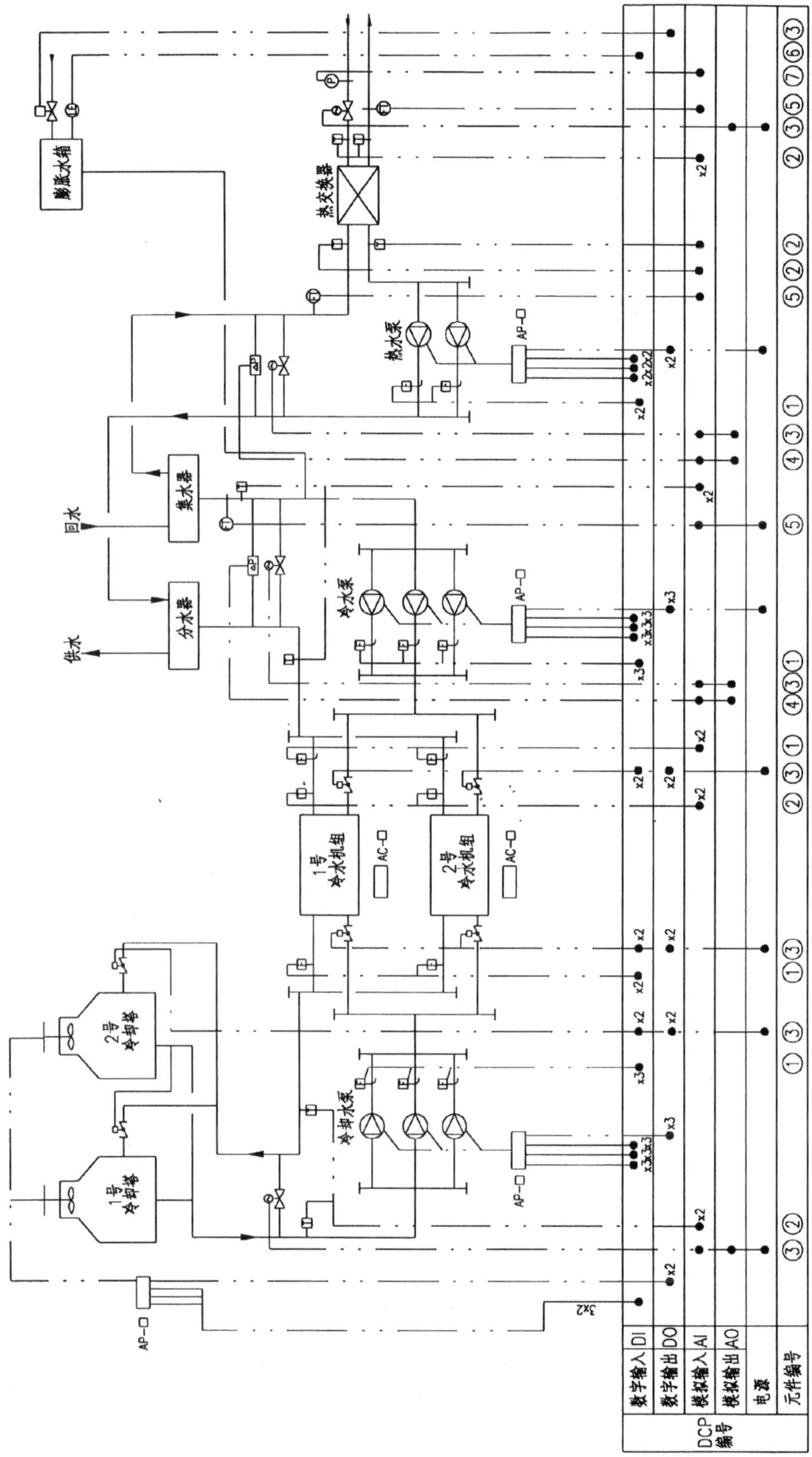

图 9-1　制冷(热)机房系统监控示意

9.2.2 酒店空调系统的自动控制

1. 新风处理机组监控(图 9-2、图 9-3)

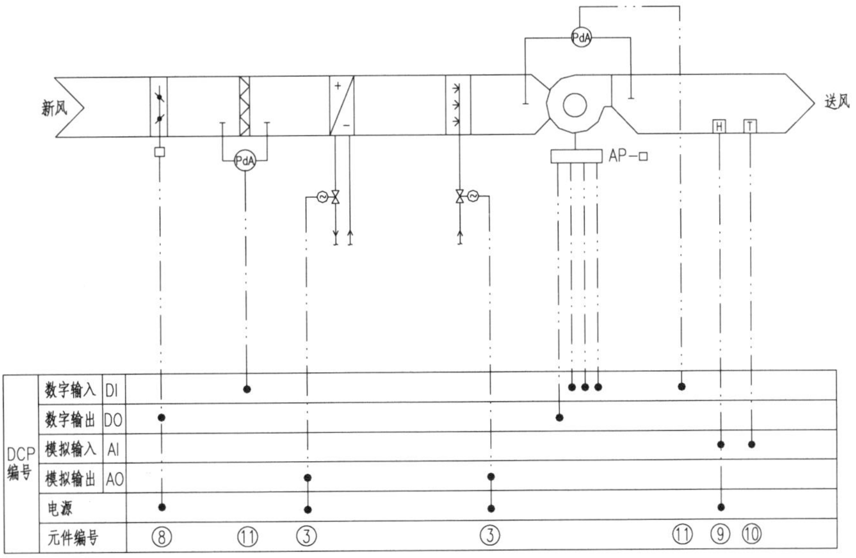

图 9-2 新风处理机组(两管制)监控示意

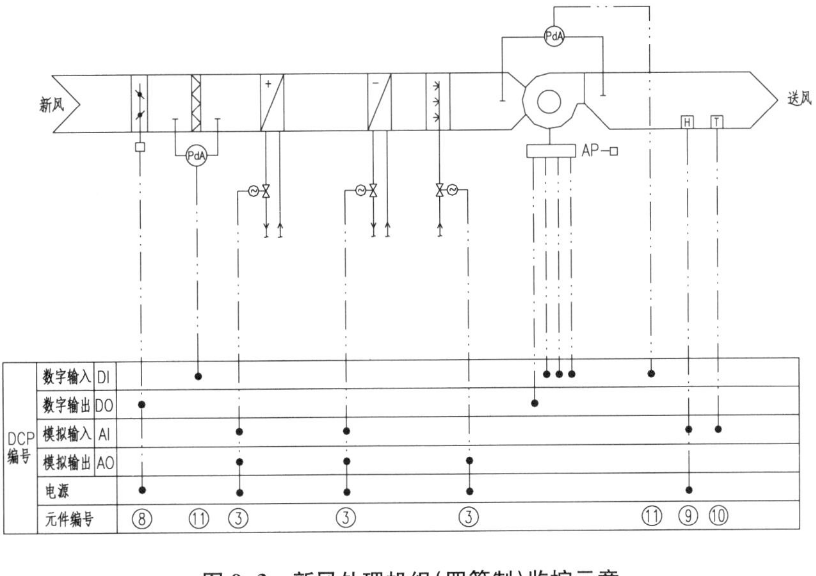

图 9-3 新风处理机组(四管制)监控示意

2. 空气处理机组监控(图 9-4—图 9-9)

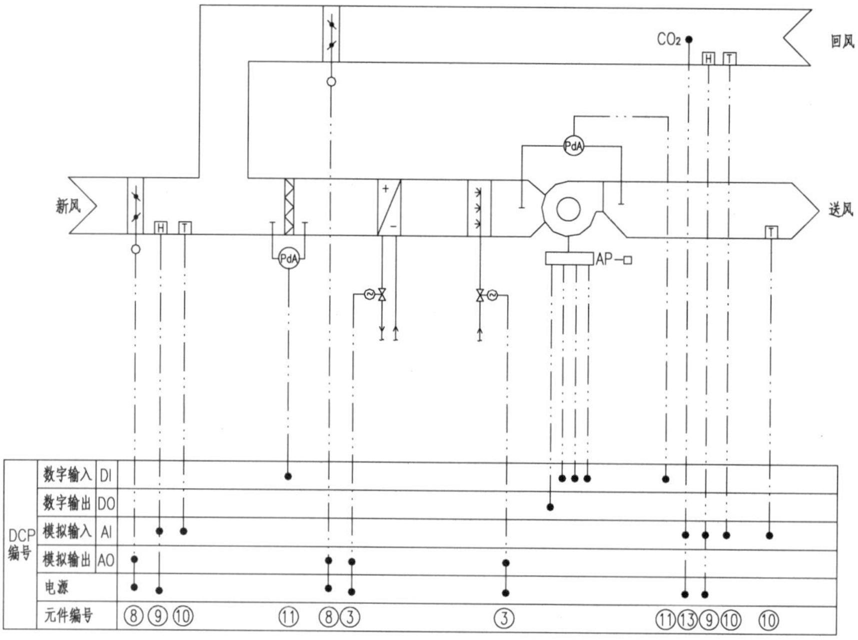

图 9-4　空气处理机组(两管制/单风机)监控示意

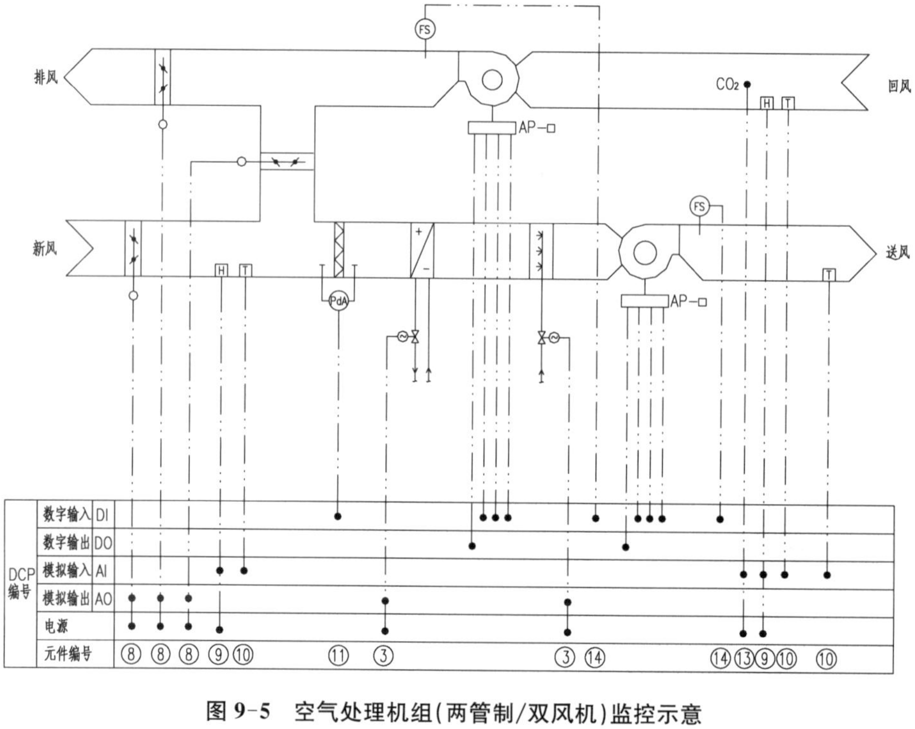

图 9-5　空气处理机组(两管制/双风机)监控示意

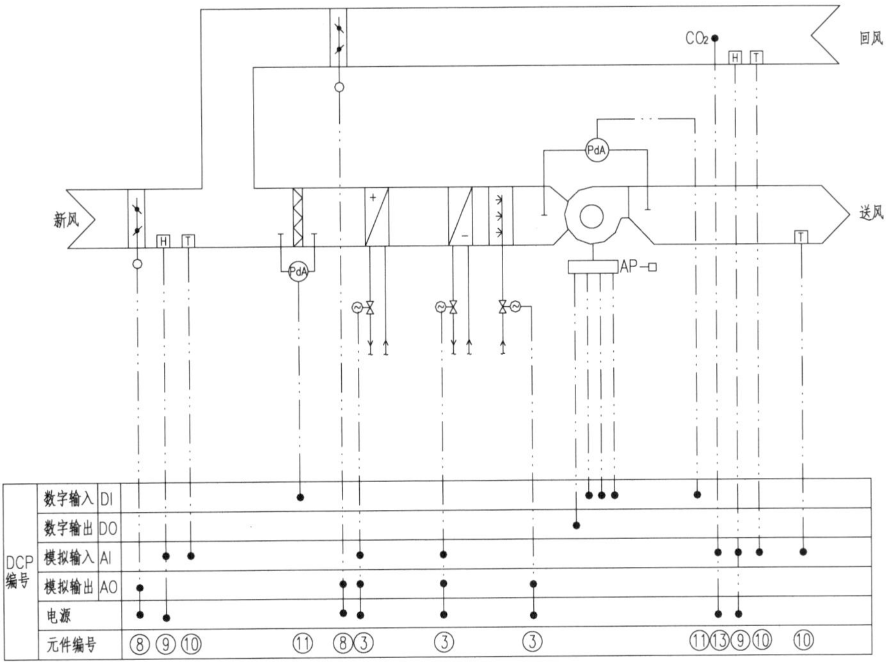

图 9-6 空气处理机组(四管制/单风机)监控示意

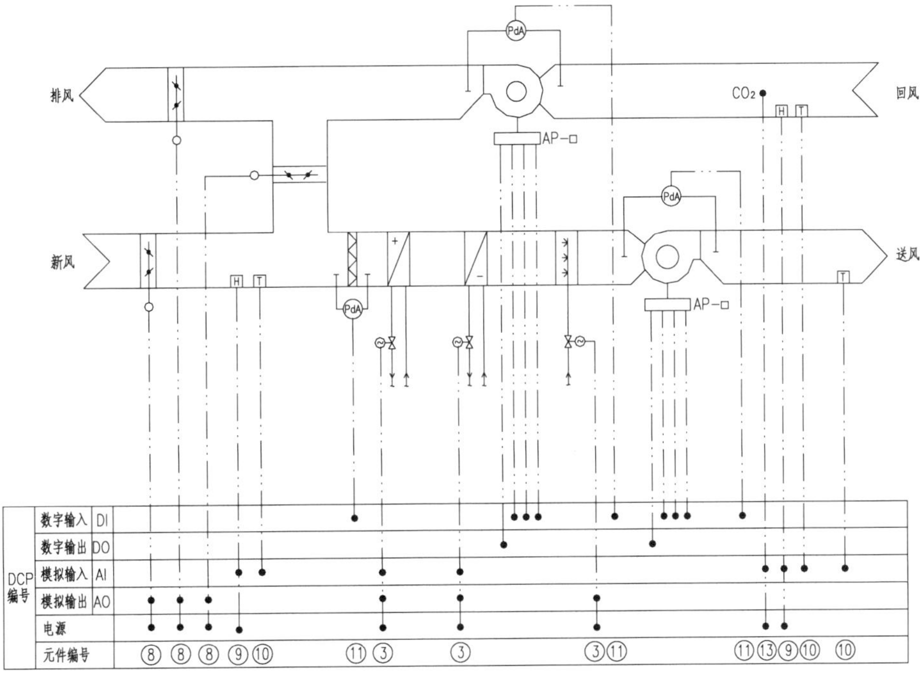

图 9-7 空气处理机组(四管制/双风机)监控示意

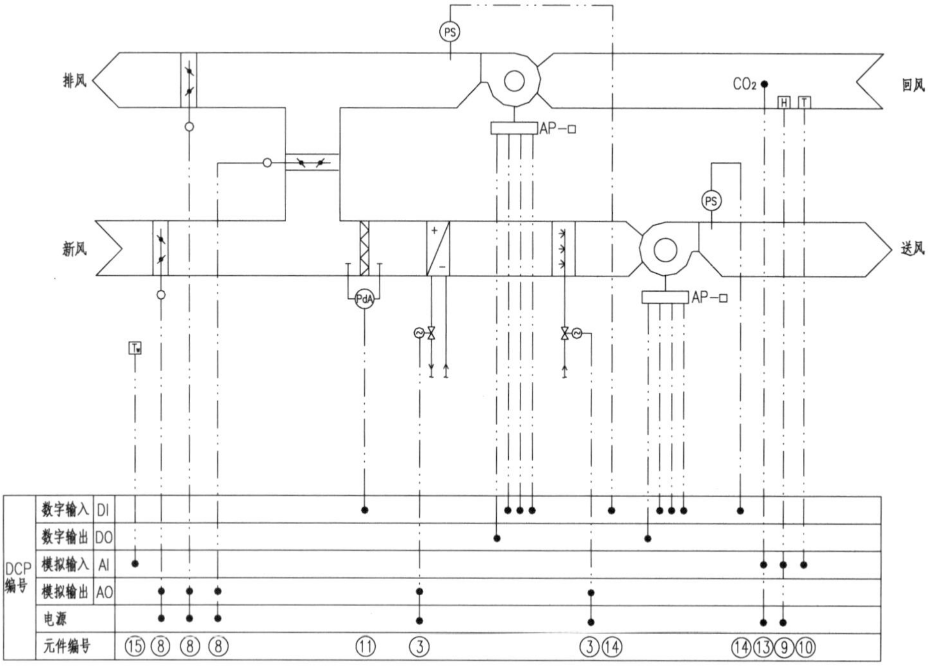

图 9-8　空气处理机组(两管制)焓值控制监控示意

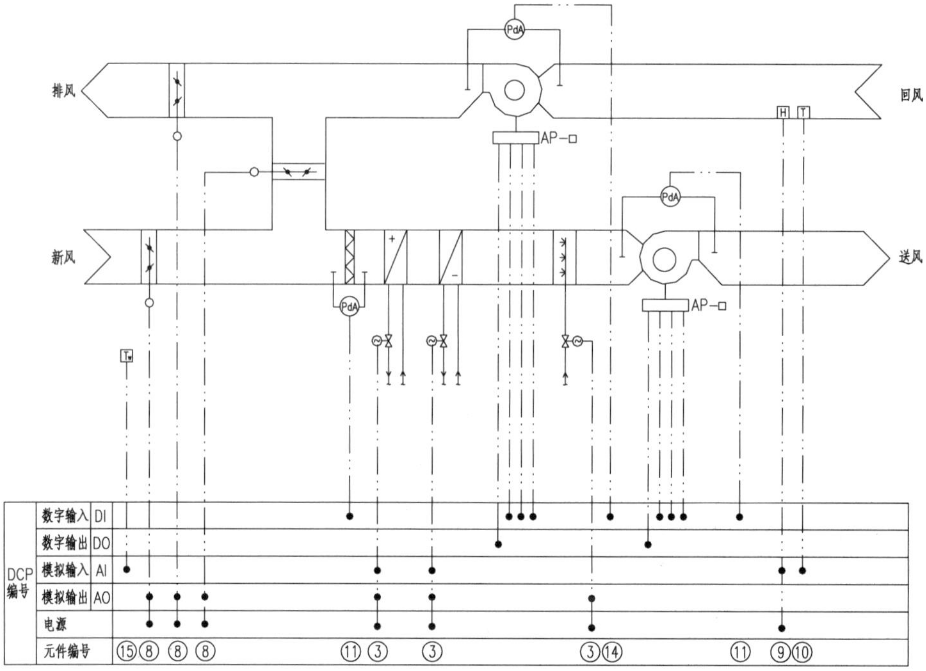

图 9-9　空气处理机组(四管制)焓值控制监控示意

3. 变风量系统监控(图 9-10、图 9-11)

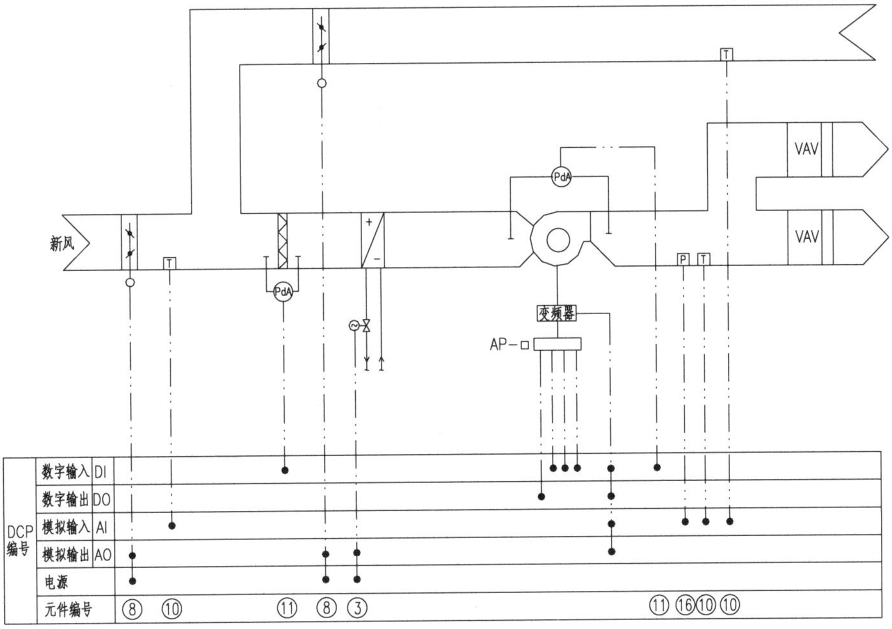

图 9-10 变风量系统(两管制)监控示意(定静压控制)

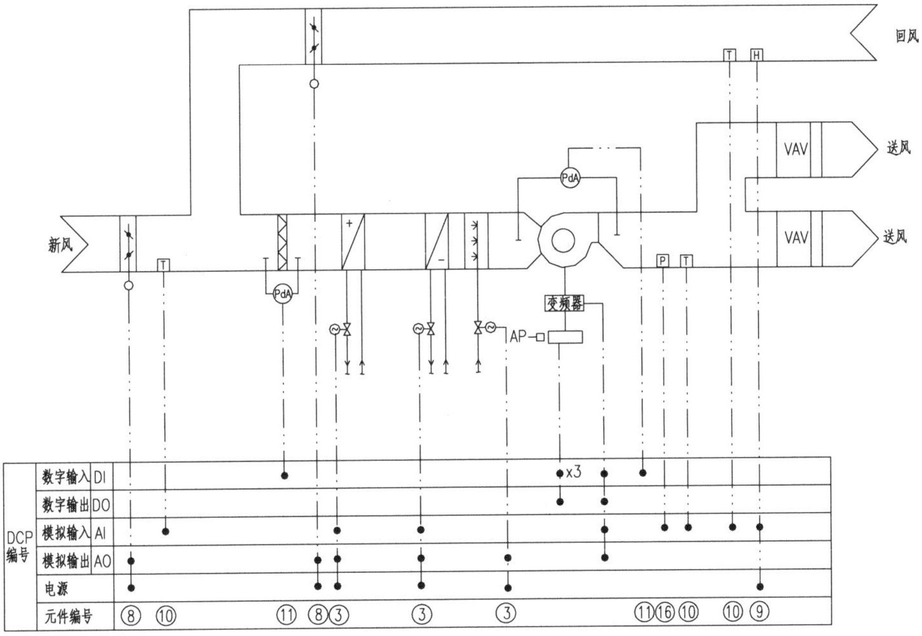

图 9-11 变风量系统(四管制)监控示意(定静压控制)

设计时应注意以下问题：

（1）新风电动阀只要能做到关风机时连锁关闭即可。南方地区(表冷器冬季不会冻坏)可以不设防冻控制装置。

（2）在人员密度大的场合，如宴会厅、多功能厅等，根据 CO_2 浓度控制新风量。

（3）焓值控制的室外焓值传感器可以每栋建筑物只设 1 处，不必每台空调箱都设置。

（4）四管制系统为避免热水阀与冷水阀同时开启而消耗能源，设阀位反馈信号，两管制系统可以不设。

9.3 客房管理系统模式

客房管理系统控制原理如图 9-12 所示，客房温控器须完全满足以下要求。

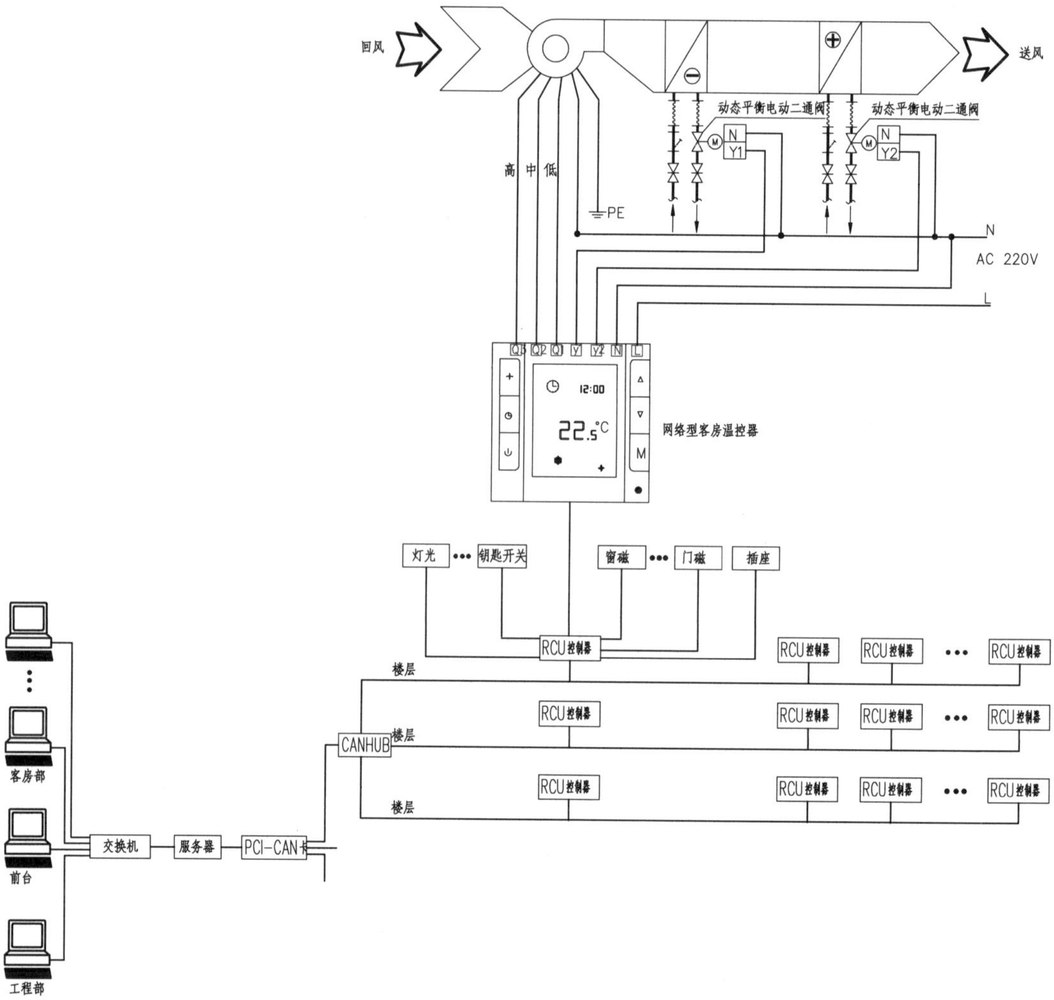

图 9-12　客房管理系统控制原理

9.3.1 使用模式

酒店客人能用温控器自行设定房间温度，而温控器须自动开关设于风机盘管的供冷及供暖水管上的电磁阀，以满足房间设定温度要求（温控器精度为±0.5℃）。在任何情况下，供冷及供暖水管上的电磁阀最多仅能有一个阀门在“开启”状态。

9.3.2 非使用模式

当客房电源总开关关闭时，风机盘管须自动切换为“非使用模式”，风机盘管须维持关闭状态直至房间温度超出以下所述的设定值。

（1）非使用-制冷模式：当房间温度升至28℃时，风机盘管须自动恢复低速运作并开启供冷水管的电磁阀。当房间温度降至26℃时，须自动关闭风机盘管及供冷水管的电磁阀。

（2）非使用-供暖模式：当房间温度降至16℃时，风机盘管须自动恢复低速运作并开启供暖水管的电磁阀。当房间温度升至18℃时，须自动关闭风机盘管及供暖水管的电磁阀。

9.4 楼宇自动控制网络的协作能力和开放协议

9.4.1 协作能力

协作能力定义为在不同制造厂商提供的设备和组件构成的系统中，为实现即插即用连接操作而共享数据和信息的能力。协作性是系统集成的必要条件之一，系统集成是一种策略，它将一个建筑物中不同制造厂商提供的暖通空调和制冷系统集成到一起，包括照明、防火、电梯及电力系统。集成的好处如下：

（1）提高了建筑物的自动化等级。

（2）提高能源管理水平。

（3）减少建筑物自动化系统的安装费用。

（4）为建筑物自动化人员培训提供便利。

（5）使建筑物具备单一的用户接口。

9.4.2 开放式数据通信协议

BACnet指楼宇自动控制网络，它是一个开放通信协议。开放的意思是由美国暖通空调和制冷工程师协会负责该协议的发展进程，所有的内容都是已知、固定且可访问的；协议是指两个或多个设备之间进行通信所必须遵守的规则。BACnet允许来自不同制造商的各种楼宇自动化设备通过一种标准化方式进行通信，共享数据和协同工作，它定义了系统中各设备之间进行数据通信的所有元素，是专门为暖通空调和制冷控制设备所定制的，同时也为集成照明、安全、火灾监控系统提供了平台。

BACnet 将在以下三个方面为酒店拥有者(业主)、设计者、承包商和操作员提供帮助:

(1) 为从不同制造商中选择质优价廉的设备和组件提供了更多自由。

(2) 从一个单一工作站来控制,操作系统更有效并易于维护,用户只需学习掌握一个系统。

(3) 为将来系统升级、收集来自不同系统的数据、扩展系统提供更大灵活性。

9.4.3 网络体系的结构

数据通信系统常常采用分层结构,将复杂的问题分解为小而容易解决的问题。BACnet 基于一个四层体系,相当于国际标准化组织(International Organization for Standardization, ISO)模型的应用层、网络层、数据链路层和物理层,仔细考虑了楼宇自动化控制的特点和需求,并在严格控制协议开销的基础上建立。

9.5 本章附录

9.5.1 ZJ 酒店暖通空调能量管理与控制系统标准相关内容

1. 楼宇管理系统(Building Management System, BMS)

(1) 运行工作站和辅助设备应设在工程控制室。楼宇自动化和控制系统要控制和监测的系统有空气调节单元、冷冻机、锅炉、各种泵、冷却塔、电梯和各水电点。

(2) 所有酒店系统都应配备自动控制系统。最优选的类型是带有电传动控制阀和风挡调节的总数码控制系统。不接受采用空压控制阀门和风挡调节的总数码控制系统。

(3) 支持 BACnet 协议的系统将被优先考虑。

2. 规格和应用指南

所有系统都应接入楼宇管理系统并包含下列节能功能:

(1) 按照特定的需要改变送风量。

(2) 控制节能器(回流比例/外部空气)。

(3) 最优开/停。

(4) 死角区控制(21～24℃)。

(5) 每日时数、每周日数、假日等的程序控制。

(6) 大系统中按实际人数控制外部空气。

(7) 随着外界温度的变化调节热水供应。

(8) 按照区域舒适条件调节冷却水。

(9) 末端风量的控制。

(10) 可变风量风机的匹配和供风风扇的控制。

(11) 定风量系统的二速或多速电机的控制。

(12) 在可能出现的地方,控制需求峰值。

(13) 停电后,风扇、水泵等的依次重启动。

(14) 空调箱和新风机组应具有自动温度控制系统(BA 系统控制)。

9.5.2 WH 酒店暖通空调能量管理与控制系统标准相关内容

1. 温度自动控制系统

(1) 须通过数码式控制系统来全面控制主要和末端暖通设备,客房的风机盘管除外。每个数码式控制系统须带有程序控制器,可以直接与楼宇管理系统、所要求的温控器、湿度传感器、转换器、自动阀和调节阀门、调节阀执行器及其他完整的运作控制系统中的传感器/控制装置等建立通信联系。

(2) 公共区:在宴会厅(包括每一分隔的小宴会厅)、会议室和专用会议厅内提供独立安装在墙上的温控器。在其他房间,采用带远距离传感器的温控器,传感器安装在墙上,温控器安装在适当的地方。所有设备位置的选定须与内装设计协调。

(3) 室温控制系统应配置有相应的温控配线、线管、连接件及联动线路。所有启动器、温控器、防冻保护温控及楼宇管理系统界面整合所需之配件也须一起提供。

2. 楼宇管理系统

(1) 配置一台楼宇管理系统计算机,用于控制大楼空调系统的容量(客房除外)。同时该计算机系统应具有扩展能力,便于将来可以由酒店安装系统模块。

(2) 提供全部楼宇控制系统的操纵程序和控点清单给酒店工程部审批。

(3) 楼宇管理系统的中心计算机应安装在工程部。

(4) 每个空调机房须提供独立的现场控制模块接口。

(5) 在商住共用的大楼中,须用楼宇管理系统来提供独立计量(包括冷水、供暖热水、生活水和强电等)并须配备计费软件。

(6) 系统的设计和安装须便于操作人员设定能耗趋向记录及特定报告,并能按序将资料下载于永久数据库。

3. 系统综述

楼宇管理系统至少要能监察下列环境数据和控制下列设备:

(1) 室外的温度和湿度。

(2) 冷水系统(包括主机)及其功能、水泵及其启/停、冷却塔和冷水流量表。

(3) 供暖热水系统(包括锅炉)及其启动、水泵及其启/停、供暖热水流量表。

(4) 公共区和后勤区空调机组和风机盘管,包括启/停指令和状态。

(5) 水侧节能系统(如有安装)。

(6) 客房层新风机。

(7) 客房卫生间排风机。

(8) 厨房油烟罩排风机和补风机。

(9) 风机。

(10) 通风系统。

(11) 蓄水池水位(如有)。

(12) 水处理装置(如有)。

(13) 应急发电机,包括主机状态、油泵状态、电压感应器和燃油箱液位表。

(14) 其他指定的功能和系统。

4. 客房温控器

客房温控器须完全满足以下要求。

(1) 使用模式。酒店客人能用温控器自行设定房间温度,而温控器须自动开关设于风机盘管的供冷及供暖水管上的电磁阀,以满足房间设定温度要求(温控器精度为±0.5℃)。在任何情况下,供冷及供暖水管上的电磁阀最多仅能有一个阀门在“开启”状态。

(2) 非使用模式。当客房电源总开关关闭时,风机盘管须自动切换为“非使用模式”,风机盘管须维持关闭状态直至房间温度超出以下所述的设定值。

① 非使用-制冷模式:当房间温度升至 28℃时,风机盘管须自动恢复低速运作并开启冷水管道的电磁阀。当房间温度降至 26℃时,须自动关闭风机盘管及冷水管道的电磁阀。

② 非使用-供暖模式:当房间温度降至 16℃时,风机盘管须自动恢复低速运作并开启供暖管道的电磁阀。当房间温度升至 18℃时,须自动关闭风机盘管及供暖管道的电磁阀。

9.5.3 KY 酒店暖通空调能量管理与控制系统标准相关内容

一台中央集成式 PC 机是由操作站、控制、监视、数据处理系统及设备组成的。集成站通过数据网络与分散独立的可编程控制器相连。网络采用“点对点”通信方式。楼宇自动化系统可控制和集成其他品牌厂商设备。采用同种通信协议,通过实时数据交换实现双向数据通信和控制。

房间管理系统(Room Control Unit, RCU)设置的三种模式如下:

(1) 客人未入住-节能模式:风机处于自动模式(模式 1 或关闭),冬/夏房间温度设定值为 17℃/27℃。

(2) 客人已入住但房间无人-准备模式:风机处于自动模式,冬/夏房间温度设定值为 19℃/25℃。

(3) 客人已入住且房间有人-准备模式:风机处于自动模式,冬/夏房间温度设定值为 22℃/24℃,客人可以自主控制送风风速及温度。当处于模式 2 且房门接触器和 PIR 人员感应传感器同时触发(自房门打开±5 min 内),有两位客人入住时,模式 3 被激活并将持续运行,直到第二位客人接触房门,切换至模式 2。

这三种模式的温度设定值均可通过楼宇管理系统工作站进行设定,也可通过楼宇管理系统远程控制。

9.5.4 XED 酒店暖通空调能量管理与控制系统标准相关内容

(1) 安装数字式液晶温控器,能显示风机模式、温度设定和开关状态,并和房控系统、冷冻站、风柜、锅炉房等接入楼宇控制系统。

(2) 楼宇控制系统应包括风柜、室外灯光和泛光照明、能源计量系统、制冷机、锅炉、泵、冷却塔和电梯等。

(3) 客房控制系统与酒店管理系统连接,对客房内温度进行监控。

(4) 能源计量系统(远程抄表系统)对电、水、气、蒸汽等能源消耗进行计量并与楼宇控制系统相连。

9.5.5 XLD 酒店暖通空调能量管理与控制系统标准相关内容

(1) 提供一个完整的大楼管理控制系统,用于控制和监控大楼智能系统和设备的功能和表现。整个建筑物管理与控制系统(Building Management Control System, BMCS)计划要与酒店的初期阶段设计标准紧密连接,考虑工程应用、初步成本、运营成本、利润等。

(2) 设计 BMCS 时应考虑酒店维护员工的便捷性和可靠性。设计理念基于直接数字控制(Direct Digital Control, DDC)技术,该技术通过单机传送信号过程来增强可靠性,并提高地方传送的速度。

(3) 用对等的技术在每一个管理的 BMCS 设施提供网络区域处理小组。在维护办公室提供带有打印机的操作终端。在每一个现场加工通道提供轻便的电源插座,如有必要,同样安置在操作工作区域。在所有大楼系统提供彩色的示意图。软件必须包括主要系统和设备的视频综合操作。

(4) 为 BMCS 设备控制提供比例阀、节气闸或双向电子电机。这个 BMCS 控制设备通过一定的控制给系统提供积极的状态知识输入。对稍大的变动负荷设备,控制模数必要安装诸如电流变压器的设备,这种设备类似于用于马力测算的输入信息。

(5) BMCS 控制设备必须提供房间温度控制功能,使房间温度在 $-17.5\sim-17.2$℃($0.5\sim1$℉)。功能房和办公室必须安装可调温度的控制面板,而不仅仅是温度传感器。

(6) 确定控制的等级,根据 BMCS 设计调整防火和生命安全系统并将两系统做相应的整合。同样地,结合 BMCS 要求,调整设备安装的要求。

(7) 如果经济条件允许,采用 BMCS 客房风机盘管 DDC 系统。根据 BMCS,在两个系统之间加入必要的分界面。为了向客人提供适宜的环境,风机盘管设计应配有可变速的电机,建议 BMCS 提供比例阀。提供 BMCS 客房“使用感应”,以显出酒店运行和盈利的可行性。根据物业管理系统来分辨“已租借”和“未租借”客房。一间带有滑动玻璃门的客房被认为是 BMCS 使用感应系统的一部分,门上必须有扇形切断开关。

10 酒店暖通空调系统的消声与隔振

对于酒店建筑而言，噪声标准是个非常重要的设计指标。例如，防止客房、会议室的噪声问题特别是夜间客房的低频噪声对客人的体验感非常重要。而暖通空调系统的消声与隔振是控制噪声的重要组成部分。本章对暖通空调系统的消声与隔振设计中应注意的问题进行探讨。

10.1 消声

10.1.1 室内噪声标准

酒店建筑室内允许的最高噪声如表 10-1 所列。

表 10-1 酒店建筑的允许噪声标准 [单位：dB(A)]

建筑性质	房间	特级	一级	二级	三级
旅馆	客房	35	40	45	55
	会议室	40	45	50	50
	多用途大厅	40	45	50	—
	办公室	45	50	55	55
	餐厅、宴会厅	50	55	60	—

10.1.2 环境噪声

环境噪声应符合表 10-2 所列要求。

表 10-2 环境噪声限制值

声环境功能区类别	噪声指标 L_{eq} /dB(A)	
	昼间	夜间
0 类	50	40
1 类	55	45
2 类	60	50

（续表）

声环境功能区类别		噪声指标 L_{eq} /dB(A)	
		昼间	夜间
3 类		65	55
4 类	4a 类	70	55
	4a 类	70	60

注：1. 摘自《声环境质量标准》(GB 3096—2008)。
2. L_{eq} 为等效声级，是 A 计权声级能量在整个测量周期上平均的声级。

10.1.3 通风空调系统的消声器选择注意事项

(1) 离心式风机宜选择后倾机翼式，工作点接近最高效率点，风压不要选择过高，系统阻力大时，可选用双风机系统，总声压级会比单风机低。

(2) 在机房位置允许的情况下，组合式空调箱可选择带消声段。

(3) 当风机噪声较高时，应选择中、高频都有良好性能的阻抗复合式消声器；当风机噪声以低、中频为主时，应选用抗性、共振型为主，再配一定阻性材料的消声器。

(4) 消声器应设在气流平稳的管路上，空气通过消声器的流速不宜超出下列数值范围：阻性消声器 5～10 m/s(要求高时 4～6 m/s)，共振型消声器 5 m/s，消声弯头 6～8 m/s。当房间控制噪声值严格时，要在分支管上放置消声器，将气流噪声的影响降到最低。

(5) 消声器不宜设在空调机房内，如果条件有限，应对机房隔声能力进行验算。

(6) 风管消声弯头之间保持距离 $L > 2c$（c 是风管截面的对角线长度，m)，当 L 不到 $2c$ 时，消声量只有一个弯头的 1.5 倍，通常不连续使用 3 个消声弯头。

(7) 消声器使用的材料应具备防火、防尘、防腐、防霉、防蛀等性能，并符合工程性质的要求，尤其当对卫生、洁净等有特殊要求时。

(8) 楼宇新风入口百叶、排风百叶或格栅的设计和安装不能对邻近的房间或建筑产生噪声影响。

(9) 酒店内运行的暖通空调设备在其各自区域内所产生的噪声水平不应超过 90 dB(A)。

风机盘管消声做法如图 10-1 所示。

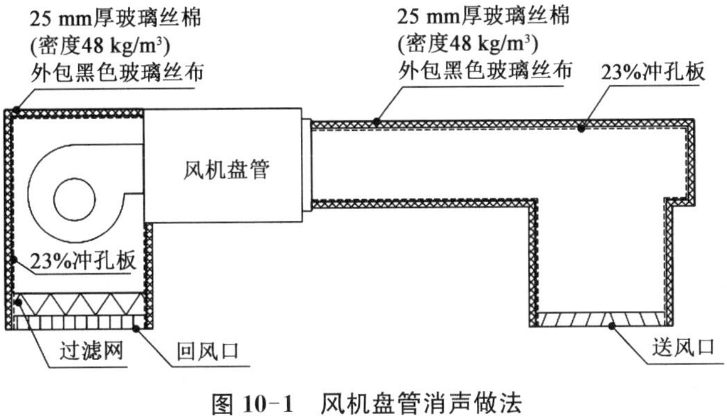

图 10-1 风机盘管消声做法

10.1.4 隔声

1. 影响隔声量的因素

声音穿过物体的能量与物体的密度和厚度有关，通常以面密度（kg/m^2）为指标，当物体是组合墙或有部分门窗时，其隔声量取决于组合墙的平均透射系数（与各构件所占面积和各构件透射系数有关），按手册规定计算。

2. 设备机房噪声控制措施（表 10-3）

表 10-3 设备机房噪声控制措施

机房类型	隔声措施	消声措施	吸声措施	减振措施	通风散热措施
风机房	风机隔声箱、隔声机房、隔声值班室	进风消声器、出风消声器	吸声平顶及墙面、空间吸声体	风机减振软接管	利用进风消声器冷却电机散热
水泵房	局部隔声罩、隔声泵房、隔声值班室	—		水泵减振垫	机械排风（低噪声轴扇＋消声器）、消声百叶或通风消声窗进风
制冷机房	隔声机房、隔声值班室	—		橡胶软接管	
冷却塔	隔声屏障	进风消声器、出风消声器、淋水消声装置	—	底脚减振	—

注：隔声机房包括隔声门、隔声窗、隔声通风采光窗罩、声闸小室等。

3. 防止管道串声

当相邻房间空调的送、回风是同一系统时，必须用消声措施来避免相邻房间之间串声，如会议室、卡拉 OK 房等可以设风口消声器，将干扰减少至允许值。

4. 管壁隔声

当空调风管管壁较薄或穿过要求安静的房间时，管内噪声通过管壁透射会影响使用房；另外，当管道穿过噪声房间时，噪声又会经管壁透射至管内。

10.2 隔振设计

10.2.1 通风空调系统的振源

通风空调系统的振源为通风机、水泵、制冷机等有运动部件的设备，由于运动部件的质量中心偏离轴中心而产生振动。另外，通风空调系统风管、水管输送流体也会因流速过高或遇到障碍而产生振动和噪声，这种振动传给支承结构（基础、地面或楼板），并以弹性波形式沿建筑结构传到其他房间，又以噪声形式出现，这种噪声被称为固体声。

10.2.2　振动的传递率

由于不同用途的设备处于建筑物的不同位置，对隔振效果会有不同要求，表 10-4 和表 10-5 推荐的传递率、频率比和效率数值可供选择。

表 10-4　酒店建筑物所允许的传递率 T、频率比 f/f_n 和效率 η

场所类别	用途	T	f/f_n	η
只考虑噪声的场所	地下室、车库	0.8～1.5	1.4～1.5	20%～50%
须特别注意的场所	酒店	0.05～0.2	2.8～5.5	80%～95%

注：当 f/f_n 值按 $\zeta = 0.05 \sim 0.1$ 考虑时，不应小于表中值。

表 10-5　不同位置设备所允许的传递率 T、频率比 f/f_n 和效率 η

电机功率/kW	底层			两层以上重型结构的楼层			两层以上轻型结构的楼层		
	T	f/f_n	η	T	f/f_n	η	T	f/f_n	η
＜4	只考虑隔声			0.5	1.8	50%	0.10	3.5	90%
4～10	0.50	1.8	50%	0.25	2.5	70%	0.07	4.5	93%
10～30	0.20	2.8	80%	0.10	3.5	90%	0.05	5.5	95%
30～75	0.10	3.5	90%	0.05	5.5	95%	0.025	9.5	97.5%
75～255	0.05	5.5	95%	0.03	7.5	97%	0.015	12.0	98.5%

注：当 f/f_n 值按 $\zeta = 0.05 \sim 0.1$ 考虑时，不应小于表中值。

10.2.3　隔振材料特性和减振器

建筑物中设备的防振等级要求可由表 10-6 查得，表中Ⅰ级对应要求最高(如当离心制冷机设在会议室、卡拉 OK 房等的邻近房间时)，Ⅴ级对应要求最低(如当风机设在地下室与地下基础相邻时)。

表 10-6　防振参考等级

建筑物构造	机械设备设置场所	建筑物用途或与机房相邻的房间用途	机械设备										
			水泵			风机			离心制冷机	压缩机		空调机(以出口静压箱的弹性振动为对象)	冷却塔
			小型(2.2 kW及以下)	中型(3.7～15 kW)	大型(19 kW以上)	小型(2.5#以下)	中型(3.5#～5.5#以下)	大型(6#以上)		螺杆式	往复式		
钢结构、轻型混凝土构造	中间层、上层	旅馆	Ⅲ	Ⅱ	Ⅰ	Ⅲ	Ⅱ	Ⅱ	Ⅰ	Ⅰ	Ⅰ	Ⅱ	Ⅰ
		会议室	Ⅲ	Ⅱ	Ⅱ	Ⅲ	Ⅱ	Ⅱ	Ⅰ	⊙	⊙	Ⅲ	Ⅱ
		餐厅	Ⅳ	Ⅲ	Ⅱ	Ⅳ	Ⅲ	Ⅱ	Ⅰ	Ⅰ	Ⅰ	Ⅲ	Ⅱ

（续表）

建筑物构造	机械设备设置场所	建筑物用途或与机房相邻的房间用途	机械设备										
			水泵			风机			离心制冷机	压缩机		空调机（以出口静压箱的弹性振动为对象）	冷却塔
			小型（2.2 kW及以下）	中型（3.7～15 kW）	大型（19 kW以上）	小型（2.5＃以下）	中型（3.5＃～5.5＃以下）	大型（6＃以上）		螺杆式	往复式		
钢筋混凝土、重型混凝土构造	中间层、上层	旅馆	Ⅱ	Ⅱ	Ⅱ	Ⅲ	Ⅱ	Ⅱ	Ⅰ	Ⅰ	Ⅰ	Ⅲ	Ⅱ
		会议室	Ⅲ	Ⅱ	Ⅱ	Ⅲ	Ⅲ	Ⅱ	Ⅰ	⊙	⊙	Ⅲ	Ⅲ
		餐厅	Ⅳ	Ⅲ	Ⅱ	Ⅳ	Ⅲ	Ⅲ	Ⅱ	Ⅰ	Ⅰ	Ⅲ	Ⅲ
—	地下室	地下水槽	Ⅳ	Ⅳ	Ⅳ	Ⅴ	Ⅳ	Ⅳ	Ⅲ	Ⅲ	Ⅱ	Ⅴ	—
		地下基础	Ⅴ	Ⅴ	Ⅴ	Ⅴ	Ⅴ	Ⅴ	Ⅲ	Ⅲ	Ⅱ	Ⅴ	—

注：⊙—应考虑专门的隔绝固体声措施。

表 10-7 列出各类减振器的基本特点，图 10-2 是不同形式减振器的结构图。

表 10-7　各类减振器基本特点

减振器种类	固有频率/Hz	适用干扰频率/Hz	特点
空气弹簧减振器	0.7～3.5	＞2.5	利用空气内能的减振器；性能取决于绝对温度，并随工作气压和胶囊形状的改变而变动，具有很高的减振效率；刚度根据需要选择；非线性适用各种载荷；对安装、保养及环境有一定要求，价格较高
金属螺旋弹簧减振器	2～5	＞5	弹簧的动静刚度基本相等，计算与实测一致；长期使用下不会松弛，性能稳定，耐高、低温，耐油，耐腐蚀，寿命长，可做成压缩型减振器，用于支承或悬吊减振；阻尼很小
预应力阻尼弹簧减振器、阻尼弹簧减振器	1.8～5	＞5	具有金属弹簧减振器和橡胶减振器的双重优点，克服弹簧减振器的小阻尼缺点；由于设计时设置了橡胶配件，隔离高频噪声效果好，价格适中
橡胶减振器	10～30	＞25	在轴向、横向和回转方向有隔振作用；阻尼大，隔离高频噪声性能好；可根据动力特性需要，设计各种形状；可与金属件硫化黏结，价格相对较低；耐高、低温性能差，适应温度在－5～50℃；寿命相对较短，一般为 5～10 年
橡胶剪切型减振器	4.5～18	＞10	
不锈钢金属丝网减振器	12～14	＞30	阻尼大，耐油，耐高、低温，寿命长，加工工艺复杂，价格高，防冲击性能好
橡胶减振垫	10～14	＞25	具有橡胶的高弹性，造型和压制方便，内阻大，吸收高频振动能量效果好；可多层叠合使用，以降低固有频率；价格较低，易受温度、油质、臭氧、日光、化学溶剂的侵蚀，易老化，寿命一般为 5～10 年

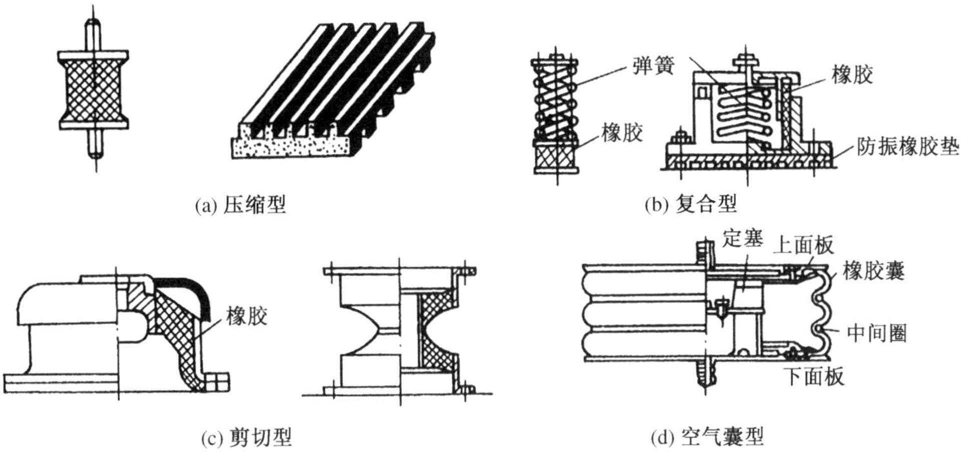

图 10-2　不同形式减振器的结构

10.2.4　通风空调设备减振设计注意事项

1. 减振器类型选择原则

(1) 当 $f_n < 5$ Hz 时，应采用金属弹簧减振器（预应力阻尼型）、空气弹簧减振器。

(2) 当 $5\ \text{Hz} \leqslant f_n < 12$ Hz 时，可采用金属弹簧减振器（预应力阻尼型）、空气弹簧减振器或橡胶剪切型减振器。

(3) 当 $f_n \geqslant 12$ Hz 时，可采用金属弹簧减振器（预应力阻尼型）、空气弹簧减振器、橡胶剪切型减振器或橡胶减振垫。

(4) 减振器也可按设备的转速确定：①当 $n \leqslant 1\,500$ r/min 时，可采用弹簧减振器；②当 $n > 1\,500$ r/min 时，可采用橡胶等弹性材料的减振垫或橡胶减振器。

2. 弹簧减振器的要求

(1) 设备的运转频率与弹簧减振器垂直方向的自振频率之比应大于或等于 2.5。

(2) 弹簧减振器承受的载荷不应超过允许工作载荷。

(3) 当共振振幅较大时，宜与阻尼大的材料联合使用。

(4) 弹簧减振器与基础之间宜增加一定厚度的弹性减振垫。

3. 橡胶减振器的要求

(1) 应考虑环境（温度、日照等）对减振器变形量和寿命的影响。

(2) 压缩变形量宜按厂家提供压缩量极限值的 1/3～1/2 计算。

(3) 设备运转频率与橡胶减振器垂直方向的自振频率之比应大于或等于 2.5，宜为 4～5。

(4) 橡胶减振器承受的载荷不应超过允许工作载荷。

(5) 橡胶减振器与基础之间加一定厚度的弹性减振垫，且应避免太阳直接辐射或与油类接触。

4. 隔振台座设置要求

1）隔振台座的作用

（1）使减振元件受力均匀、设备振动受到控制，因此要求隔振台座有一定的质量和刚度。

（2）减少因机械设备重心位置计算误差导致的不利影响。

（3）降低隔振系统的重心位置，增加隔振系统的稳定性。

（4）提高隔振系统的刚度，减少其他外力引起的设备变位或倾斜等不利影响。

（5）提高当机械设备发生共振时，隔振系统的整体稳定性。

（6）便于减振器安装，更便于调整减振器位置使台座水平。

2）隔振台座质量与机组质量的比例关系

一般情况隔振台座质量与机组质量的比例可参考表 10-8。

表 10-8　隔振台座质量与机组质量比值推荐

机组类型	离心水泵	离心风机	往复式压缩机	柴油机
Q_3/Q_2	1	0.5～3	3～6	2～3

注：1. 表中比值是一般情况下的关系，但应以动力计算为准。
　　2. Q_2 为设备机组质量，Q_3 为台座质量。

3）其他

（1）符合以下情况之一时，宜增加隔振台座的质量与尺寸：①设备重心偏高；②设备重心偏离台座中心较大且不易调整；③隔振要求严格。

（2）当设备的自重较大而运动部件的质量并不大时，可以将减振器直接支撑在设备台座上，调整好减振器的静态下沉度，减振器类型及数量符合第 10.2.4 小节所列的原则。

5. 减振设备的连接

1）减振器(隔振台座)与地面连接

（1）当减振器底座有铁件时，为防止锈蚀，应设有不小于 50 mm 高的混凝土台座。

（2）当机组质量较大，隔振台座的减振器底部设有橡胶垫时，不会产生位移，可不设地脚螺栓固定。

（3）冷水机组必须安装在带弹簧减振器的加固混凝土底座上，底座厚度为 150 mm。主机的进水管和出水管与管道系统之间须有柔性不锈钢管接，以减小经过管道传递的振动。

（4）当隔振台座位于地震区时，应设置限位装置，采用国家标准图或请专业人员设计。

（5）冷却塔须安装在带有弹簧减振器的钢梁上，并在每个冷却塔的进出水管上安装柔性不锈钢管接，减小振动的传递。

（6）水泵须固定在带弹簧减振器及混凝土惰性板的混凝土基础上，基础厚度为 100 mm，并用不锈钢柔性连接件将水泵的吸水口和出水口与管道系统相连。

（7）当管道穿越建筑楼板、沉降/伸缩缝，或连接安装于减振器上的设备时，也要减振。

2）与风系统连接

（1）当风机较大、隔振台座上下位移较大时，应采用较长并带有钢丝撑筋的软接管；风管不能支撑到软接上，机房内的风管吊架采用减振吊架。

（2）当风管穿过楼板或墙体时，应用不燃的吸声材料填实并防止串声。

（3）所有空调风管应该在机械设备区域内，风机离风口距离不小于 7.5 m。

（4）所有厕所排风机上游至少有 6 m 距离；所有送风机上游至少有 6 m 距离；除了厨房和洗衣房系统之外，所有排风机、回风机的下游至少有 6 m 距离。

（5）室外屋面的空调机组至少要在送、回风管道上各安装两个 90°弯头，以减少噪声的传送。

3）与水系统连接

（1）可挠曲橡胶（柔性）接头由内外胶层复合的橡胶球形体和松套金属法兰组成，具有耐高压、自由偏转位移量大、安装方便等优点，可用于水泵进出口减振软接，有单球和双球两种，在高承压时带有金属保险杠，调试结束，松动螺母。但在工程应用中发现当注水承压时，保险杠已撑紧，减振作用大减，在高承压状态下，橡胶软接已接近刚体，故在高层建筑中使用要谨慎，可用 3 道以上的卡箍接头（夹有橡胶垫密封圈）替代，已有工程应用。

（2）水泵出入口软接，由于进出水压差大，存在推力，有水平的，也有垂直的，还有入口是水平力、出口是垂直力的，注意将推力阻隔在隔振台座外，不要将推力作用到减振支座上。

10.2.5 减振节点

图 10-3 所示为离心式风机的隔振台座，有混凝土板基座和型钢基座两种，可适用于在地面和楼板上安装。混凝土板基座质量大，减振效果好；型钢基座制作方便，视具体工程情况选择。

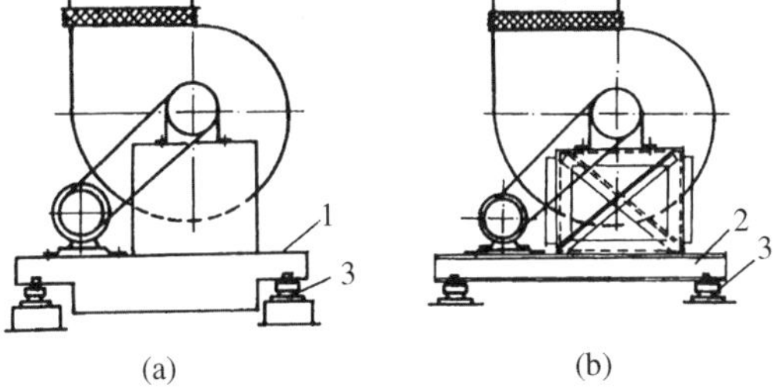

1—混凝土板基座；2—型钢基座；3—减振器。

图 10-3 离心式风机在隔振台座上的安装示意

减振器有金属弹簧减振器、橡胶减振器、金属弹簧与橡胶组合减振器等，通过计算选取；减振器一般不少于 6 个，4 个安装于隔振台座角部，中间的减振基座可调整位置、平衡重心，槽钢上的孔宜做成长槽，以适应移动。

图 10-4 和图 10-5 所示是隔振台座(减振器)与地面的节点示意。

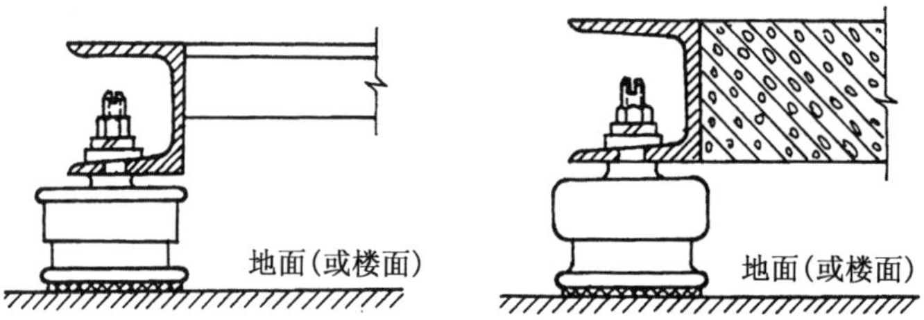

(a) 型钢基座　　(b) 钢筋混凝土板基座

图 10-4　减振器在隔振基座下的安装

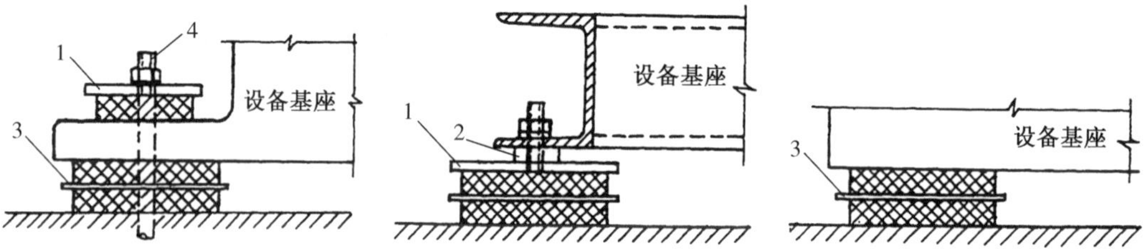

(a) 当设备要求用地脚螺栓固定时　　(b) 当无固定要求时(一)　　(c) 当无固定要求时(二)

1—10 mm 厚钢板;2—12 mm 厚钢板,40 mm×40 mm;
3—2 mm 厚钢板,钢板四周比减振垫大 10 mm;4—地脚螺栓。

图 10-5　橡胶减振垫的安装方式

图 10-6 所示为离心风机安装在楼面上、离心机与风管连接并穿楼板,以及管道吊支架等的综合隔振示意。

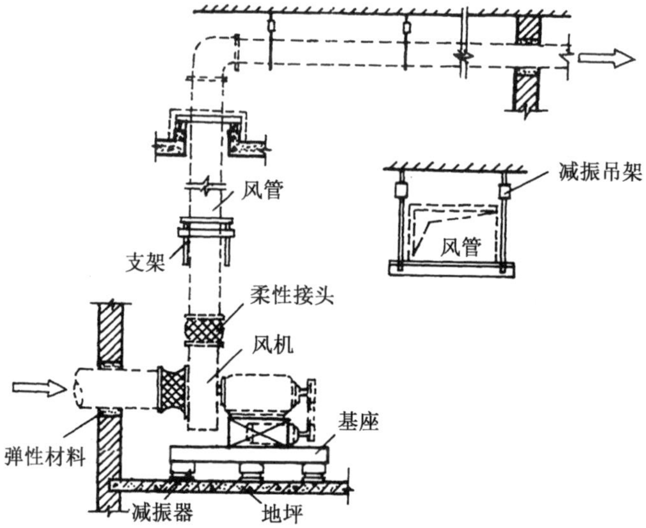

图 10-6　离心风机安装在地坪或楼板(盖)上的隔振降噪(声)措施

图 10-7 所示为水泵安装在楼面上，与水管连接并穿楼面，以及水平管吊架等的减振示意。

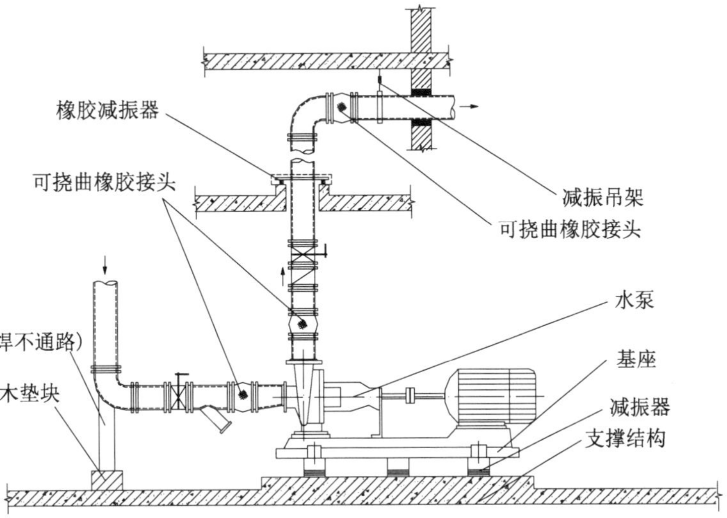

图 10-7 离心式水泵安装在地坪或楼板(盖)上的隔振降噪(声)措施

图 10-8 所示为水管组合吊架，图 10-9 所示为立管轴向固定支座。现在产品非常多，还有标准图集，设计应满足工程要求，遇到特别难的场合应请专业人员设计解决，不要轻视，尤其大口径水(气)管固定支座的推力大，在土建施工中要预埋铁件，不能打膨胀螺栓。否则一旦出现问题，补救的损失会更大。

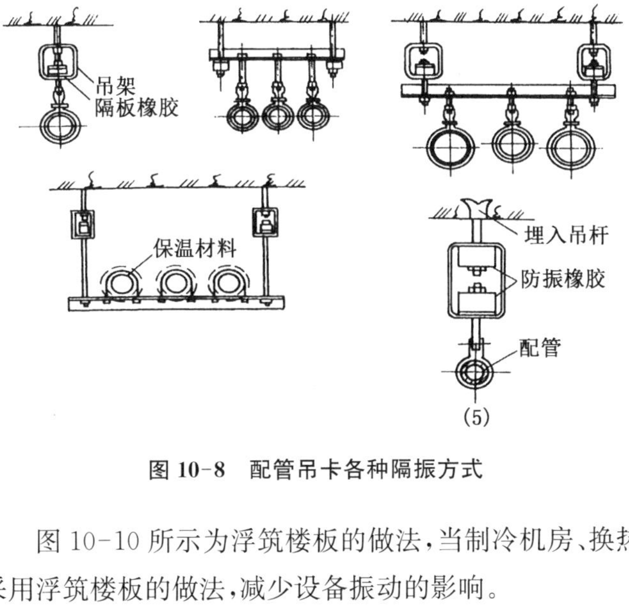

图 10-8 配管吊卡各种隔振方式

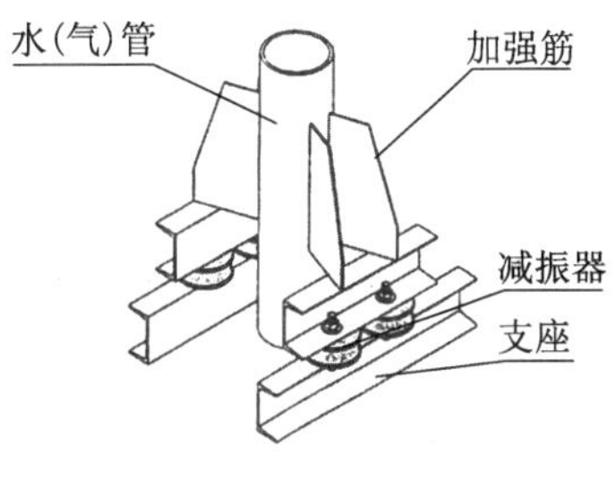

图 10-9 立管轴向固定支座

图 10-10 所示为浮筑楼板的做法，当制冷机房、换热机房或者水泵房位于设备层时，可采用浮筑楼板的做法，减少设备振动的影响。

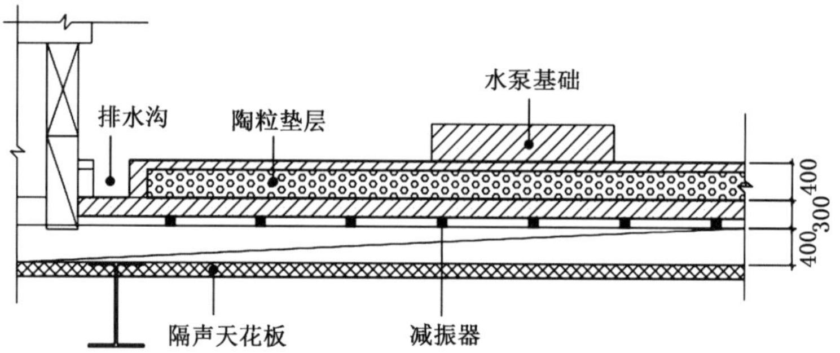

图 10-10 浮筑楼板的做法

10.3 本章附录

10.3.1 ZJ 酒店空调系统消声与隔振标准相关内容

1. 机械设备概要

(1) 楼宇内暖通空调设备、管道及风管系统的设计和安装,在居住区域内产生的声压水平不得超过表 10-9 所列标准。

表 10-9 居住区域声压水平

房间名称	客房	客房浴室	公共房间	会议室/董事会房间/舞厅	私人办公室
噪声标准	NC-32	NC-35	NC-35～40	NC-35	NC-35
房间名称	计算机房	厨房/洗衣房	车库	一般管理办公室	电话会议室
噪声标准	NC-40	NC-50	NC-60	NC-40	NC-30

(2) 楼宇内的暖通空调设备、管道及风管系统,应根据不同情况设置隔离托架、垫板、隔离层、空气间隔等,减小运行中产生的噪声和振动。

(3) 楼宇的新风入口百叶、排风百叶或格栅的设计和安装不能对邻近的房间或建筑产生噪声影响。

(4) 酒店内运行的暖通空调设备在其各自区域内所产生的噪声水平不应超过 90 dB(A)。

2. 管道系统的隔声处理

(1) 所有空调风管应该在机械设备区域内,风机离风口距离不小于 7.5 m。

(2) 所有厕所排风机上游至少有 6 m 距离。

(3) 所有送风机上游至少有 6 m 距离。

(4) 除了厨房和洗衣房系统之外,所有排风机、回风机的下游至少有 6 m 距离。

(5) 在配备有折叠式或可移动式隔墙的多功能厅内，送风和回风管系统在各个分隔场所同时使用时要求控制噪声传输。

3. 基础和隔振

(1) 所有设备、管道系统等都应该安装在经过核准的基础和支承之上或悬挂于其下。

(2) 所有暴露于大气和其他腐蚀性环境的固定装置系统都应该采取抗腐蚀措施加以保护。固定装置的所有金属零件(除了弹簧和五金件之外)都要进行热浸镀锌。弹簧应该镀镉和涂上一层氯丁橡胶。

4. 水管噪声的控制

(1) 管道最大流速限制如表 10-10 所列。

表 10-10　管道最大流速

管径 d/mm	$d \leqslant 50$	$65 \leqslant d \leqslant 100$	$125 \leqslant d \leqslant 200$	$250 \leqslant d \leqslant 300$	$d \geqslant 350$
最大流速 v/(m·s^{-1})	0.6	0.8	1.5	2.5	3.0

(2) 邻近客房和公共场所(特别是在管井、天花吊顶内等)的所有管道系统，安装时不得与楼宇的结构或建筑单元直接接触，也不与之刚性地固定在一起。所有这类管道系统的支承都必须有弹性衬垫。所有穿越建筑物墙壁的管子都必须安装在钢管套中，在管子和管套之间有玻璃纤维封装来确保任何振动不从管子传递到墙壁。

5. 蒸汽管道系统尺寸的确定

蒸汽管道系统尺寸应该可以提供 25 m/s 的最大流速。

6. 风管系统尺寸的确定

风管内最大流速限制如表 10-11 所列。

表 10-11　风管内最大流速

风量 L/(m^3·h^{-1})	$L < 1\,700$	$1\,700 \leqslant L \leqslant 17\,000$	$L > 17\,000$
最大流速 v/(m·s^{-1})	4	6	7

10.3.2　WH 酒店空调系统消声与隔振标准相关内容

(1) 冷水机组基础要求：主机必须安装在带弹簧减振器的加固混凝土底座上，底座厚度为 15 cm。主机的进水管和出水管与管道系统之间须有柔性不锈钢管接，以减小经过管道传递的振动。

(2) 冷却塔的防振措施：冷却塔须安装在带有弹簧减振器的钢梁上，并在每个冷却塔的进出水管上安装柔性不锈钢管接，减小振动的传递。

(3) 水泵的防振措施：水泵须固定在带弹簧减振器及混凝土惰性板的混凝土基础上，基础厚度为 10 cm，并用不锈钢柔性连接件将水泵的吸水口和出水口与管道系统相连。

（4）室外屋面空调机组：根据需要而安装在屋顶上的空调机组至少要在送、回风管道上各安装两个90°弯头，以减少噪声的传送。

（5）在所有空调管道系统的设计中，须考虑利用管道自身弹性及柔性管接来维持地震时和地震后系统的功能。此外，当管道穿越建筑楼板、沉降/伸缩缝，或连接安装于减振器上的设备时，也需要进行减振。用于燃气/燃油管道的柔性管接件，必须获得UL认证。

（6）风管隔离：风管材料产生噪声是不允许的，可使用厚度至少为18 mm的硬质石炭酸材料来隔离送风管和室外风管。

10.3.3 KY酒店空调系统消声与隔振标准相关内容

酒店各区域噪声标准值区间如表10-12所列。

表10-12 酒店各区域噪声标准值区间

区域名称	建议的噪声标准值区间/dB	区域名称	建议的噪声标准值区间/dB
客房或套房	30～35	公寓	30～35
会议室公共通行区	30～35	行政办公室	30～35
会议室和董事会会议室	30～35	计算机设备间	40～45
门厅、走廊、大堂(后场区域)	35～40	小教堂/祈祷室	30～35
走廊(客房层)	35～40	停车场	50～65
服务区/后勤区(后场区域)	40～45	设备房(制冷站和发电机组除外)	65～73
公共区域	35～40		

1. 条件限制

（1）噪声标准值按上限设计条件设定。

（2）噪声标准值基于以下假设：正确设计和安装的暖通空调设备所发出的任何声响通常具有稳定、宽带的特征。

（3）对于脉冲声或含有更纯音质的声音，应从标准值扣减8 dB。

2. 评估暖通空调系统噪声的方式

（1）必须先评估系统的噪声水平，然后进行噪声治理，从而实现令人满意的声环境。

（2）为了确定是否符合推荐的噪声标准设计，在250～2 000 Hz 4个倍频带中至少有3个测定噪声水平须处于噪声标准区间。

10.3.4 XED酒店空调系统消声与隔振标准相关内容

主要房间噪声标准如表10-13所列。

表 10-13 XED 酒店主要房间噪声标准

房间名称	客房	会议室	咖啡厅、餐厅	接待处、SPA	办公室	后勤区	大堂
噪声标准	NC-30	NC-40	NC-40	NC-40	NC-45	NC-45	NC-45

10.3.5 XLD 酒店空调系统消声与隔振标准相关内容

（1）放置空调设备的房间应设双墙以隔绝噪声。

（2）客房区域风机盘管的风扇须有三速开关，应避免明显的振动或水的噪声。

（3）冷却塔的设置要考虑噪声风口对邻近区域的影响。

11 酒店暖通空调系统平疫结合设计与运行

新冠肺炎疫情给我国乃至全世界的公共卫生防疫体系带来了严峻挑战，我国提出了常态化的防疫要求，同时从国家层面提出要建立健全公共卫生防疫体系。办公、休闲娱乐都离不开公共建筑，因此公共建筑的卫生防疫系统是社会公共卫生防疫体系的重要组成部分。如何健全公共建筑的卫生防疫功能，健全应对突发疫情的应急响应机制也就成为一个重要课题。

要健全公共建筑的卫生防疫体系及应急反应机制，设计是源头。在新冠肺炎疫情中，某些酒店成为临时收置和隔离疑似患者的场所，因此酒店建筑的平疫结合设计非常必要。本章仅对酒店建筑中暖通空调系统的平疫结合设计与运行提出一些建议。

11.1 酒店暖通空调系统平疫结合设计

11.1.1 新风系统设计

酒店建筑的客房、办公、小会议室、包房一般都采用风机盘管加新风系统。现行设计规范中的新风量标准对应人员最小新风量需求。

不同阶段人们对新风的作用有不同的认识。18—19 世纪，新风的目的在于控制室内人员呼出 CO_2 的危害。19 世纪末，通风用来稀释室内空气中的微生物浓度，减少疾病传播风险。20 世纪 30 年代，Yaglou C. P. 的研究将新风的作用定义为满足室内的舒适性要求，将室内主要污染物定性为生物散发物，并将 CO_2 确定为生物散发物的指标。随着人们对室内空气品质要求的不断提高，新风的作用已扩展至颗粒物污染控制和化学污染控制，并出现分子污染的概念。

对于通过呼吸道传播的病毒性疾病，病毒一般附着在室内的污染物颗粒上，在空气中存在，这个颗粒的尺度一般是气溶胶的尺度，通过气流的运动传播，因此这种传播被定义为气溶胶传播。对于颗粒物的净化，阻隔式过滤器是最好的选择。但是通风换气仍然是最有效的净化方法。美国 ASHRAE 标准也指出，不允许完全用空气净化器替代室外新鲜空气，因此对于控制室内病毒浓度，无论是机械通风还是自然通风，通风换气都是最好的方法。

对于疫情传播的控制，通风量为多少才能保证室内安全是一个比较复杂的问题。因为有三个基本参数不好确定，一是患者呼出的病毒浓度，二是气溶胶传播的规律，三是健康的人吸入多大浓度的病毒才能被感染。这三个基本数据还有可能和疾病类型有关。其中，第三个参数还和不同人体的免疫力有关，免疫力不同，发生感染所要的病毒浓度也不同。正如式(11-1)所示，G 和 C_i 值的确定是关键。

$$Q=\frac{G}{(C_i-C_0)E_v} \tag{11-1}$$

式中　Q ——通风量，L/s；

G ——污染物(病毒)散发量，mg/s；

C_i ——从健康角度考虑的病毒浓度限值，mg/L；

C_0 ——室外空气的病毒浓度，可以取 0 mg/L；

E_v ——通风效率。

综上所述，安全通风量的研究涉及不同的专业领域，包括病毒学、空气动力学和暖通专业。安全通风换气量是一个基础的数据。

疫情工况时新风量的指标还有待进一步研究。但从表 11-1 可以看出，加大换气次数，去除颗粒物的时间会减少，室内病毒浓度也会相应地降低，因此应对空气传播疫情时加大空调系统新风量是可行的措施。在设计新风系统时，需要考虑变新风量运行的可能性，新风百叶、新风管道、新风机的选择都须按疫情工况考虑，自控系统在疫情时要能自动转换工况。

表 11-1　换气次数与去除颗粒所需时间

换气次数/(次 · h^{-1})	去除 99%颗粒所需时间/min	去除 99.9%颗粒所需时间/min
2	138	207
4	69	104
6	46	69
8	35	52
10	28	41
12	23	35
15	18	28
20	14	21
50	6	8

11.1.2　全空气系统变新风比设计

酒店建筑的大堂、中庭、宴会厅、多功能厅一般都采用全空气系统。国家的节能标准《公共建筑节能设计标准》(GB 50189—2015)规定，设计定风量全空气调节系统时，宜采用全新风运行或可调新风比的措施，并设计相应的排风系统。上海市《公共建筑节能设计标准》(DGJ 08—107—2015)规定,除塔楼外的所有全空气系统的总新风比不小于50%。节能标准的规定是从节能角度出发考虑的,如果从空气传播的角度,加大新风比也是必要的。

如果要加大新风比运行,设计时需要考虑在当层取新风,提前和建筑师沟通好立面百叶如何设置,同时须注意设计好相对应的排风系统并联动开启。变风量系统变新风比设计可以实现在冬季或过渡季节直接给内区新风供冷,降低能耗。

11.1.3 温湿度独立控制的设计理念

温度和湿度分别独立解耦控制,不仅是空调系统节能设计的一个方向,同时也是应对空气传播疫情的一个设计理念。

温度和湿度分别独立控制,即室内的冷热盘管末端控制温度,新风系统控制湿度,同时新风系统负担通风换气,在疫情设计工况,加大新风量设计。风机盘管加新风系统、冷热辐射末端加新风系统是两种比较容易实现温湿度解耦的系统。

风机盘管可以设计为干工况运行,没有冷凝水的排放,减少了细菌和病毒等微生物的滋生。冷热辐射末端本身就要求干工况运行。对这两类系统而言,新风系统承担了全部的湿负荷,因此这样的系统适合于人员密度不大、湿负荷相对较小的场合,比如酒店建筑的客房。

温湿度独立控制空调系统要求新风系统具有很强的除湿能力。对于水系统方案而言,新风系统需要较低的供水温度,而末端系统干工况运行需要相对较高的温度。因此冷源系统应根据末端需求,设计两种不同的供水温度。例如,新风系统采用5～6℃的供水,末端盘管采用16～18℃的供水。分别利用不同品位的水温可以更好地降低能耗,同时也有利于室内污染物浓度的控制。

温湿度独立控制空调系统要针对项目所在地的气候条件、项目功能及空调负荷特点进行分析,采用不同的形式(表11-2)。

表11-2 温湿度独立控制技术

气候分区	温度控制技术		湿度控制技术	
	末端	冷源	末端	冷源
干燥地区(Ⅰ区)	干工况风机盘管	间接蒸发冷却	直接送室外新风	蒸发冷却除湿
	辐射末端	直接蒸发冷却	—	—
潮湿地区(Ⅱ区)	干工况风机盘管	高温冷水机组	冷却除湿、转轮除湿、溶液除湿	低温冷水机组
	辐射板	土壤源、水源换热系统	直膨式新风机	直膨式新风机室外机

11.1.4 空气过滤技术的应用

病毒很多是附着在颗粒物上以气溶胶形式传播的,微米级或亚微米级的气溶胶可以通过阻隔式的高效过滤器过滤。一般飞沫粒径为 0.1～1 000 μm，100 μm 以上的飞沫很快沉降。10～100 μm 的飞沫颗粒水分蒸发、与空气中颗粒物撞击接触转化为小粒径飞沫，这些飞沫都有可能携带病毒。1～10 μm 的携带病毒的飞沫颗粒如果浓度达到医学上的感染剂量限值，就形成气溶胶传播。因此，虽然冠状病毒的粒径约为 0.1 μm，但其附着的颗粒物粒径范围为 1～10 μm，最低设置亚高效过滤器就可以过滤。

还有一种过滤方式是利用电子式过滤器（紫外线灯、静电过滤器或光触媒过滤器）产生具有强氧化作用的臭氧杀灭空气中的微生物。在空调系统中不应安装臭氧、紫外线等消毒装置，因为这些措施可能不能立马把病菌杀死，反而可能造成“光复生”，使病毒变异、传染性更强。因此在应对突发疫情时，要慎重采用既有建筑的全空气系统改造。

根据目前的研究成果，阻隔式过滤是最有效的过滤方式，无论是洁净手术室还是微生物实验室，目前都以采用此类方法为主。

对于常规普通的全空气系统，空气过滤器一般为初效＋中效过滤器（静电或袋式）。如果增加亚高效过滤器，会增加系统阻力，其初阻力不大于 120 Pa，终阻力按 240 Pa 考虑。如图 11-1 所示，系统阻力增加（由 P_1 到 P_2），相应的系统风量将会减少（由 Q_1 到 Q_2），空调箱的制冷、制热能力也会降低。

原系统阻力的不同，增加过滤器后造成的风量减少的百分比也不同，具体计算见表 11-3，计算中新增加的亚高效过滤器的阻力按终阻力考虑。

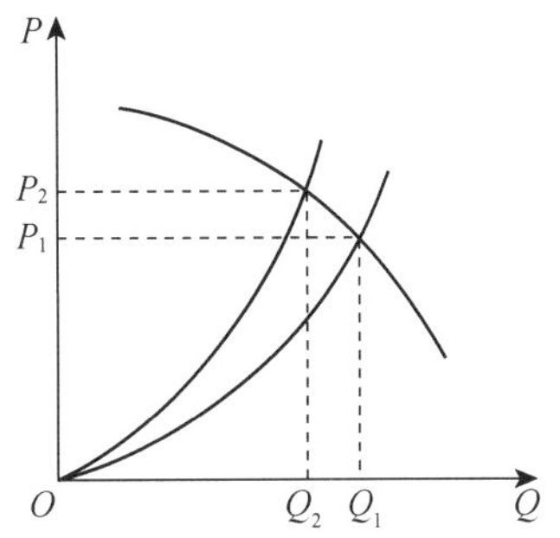

图 11-1　管道阻力-流量运行曲线

表 11-3　增设过滤器后对系统风量的影响

原空调箱风机风压/Pa	所需风压/Pa	风量减少百分比	冷热量减少百分比
800	1 100	15%	9%
900	1 200	13%	7.8%
1 000	1 300	12%	7.2%

亚高效阻隔式过滤器具有较好的效果。但目前常规的空调系统一般只设计初效＋中效的过滤手段。从表 11-3 可以看出，常规的全空气空调系统在空调箱内增设亚高效过滤器后，风量及冷热量减少约 20%。在设计时需要考虑疫情工况下的变风量运行，也可以通过降低冷机供水温度、增加制冷量的方法来实现。

如果维持常规空调工况不变，那么在疫情工况下，空调箱的制冷能力将降低，在夏季工况会使室内温度升高。常规空调工况室内温度一般按 25℃设计，在疫情工况下，室内温度即使为 28～30℃，所造成的影响也不大，因为人体的舒适性范围是很大的，而且病毒一般在低温环境下的生存时间比在高温环境下要长，因此适当提高室内温度有助于消灭病毒。空调箱的制热能力降低，冬季室内温度会低于原设计温度。但只要满足最低的防冻温度需要，应该是没问题的。

另外，在疫情期间，空调箱内增加亚高效过滤器是可行的，但是要定期更换亚高效过滤器，并妥善处理旧的过滤器，这个过滤器上可能会有病毒，建议喷消毒水后再作为有害垃圾处理。

11.1.5 冷凝水分区收集处理和排放

普通民用建筑(除医院建筑)的空调冷凝水一般不会分区收集，更不会处理后再排放。对于疫情工况，可预留将来在疫情期间可能作为收留空气传染疾病患者的建筑的某些楼层，这些区域的空调冷凝水必须单独收集，并经过处理达到《医疗机构水污染物排放标准》(GB 18466—2005)的标准后再进行排放。另外，冷凝水水封需要保证有水，以抑制污染气溶胶的扩散。

因此，建议空调冷凝水系统的设计尽量采用分层水平干管排风，尽量避免采用垂直系统。这样的设计有利于疫情工况下的传染控制。

11.1.6 新风和排风系统类型

从控制空气传播疫情的角度或者针对疫情工况而言，建议将新风系统和排风系统设计为水平系统，尽量避免垂直系统设计。例如，有的酒店建筑的客房新风和排风系统为垂直系统，疫情工况时比较薄弱，容易造成上、下层之间的污染传播。水平系统可以将污染控制在本层内。

但是对于水平系统，由于增加了水平干管，需要与建筑结构专业核对净高是否满足要求，在前期方案阶段就要解决这个问题。另外，水平新风系统须每层设置新风机房，也需要在方案阶段解决这个问题。排风系统每层设置水平干管，通过竖井内单独立管至屋顶排放，屋顶风机分层设置，有利于疫情工况下的分层通风系统控制。

11.1.7 辐射供冷供暖技术

辐射供冷供暖技术也属于温湿度独立控制空调的一种形式，从舒适角度而言，供暖系统比空调热风要感觉舒适，主要原因是空调热风属于对流换热，而供暖系统特别是辐射供暖系统主要以辐射形式进行换热，室内的围护结构及家具等表面温度都会和室内温度比较接近，人体的感觉更加舒适。同样原理，辐射供冷也让人感觉比较舒适。辐射空调还有一个优点就是噪声小，会进一步提高人的舒适感。

从防控空气传播疫情角度，辐射供冷供暖技术因为没有回风，所以相对而言更加安全，新风系统在常规工况下满足人员最小新风量要求及夏季室内的除湿要求即可。在疫情工况下，新风系统可设计为加大新风量运行。

11.1.8 温度和湿度参数的取值

温度和湿度的参数控制本身就是暖通空调系统的职责，但是常规暖通系统的设计中环境温度和湿度的取值是从满足人的舒适性要求出发的，如果为应对疫情在空气中的传播，考虑病毒或细菌等微生物的存活和传播，那么温湿度的取值就需要重新修正。

对于普通的民用建筑，温度还是从满足人们的舒适性角度来考虑。人员长时间逗留空间的可接受温度范围为16～28℃，这个范围还是相当广的。从控制病毒传播的角度而言，在疫情工况下，可以通过调节温度的设定值来尽量营造人可以接受但病毒又难以存活的室内温度。例如根据研究，新冠病毒在高温环境下的存活率较低，所以可以通过一定的冗余设计和调节手段来控制室内温度。

对于相对湿度这一指标，人体可以接受的范围也很广，通常为30%～70%。根据研究，在相对湿度为40%～70%的中等相对湿度范围内，大多数微生物的活性较低，不易传播，而且适度潮湿的环境将增大传染性气溶胶的沉降速率，从而抑制病毒的传播。此外，湿润的环境使呼吸道黏膜比较湿润，有利于捕获吸进的微粒，防止其进入肺中。因此，环境的相对湿度对于控制病毒传播有很重要的意义。在暖通设计时，相对湿度取值40%～70%是比较合理的，如果经济技术比较合理，可以预留一定的相对湿度冗余调节空间，以应对疫情工况。

11.1.9 蓄能技术的应用

蓄能系统包括水蓄冷、冰蓄冷和水蓄热，如果有峰谷电价差，经技术性与经济性的比较，在合理的情况下，建议尽量多地采用蓄能系统。蓄能技术不仅可以节省运行费用，而且从全国能源应用的大局出发，也是节能的。蓄能系统的应用有利于减少碳排放，既具有经济效益又有社会效益。

蓄能技术还有一个最大的优势，就是将机组的运行和负荷的匹配进行了解耦，使得系统的适应性更好，不受机组最小负荷调节的限制。同时，蓄能系统储存的冷量或热量本身就可以作为冷热源系统的备用，有利于应对突发的疫情工况。

11.2 酒店暖通空调系统疫情期间运行对策

在疫情期间，酒店的中央空调系统是否能开启？怎样做能保证开启空调系统是安全的？本节将探讨临时收置疑似患者的酒店的空调系统如何运行。

11.2.1 酒店客房的空调系统运行对策

星级酒店的客房一般都采用风机盘管加新风系统，非星级酒店客房可能采用多联机系统或分体空调。从空气污染物传播的角度，这三类空调系统的机理是一致的。下面以风机盘管加新风系统为例进行论述。

1. 风机盘管系统

风机盘管为局部回风循环系统，所造成的污染仅限定在本房间内，不会造成其他房间内人员的感染。但是感染者住过的房间，在疫情结束之前，不建议再住其他人员。

2. 新风系统

客房的新风系统应该一直保持开启状态，保持管道处于正压状态，一般不会造成污染传播。如果新风系统为每层水平系统，建议收置疑似患者时，按层收留。普通客人和疑似患者要分层入住。如果新风系统为垂直系统，建议收置疑似患者时按客房上、下对应进行收置。这样可以最大限度地降低交叉感染的风险。但无论是什么系统，都应该保持新风系统一直开启，要么就一直关闭，千万不能间歇运行，否则就会存在交叉感染的风险。如果收留了疑似患者，从降低室内病毒浓度的角度考虑，还是建议开启新风系统。

3. 空调系统清洗

应对风机盘管的盘管、过滤网、凝水盘及送回风管道进行清洗。新风空调箱的盘管、过滤网、凝水盘以及新风管道也应进行清洗。

4. 自然通风

如果窗户能开启，建议开窗进行自然通风。自然通风换气是比较有效的方式。

11.2.2 客房卫生间排风系统运行对策

酒店客房的卫生间排风一般都设计成垂直系统(图 11-2)。为了降低上、下层之间传染的风险，建议屋顶的排风机一直保持开启状态，每层卫生间的排气扇(或静音型管道风机)可以根据客房需要进行开启，也建议一直开着。如果酒店收留了疑似患者，严禁有人再到塔楼的屋顶。

11.2.3 酒店大堂、宴会厅、多功能厅、大会议室空调系统运行策略

(1) 这些区域的空调系统一般都是带回风的全空气系统，如果不是确实需要，建议疫情期间关闭这些系统。

(2) 如果这些全空气系统原设计时具备全新风运行的条件，可以开启全新风运行模式，加强通风换气。一定注意要同时开启相应的排风系统。

(3) 空调箱的盘管、过滤网、凝水盘以及风管道要进行清洗。

(4) 有条件时，回风口处或空调箱内的中效过滤器可以更换为亚高效过滤器。这样可以开启带回风的全空气系统，但是要定期更换亚高效过滤器，并妥善处理旧的过滤器，这个过滤器上可能会有病毒，建议喷消毒水后再作为有害垃圾处理。

11.2.4 酒店后勤办公等房间的空调系统运行对策

这些区域的空调系统一般采用风机盘管加新风系统或独立的多联机系统。这些系统

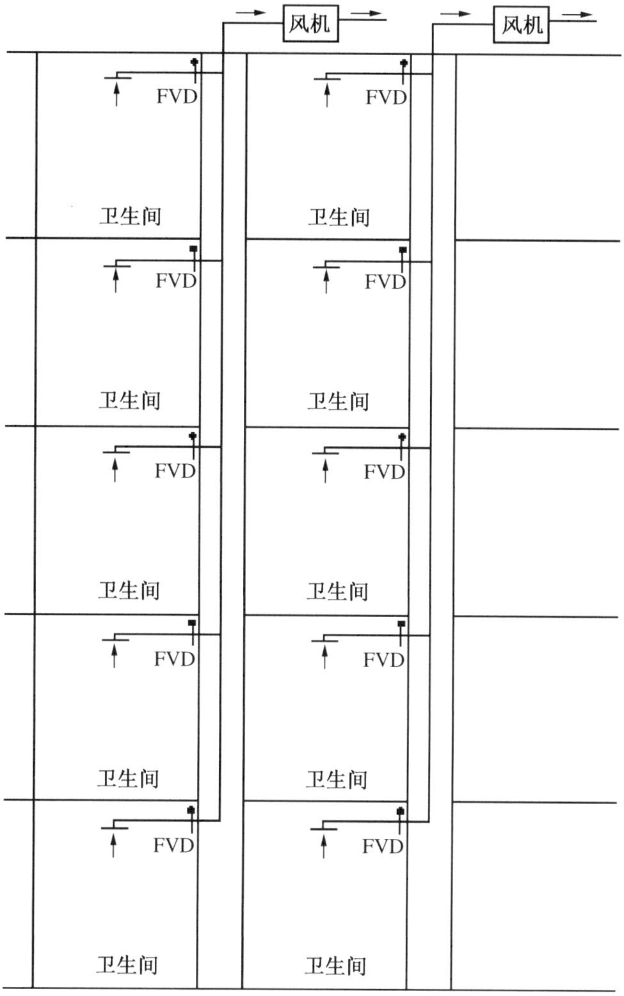

图 11-2　酒店客房卫生间垂直排风系统

的运行策略与客房的空调系统运行策略相同。只要保持新风系统、排风系统的一直开启，不间歇使用，就不会发生传染或者说传染的可能性非常低。

11.2.5　其他建议

（1）不建议在空调系统中使用化学消毒物质，这是世界卫生组织专家的建议。

（2）不建议在空调箱或新风空调箱中增加紫外线杀菌装置，否则可能会造成病毒变异，发生二次感染。

（3）检查原设计的新风系统和排风系统的进风口和排风口是否合理、新风系统的进风口是否离冷却塔很近。进风口和排风口如果在同一个方向、同一个标高，水平距离要在 10 m 以上，新风系统进风口距冷却塔也要在 10 m 以上。如果不满足这些要求，建议不要开启相应的新风系统。

12 酒店柴油发电机房配套系统设计

为了保证供电安全，星级酒店一般都会要求设置柴油发电机，保障消防用电及重要负荷的用电。要保证柴油发电机正常运行，机房配套系统的设计同样非常重要，通风系统、供油系统和烟囱系统是保障柴油发电机组安全运行的必要条件。

12.1 柴油发电机房通风系统设计

12.1.1 大型柴油发电机房的通风系统及运行通风量计算

1. 大型柴油发电机房的通风系统

柴油发电机房的通风要有平时通风和运行通风两个系统。

(1) 平时通风系统：应急柴油发电机平时都处于待机状态，往往被安置在地下室，通风不好，为保障及时启动，维持必要的室内条件非常重要，产品样本上规定的使用环境条件一般如下：温度在 0～40℃，相对湿度小于 99%；推荐柴油发电机房平时通风 6 次/h，日用油箱间事故排风 12 次/h。考虑到运行时机房温度高、噪声大，应设置控制室，将一些仪表、电话、值班人员安排在可视的隔间内并提供分体空调。

(2) 运行通风系统：因为柴油发电机开启时余热大、噪声高[单机达 102～107 dB(A)]，为了保证柴油发电机的正常运行，须将余热排出室外，保持柴油发电机房温度低于 40℃。大功率柴油发电机组运行时余热量很大，一般都以水冷方式将余热量转移出去。大型柴油发电机有如下几种水冷却方式。

① 远置式冷却水箱闭式循环散热方式：此方式适用于独立设置并具备设置远置式水箱位置的场合，使用者将远置式水箱安置在室外适当场地，避免运行时风扇噪声对环境的影响。它排出柴油发电机余热的较大部分，剩余的热量仍由机房通风系统来承担。

② 中水调节池或雨水收集调节池循环方式：此方式适用于建筑物具备中水处理或雨水收集系统，且中水调节池或雨水收集调节池容量较大的项目，可以应急供电数小时。此方式利用水体吸收柴油发电机组水冷却器释放的热量，使水温不超过 55℃。

③ 冷却塔供水方式：冷却塔如单独设置，要考虑全年室外工况、冬季防冻措施。如果有全年运行的冷却水系统，可以从中分出一路作为应急柴油发电机房的冷却水供给。

以上三种方式中，第二和第三种方式均属于二次冷却水方式。

2. 大型柴油发电机房的运行通风量计算

推荐以发热量计算柴油发电机运行所需通风量，发热量约为柴油发电机小时燃油热量的 6%～8%。例如，发电机效率为 40%，发电机容量为 1 000 kW，当进、排风温差为 8℃时，通风量为

$$L_j^8 = 3\,600 \times \frac{1\,000 \times (0.06 \sim 0.08)}{0.4 \times 1.01 \times 8 \times 1.2} = 55\,693 \sim 74\,257(\mathrm{m^3/h})$$

当进、排风温差为 10℃时，通风量为

$$L_j^{10} = 3\,600 \times \frac{1\,000 \times (0.06 \sim 0.08)}{0.4 \times 1.01 \times 10 \times 1.2} = 44\,554 \sim 59\,406(\mathrm{m^3/h})$$

对于容量不是很大(指容量小于 2 000 kW)的机房，以这个通风量计算出的通风井面积大小，建筑专业可以接受。当机房容量大时，通风竖井面积会很大，必须准确计算才有说服力。我们分析了几个著名品牌柴油发电机组产品样本提供的技术参数，发现他们表达的方式不一致，我们试图从其能量分配中找出向室内散热的负荷。

12.1.2 能量分配及分析

1. 能量分配

柴油发电机组包括柴油发动机和发电机两部分，发电机的散热量可以根据式(12-1)进行计算。

$$Q' = P(1-\eta)/\eta \tag{12-1}$$

式中 Q'——散热量，kW；

P——发电功率，kW；

η——发电效率，大型发电机一般取 0.945～0.972。

燃油热的计算公式为

$$Q_{ry} = L\rho Q_{DW}^{k-y}/860 \tag{12-2}$$

式中 Q_{ry}——燃油热，kW；

L——燃油量，L/h；

ρ——燃油密度，kg/m^3；

Q_{DW}^{k-y}——燃油低位热值，kcal/kg。

内燃机为追求热效率，多采用过剩空气和高压缩比燃料。根据某厂提供吸入空气计算烟气标准状态的焓值 h_y 如下：当烟气温度为 400℃时，$h_y^{400℃}=556.7\ \mathrm{kJ/m^3}$；当烟气温度为 460℃时，$h_y^{460℃}=643\ \mathrm{kJ/m^3}$；当烟气温度为 500℃时，$h_y^{500℃}=700.8\ \mathrm{kJ/m^3}$。

燃烧空气带入的热量计算公式为

$$h_k = \rho C_p t_{rs}/3\,600 \tag{12-3}$$

式中 h_k ——燃烧空气的焓值，kW；

ρ ——标准状态的空气密度，kg/m³，$\rho = 1.2\ kg/m^3$；

C_p ——干空气定压比焓，kJ/kg，$C_p = 1.01\ kJ/kg$；

t_{rs} ——燃烧空气温度，℃。

表 12-1—表 12-3 所列为三个厂家的柴油发电机组的能量分配情况。

表 12-1 A 厂柴油发电机组能量分配情况

P1500(1 200 kW)能量分配	占小时燃油热量百分比
100%负荷时耗油 307 L/h，燃油热为 3 034 kW	100%
排烟热为 1 013 kW	33.4%
总散热为 167 kW	5.5%
冷却系统散热为 511 kW	16.8%
发电功率为 1 200 kW	39.6%
非热	4.7%

表 12-2 B 厂柴油发电机组能量分配情况

MTU2000(1 512 kW)能量分配	占小时燃油热量百分比
100%负荷时耗油 362 L/h，燃油热为 3 578 kW	100%
排烟热为 1 116 kW(燃烧空气焓为 58.5 kW)	31.2%(−1.6%)
辐射热为 75 kW	2.1%
冷却系统为 840 kW(引擎 580 kW+增压器 260 kW)	23.5%
发电功率为 1 512 kW(发电机功耗为 4.5%×1 512 kW=68 kW)	42.3%(1.9%)
非热	2.5%

表 12-3 C 厂柴油发电机组能量分配情况

VGS2350(1 798 kW)能量分配	占小时燃油热量百分比
100%负荷时耗油 407 L/h，燃油热为 4 023 kW	100%
排烟热为 1 315 kW(燃烧空气焓为 76 kW)	32.7%(−1.9%)
冷却系统为 970 kW	24.1%
发电功率为 1 798 kW	44.7%
非热	0.4%

2. 分析

A 厂产品资料提供的总散热量为 167 kW，占小时燃油热量的 5.5%，估计包含了柴油机、冷却水循环系统、换热器、发电机等主要设备向室内的散热量，但排烟系统会因用户安装情况不同而不同，不好估计，假设排烟管、消声器等保温后仍有 0.5%小时燃油热量的散热,则运行通风系统消除热负荷为小时燃油热量的 6%。

B 厂对应室内辐射热为 75 kW,只占小时燃油热量的 2.1%;冷却水循环系统排除热量为 840 kW,占小时燃油热量的 23.5%,冷却水循环系统一定会对室内散热,设定其 10%(即小时燃油热量的 2.4%)散入室内;发电机功耗为 $\frac{1-\eta}{\eta}=4.5\%$,占小时燃油热量的 1.9%;加上排烟系统的 0.5%,则 B 厂运行通风系统消除热负荷为小时燃油热量的 6.9%。

C 厂未提供传入室内的散热,但计算结果已达小时燃油热量的 101.5%,可判定能量组图中未包括参与燃烧的空气焓,因为柴油机吸入空气量很大,如以 30℃计算其焓值也达到烟气总热的 5%,占小时燃油热量的 1.9%。该厂产品要求的换气量为 2 226 m^3/min,以 5~8℃温差计算出其能排除的热量为 225~360 kW,折合为小时燃油热量的 5.6%~8.9%,对应消除室内余热的能力。

从以上分析可知,以小时燃油热量的 6%~8%作为运行通风所需消除的余热负荷是够的,但在大型柴油发电机房设计时,困难较大,没有精确的分析提资给土建也缺少说服力。如果运行通风量能减小,就可减少占用的建筑空间,降低土建投资,建议在进行设计时,应针对选用的柴油发电机机型进行具体分析,并将其作为设计依据。

根据以往的项目经验,可供参考的通风方案如下:大型柴油发电机房,尤其是服务于数据中心的机房,都是逐步扩容的,进风系统应按将来扩容后的量进行设计,排风系统宜选择 2~3 个排风机并联安装,以适应变负荷运转,减小排风机的尺寸,消声也容易处理。推荐自然进风采用机械排风方式,当自然进风百叶面风速为 1.0 m/s,竖井风速为 2.0 m/s 时,1 000 kW 功率的柴油发电机组的进风百叶面积如表 12-4 所列。

表 12-4 进风百叶及竖井面积

进风、排风温差/℃	进风百叶面积/m^2	进风竖井面积/m^2
10	16	8
8	20	10

注:如果能做下沉式侧窗进、排风,消声器可设在室内,节省上部竖井的建筑面积。

排风量按进风量减去燃烧空气量(即吸入空气量)进行计算。当产品样本上查不到时,可以按每 1 kg 燃油对应 20 m^3 燃烧空气量进行计算。例如,1 000 kW 功率发电机组耗油 224 kg/h,燃烧空气量为 20×224=4 480(m^3/h)。当进、排风温差 $\Delta t=10$℃ 时,按 6%小时燃油热量计算的燃烧空气量约为进风量的 1/10;当进、排风温差 $\Delta t=8$℃ 时,按 6%小时燃油热量计算的燃烧空气量约为进风量的 1/8。

大型柴油发电机房运行噪声大,门要设声闸,室外远置式冷却水箱应做噪声环评,根据环评报告决定是否做遮声屏。进、排风口均应做消声处理。产品出厂时带一节烟气消声器,当周边有居民时再增加住宅消声器,根据进、排风及烟气各自对环境的影响做消声计算。

12.1.3 结论

通过对柴油发电机组运行能量分配的分析得出，对于水冷式大型柴油发电机组，其通风量可以按照 6%～8%的小时燃油热量进行余热量估算。

12.2 柴油发电机房供油系统设计

12.2.1 柴油发电机组耗油量的计算

柴油发电机的供油系统是保证柴油发电机安全正常运行的关键系统，酒店一般要求柴油发电机可以 24 h 运行。

柴油发电机的供油系统包括室外油罐、输油泵、卸油泵、日用油箱及控制系统。其中，室外油罐根据用油量计算确定是否需要设置。当没有柴油发电机的用油量数据时，可以根据柴油发电机容量，按 0.27 L/kW 进行估算。日用油箱间的日用油箱只允许最多储存 1 m^3 的油。因此，如果柴油发电机组在保证运行时间的前提下用油量超过 1 m^3，就需考虑设置室外油罐。

例如，在一个酒店项目中，将柴油发电机作为备用电源，容量为 1 000 kW，其用油量可以根据以下公式计算

$$L = 0.27Pt/1\,000 \qquad (12\text{-}4)$$

式中 L ——耗油量，m^3；

P ——柴油发电机功率，kW；

t ——柴油发电机组的运行时间，h。

经过计算，该柴油发电机组运行耗油量为 6.5 m^3，大于 1 m^3，因此需要设置室外油罐。

如果 1 m^3 的储油能够满足消防备用电源工作 3 h 的要求，且周边附近有加油站，可以在可接受时间内紧急加油，则可以不设置室外油罐。这须与业主沟通确认，并与周边加油站签订紧急供油协议。

12.2.2 储罐的设置要求

1. 防火间距

根据《建筑设计防火规范》(GB 50016—2014)(2018 年版)的规定，柴油属于丙类液体燃料，其储罐应该布置在建筑外。储罐距建筑物的间距要求如下。

(1) 当储罐总容量不大于 15 m^3，且直埋于厂房外墙外，面向储罐一面 4.0 m 范围内的外墙为防火墙时，防火间距可不限。

(2) 当储罐总容量大于 15 m^3，且为直埋时，防火间距如表 12-5 所列。

表 12-5　柴油储罐防火间距　(单位：m)

容量 V/m^3	一级、二级建筑物		三级建筑物	四级建筑物	室外变、配电站
	高层民用建筑	裙房及其他建筑			
$5 \leqslant V < 250$	20	6	7.5	10	12
$250 \leqslant V < 1\,000$	25	7.5	10	12.5	14
$1\,000 \leqslant V < 5\,000$	30	10	12.5	15	16
$5\,000 \leqslant V < 25\,000$	35	12.5	15	20	20

2. 储罐类型

储罐的分类如表 12-6 所列，民用建筑的柴油发电机储罐一般采用金属卧式储罐，直埋安装。

表 12-6　储罐的分类

分类方法	类型
按材料分	金属储罐、非金属储罐
按形状分	立式储罐、卧式储罐
按结构形式分	拱顶储罐、无力矩储罐、特殊结构储罐
按布置方式分	地下储罐、半地下储罐、地上储罐

3. 储罐的直埋要求

(1) 地下直埋的卧式金属储罐覆土厚度一般不超过 1 m。

(2) 当埋在地下水位线以下时，应做抗浮计算，使得罐体重力、覆土重力和基础的重力之和大于罐体及混凝土块所受浮力。暖通专业进行抗浮计算比较困难，须请结构专业配合计算。

(3) 如果埋入深度在地下水位线以上，储罐须涂沥青防腐层，可以直接埋于夯实并铺有不小于 300 mm 厚砂垫层的罐坑内。

(4) 地下储罐埋置后，其周围及罐顶均应回填 200～300 mm 厚的砂层，然后再覆土。

(5) 储罐的人孔上方应设置不小于 800 mm×800 mm 的人孔保护井。

常用的 DY 型地下卧式钢制储罐规格尺寸如表 12-7 所列，卧式储罐外形如图 12-1 所示。储罐须设置带阻火器和防雨设施的通气管，通气管离地不小于 4 m，并预留加油口。

表 12-7　DY 型地下卧式钢制储罐规格尺寸

型号	公称容积/m^3	设计容积/m^3	满水荷载/N	直径 DN/mm	长度 L/mm
DY-2	2	2.09	25 500	1 200	2 060
DY-5	5	5.03	59 300	1 200	4 660

（续表）

型号	公称容积/m^3	设计容积/m^3	满水荷载/N	直径 DN/mm	长度 L/mm
DY-6	6	6.40	75 000	1 600	3 462
DY-8	8	8.01	93 100	1 600	4 262
DY-10	10	10.02	115 700	1 600	5 262
DY-15	15	15.14	170 400	2 000	5 162
DY-20	20	20.10	224 500	2 000	6 742
DY-25	25	25.12	284 700	2 400	5 966
DY-30	30	30.10	333 000	2 400	7 066
DY-30A	30	30.34	335 400	2 600	6 166
DY-50	50	50.52	551 700	2 600	9 966

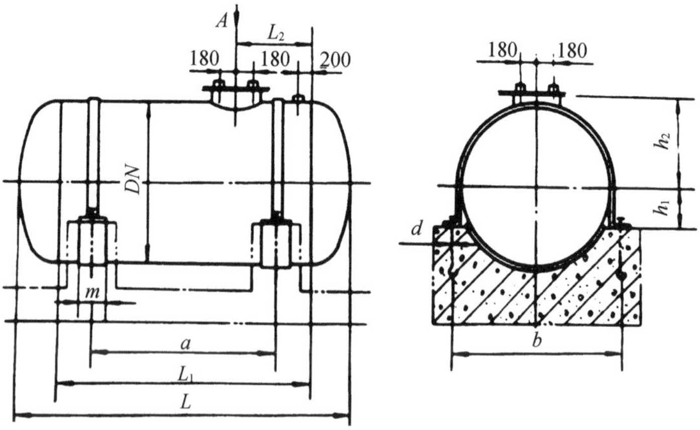

图 12-1　卧式储罐外形

12.2.3 燃油供应系统设计

燃油供应系统是柴油发电机组的重要组成部分，柴油发电机组燃油供应系统的工艺流程如下：油罐车卸油至室外油罐（如有），再由输油泵将油输送至日用油箱间，并由柴油发电机组自带的供油泵将油输送至燃烧器，一部分油供燃烧，另一部分油回流至日用油箱（图 12-2）。

日用油箱间的容量不能超过 1 m^3，油箱不得采用玻璃管液位计，且须设置直通室外的通气管，通气管上应装设阻火器和防雨设施。如果设置室外油罐，宜设置紧急卸油箱，在紧急情况下，日用油箱的油通过卸油阀卸至卸油箱，再由卸油泵排至室外油罐。

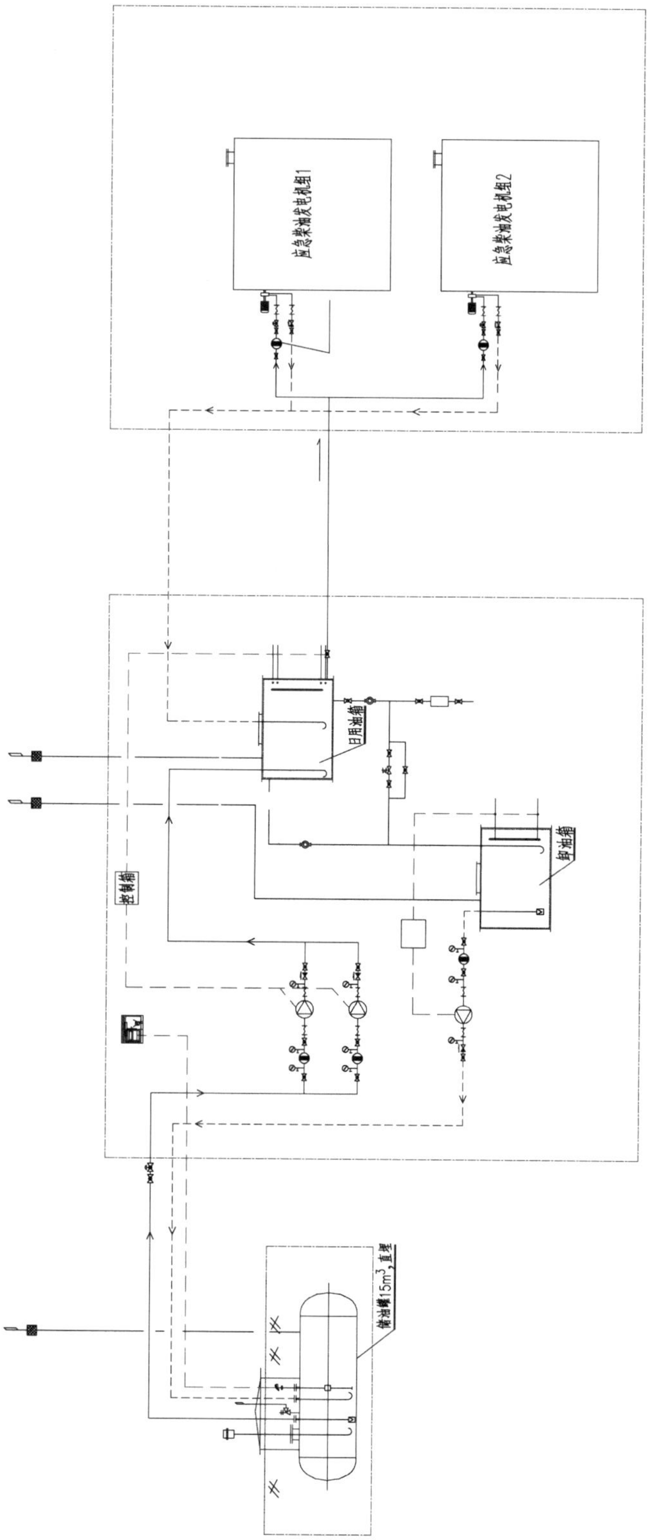

图 12-2 柴油发电机供油原理

12.3 柴油发电机房烟囱系统设计

1. 烟囱材质

柴油发电机房烟囱一般采用成品不锈钢双层烟囱，烟囱内层采用厚度为 1.2 mm 的 316 不锈钢，外层采用厚度为 0.8 mm 的 304 不锈钢。

2. 烟囱设置高度

柴油发电机房烟囱高度没有相关的规范要求，一般都是参照锅炉房的烟囱高度要求，按离地高度不小于 8 m 设计。柴油发电机房的烟囱可以在裙房屋顶或室外找一个位置并结合景观设计。

3. 烟气净化措施

因柴油发电机只在紧急情况下使用，所以规范没有对柴油发电机的烟气中各污染物的排放浓度作出规定。但是柴油发电机须每个月试机一次，有的业主担心试机时冒黑烟，所以要求增加净化措施。目前一般用水淋净化设备。

4. 烟囱尺寸

柴油发电机房的烟囱尺寸可以先按流速不超过 15 m/s 进行选择，然后再复核柴油发电机房的排烟背压是否能克服烟囱的阻力。

13 酒店锅炉房设计

13.1 酒店适用的热水锅炉分析

13.1.1 热水锅炉概述

根据供应热媒介质参数、额定功率大小，热水锅炉分为常规热水锅炉（以下简称“热水锅炉”）、常压热水锅炉和真空热水锅炉。从锅炉容量额定功率而言，热水锅炉最大，真空热水锅炉次之，常压热水锅炉最小。

从星级酒店所需的锅炉容量看，热水锅炉和真空热水锅炉比较适合，下面介绍这两类锅炉的性能特点。由于真空热水锅炉发展起步较晚，国际级酒店管理公司一般不太接受使用真空热水锅炉。但随着技术的发展，真空热水锅炉的性能不断完善，有自身的一些优点，在设计酒店时，经过和酒店管理公司沟通可以适当使用。

13.1.2 热水锅炉

热水锅炉在《特种设备安全监察条例》管理之列，分为卧式和立式两种。

1. 立式热水锅炉

立式热水锅炉为水管结构（贯流式），受热面由上、下两个集箱和其间的换热管组成，换热管有光管和螺旋形盘管两种。立式热水锅炉采用密集水管布置，紧凑、节约空间。螺旋形盘管采用强制循环。立式热水锅炉的特点是容量小，体积小，质量轻，启动快，负荷调节灵敏。

立式热水锅炉不同的工作压力对应不同的额定功率。当工作压力为 0.7 MPa 时，额定功率为 0.18～0.81 MW；当工作压力为 1.0 MPa 时，额定功率为 0.14～2.8 MW（非标可以达到 4.9 MW）。额定进/出水温度都是 95℃/70℃。

燃料有油和气两类，燃烧系统和水系统都配有较完备的监测和控制系统，具有较小水容积、较好的安全性，常用于中小规模的工程。立式热水锅炉作为生活及供暖空调系统热源，安全性较高。由于燃烧室较小，往往排烟温度偏高。《锅炉节能技术监督管理规程》（TSG G0002—2010）规定，额定热功率小于 0.7 MW 的热水锅炉排烟温度不高于 180℃，额定热功率大于或者等于 0.7 MW 的热水锅炉排烟温度不高于 170℃。立式热水锅炉需要外配省煤器，以降低排烟温度。

2. 卧式热水锅炉

卧式内燃热水锅炉容量较大，工作温度有 95℃/70℃，115℃/70℃以及 130℃/70℃多种。工作压力与工作温度有关，出水温度为 95℃时工作压力为 0.7 MPa，115℃时为 1.0 MPa，130℃时为 1.25 MPa。额定容量从 0.7 MW 到 14 MW 不等。卧式热水锅炉是大中型工程主力热水锅炉。

13.1.3 真空热水锅炉

1. 真空热水锅炉概述

水在一个绝对大气压(0.1 MPa)下沸点是 100℃，当压力低于 0.1 MPa 时，水的沸点小于 100℃；当压力为 0.07 MPa 时，水的沸点为 90℃；当压力为 0.03 MPa 时，水的沸点为 70℃；当压力为 0.01 MPa 时，水的沸点为 40℃。真空相变热水锅炉就是利用这种在真空腔室内的低压力下，水低温沸腾产生水蒸气，通过水蒸气凝结相变换热方式将热量传递出去。

通过真空泵从真空相变热水锅炉中的密闭腔室抽气，形成一个具有一定真空度的腔室。炉膛燃烧产生的热量，使热媒水在真空腔室中沸腾汽化，产生低于大气压的负压蒸汽。蒸汽在腔室内换热器管外凝结，将流经管内的工作介质冷水加热升温，并经泵传送至终端用户。水蒸气凝结成水滴再次变成热媒水，重新被加热沸腾汽化，如此完成整个真空相变循环。

2. 安全措施

(1) 温度保护装置：锅炉腔室内热媒水中设温度传感器，当热媒水温度超过设定温度(≤95℃)时，锅炉会自动报警，并使燃烧器停止工作，且自动切断真空锅炉动力电源。

(2) 超压保护装置：设有锅炉本体压力控制器，腔室内部超设定压力(≤0.045 MPa)时，锅炉会自动报警并使燃烧器停止工作，且自动切断真空锅炉动力电源。

(3) 机械防爆装置：锅炉顶部装有机械防爆保护装置，当锅炉腔室内压力超过最高压力设计值时，该装置内爆膜会被顶破以泄压，防止锅炉爆炸。

(4) 水位保护装置：锅炉腔室内水位低于设定水位时会发出信号，锅炉燃烧器停止工作，同时切断锅炉动力电源。

3. 应用要点

1) 热媒水

真空相变热水锅炉多为卧式内燃型(正常排烟温度不超过 170℃)。锅炉腔室内热媒水只需一次充装到正常水位，运行时不排污，也无须补水，因此不用专门配装水处理器、软水箱等辅助设备。热媒水一般可采用蒸馏水，系统简单。

2) 真空状态保持

有的制造厂将真空泵作为锅炉辅机，真空泵自动不定期启动以保持腔室设定的真空度。有的制造厂通过制造工艺保证锅炉本体不泄漏，出厂前一次性抽真空达标，可以使锅炉在全寿命周期保持规定的真空度，而不必附带真空泵及控制系统。

3）真空腔室内换热装置

根据真空热水锅炉供应终端用户介质特点，真空腔室内换热装置规格有空调供暖60℃/50℃、散热器供暖80℃/60℃、循环型生活热水65℃/40℃、系统直供卫生热水60℃/40℃。工作热水系统压力分为1.0 MPa，1.3 MPa和1.6 MPa。

换热装置材质有铜和不锈钢两种可选。根据供热对象需求，真空腔室内可设置一组或多组换热器，分别供应不同系统，即一机多用，但这只适用于小系统。对于大系统，为了方便操作管理，一般都是按供热系统分别选择真空热水锅炉，经一次循环泵对应换热器，供应不同终端用户。

4. 真空热水锅炉监管问题

真空相变热水锅炉因其介质流体饱和的压力低于大气压，因而不会发生爆炸事故。制造企业应按标准制造真空相变热水锅炉，并承担告知用户（含锅炉安装者）安全使用的责任，使用时应保证锅炉系统始终处于真空状态。符合上述要求的真空相变热水锅炉安装后不必由质量技术监督行政部门锅炉压力容器安全监察机构进行确认，也不必办理使用登记注册手续。这是真空热水锅炉的优势之一。

13.1.4 热水锅炉安全性分析

1. 锅炉本体的安全性

（1）从炉体构造和工作原理看，真空热水锅炉腔室处于低于大气压的真空状态，最高热媒温度低于95℃，从根本上消除了锅炉爆炸的可能，是最安全的一种炉型。

（2）热水锅炉属于C类受压容器，并在锅炉内储存大量高温热水，一旦发生炉体破裂爆炸，危险性是最高的。从锅炉爆炸能量分析可知，当锅炉爆炸时，由于锅筒突然破裂，锅内压力由工作压力（爆炸发生时压力）瞬间降至大气压，其做功可视为绝热膨胀过程释放能量。

对于蒸汽锅炉而言，锅内除了蒸汽外，还有大量饱和水，其温度为运行压力下的饱和水温度，远高于大气压力下水的沸点，饱和水放热汽化，膨胀做功，发生“水蒸气”爆炸。一般蒸汽锅炉释放能量可用饱和水和蒸汽二者能量之和进行计算，而热水锅炉的释放能量就是饱和水对应的能量。

（3）锅炉爆炸能量简化公式如下：

$$U_W = V_W C_W \tag{13-1}$$

式中 U_W——饱和水爆炸能量，J；

V_W——锅炉内饱和水体积，m^3；

C_W——饱和水爆炸能量系数，J/m^3，见表13-1。

$$U_S = V_S C_S \tag{13-2}$$

式中 U_S ——饱和水蒸气爆炸能量,J;

V_S ——锅炉内饱和水蒸气体积,m^3;

C_S ——饱和水蒸气爆炸能量系数,J/m^3,见表 13-1。

$$U = U_W + U_S \tag{13-3}$$

式中 U ——锅炉爆炸能量,J。

表 13-1 常用压力下的饱和水及饱和水蒸气爆炸能量系数

绝对压力/MPa		0.4	0.6	0.9	1.1	1.4	2.6	3.1
爆炸能量系数 $/(J \cdot m^{-3})$	C_W	5.0×10^6	16.7×10^6	26.5×10^6	33×10^6	41×10^6	65.7×10^6	75.5×10^6
	C_S	5.0×10^5	9.5×10^5	16.7×10^5	23×10^5	31.4×10^5	69.6×10^5	89.2×10^5

资料来源:《安全评价》,国家安全生产监督管理局。

注:1 kg TNT 爆炸所释放出的平均爆炸能量为 4 500 kJ。

2. 锅炉燃料及其安全性

热水锅炉一般都可以将燃气作为燃料,因此应采取燃气系统所必需的安全技术措施。相关措施应按《城镇燃气设计规范》(GB 50028—2006)(2020 年版)和地方相关要求进行设计。

3. 锅炉房泄爆问题

锅炉房发生爆炸的原因主要有两种:一是锅炉承压容器发生破裂引起机械性爆炸;二是燃料尤其是气体燃料引起化学性爆炸。

从炉型上来说,合格的真空相变热水锅炉不存在发生机械爆炸的可能。但热水锅炉就有这样的可能性,而且从能量分析可知,同规格热水锅炉事故危害性甚至超过蒸汽锅炉。但不论何种热水锅炉,都存在气体燃料这个因素。因此从这点而言,所有热水锅炉房都有可能发生爆炸,其泄爆措施要求都是相同的,只是爆炸能量有所不同,破坏力也就不同。《锅炉房设计标准》(GB 50041—2020)规定了锅炉房的外墙、楼地面或屋面应有相应的防炸措施,并规定了相当于锅炉间占地 10%的泄压面积。因此,所有热水锅炉房都应按规范要求设置泄压面积。

13.2 热水锅炉容量确定

除夏热冬暖地区和温和地区外,星级酒店热水锅炉容量须考虑空调热负荷和生活热水负荷,部分寒冷地区和严寒地区还须考虑供暖热负荷。热水锅炉的容量根据下述公式计算

$$Q_B = K(k_1 Q_1 + k_2 Q_2 + k_3 Q_3) \tag{13-4}$$

式中 Q_B ——热水锅炉容量,kW;

K ——管道热损失,一般取 1.1~1.2;

Q_1,k_1 ——供暖热负荷及同时使用系数,k_1 一般取 1.0;

Q_2，k_2——空调热负荷及同时使用系数，k_2 一般取 1.0；

Q_3，k_3——生活热负荷及同时使用系数，k_3 一般取 0.5～0.8。

13.3 锅炉房燃料系统设计

13.3.1 锅炉燃料量估算

按照轻柴油低位发热量取 42 700 kJ/kg，天然气低位发热量取 35 169 kJ/Nm^3，锅炉的热效率取节能规范规定的最低限值 90%，经计算 1 蒸吨(或 700 kW 热量)锅炉，所需燃油量约为 66 kg/h，天然气用量约为 80 Nm^3/h。

13.3.2 锅炉燃油燃气系统设计

部分酒店管理公司要求锅炉设计为燃气燃油两用型，平时用燃气，当燃气故障时，可以切换使用燃油。

1. 燃油系统设计要点

(1) 锅炉房储油罐的总容量可以按 3～5 d 的最大耗油量计算。

(2) 锅炉房供油系统宜采用双母管，每根母管的流量按锅炉房最大计算耗油量和回油量之和的 75%计算，回油母管采用单母管。

(3) 油过滤器的选择：①日用油箱与燃烧器之间应设过滤器，过滤网网目不小于 20 目/cm，滤网流通截面积不宜小于进口管截面积的 2 倍；②储油罐到日用油箱的输油泵的进口母管上应设 2 台过滤器，过滤网网目不小于 8～12 目/cm，滤网流通截面积不宜小于进口管截面积的 8～12 倍。

(4) 日用油箱的容量不超过 1 m^3，油箱的布置高度宜使供油泵有足够的灌注头。油箱的通气口应高出屋面 1 m 以上，与门窗之间的距离不小于 3.5 m。

(5) 紧急排油系统：日用油箱上的溢油管和紧急排放管应接至室外事故油罐或储油罐的底部。自动紧急排油阀应有就地启动、集中控制遥控启动或消防控制中心启动等功能。

(6) 油管路宜采用无缝钢管。

2. 燃气系统设计要点

(1) 燃气锅炉的供气压力一般为中压，压力为 8～20 kPa。

(2) 锅炉房的燃气宜从在城市中压供气管道上铺设的专用管道供给，且应设专用调压设施和供气系统，以保证锅炉房安全有效运行。

(3) 在引入锅炉房的室外燃气管上，应设与锅炉房燃气浓度报警装置联动的总切断阀。

(4) 锅炉房的燃气计量宜单炉配置，集中布置在一个单独房间；模块锅炉宜设置总表。

(5) 燃气管道应采用输送流体的无缝钢管，严禁用铸铁件，在防火分区内使用的阀门应具有耐火性。

(6) 燃气管道应按规定设置放散管、取样口和吹扫口。

(7) 燃气系统的设备、管道及烟囱应设防静电、防雷击的接地装置。

13.4 锅炉房烟风系统设计

13.4.1 锅炉房通风系统

锅炉房通风系统包含平时排风、事故排风和补风系统,送风量在数值上等于平时排风量+1 000×锅炉容量(表 13-2)。

表 13-2 锅炉房通风量

锅炉房位置	燃料类型	锅炉房总容量/($t\cdot h^{-1}$)	排风量/(次・h^{-1})	
			平时排风	事故排风
地上	燃油	n	3	6
	燃气	n	6	12
半地下	燃油、燃气	n	6	12
地下		n	12	12

13.4.2 锅炉房烟囱系统

烟囱利用烟气与大气温度不同引起的热压差排出烟气。烟囱内部压力曲线如图 13-1 所示。

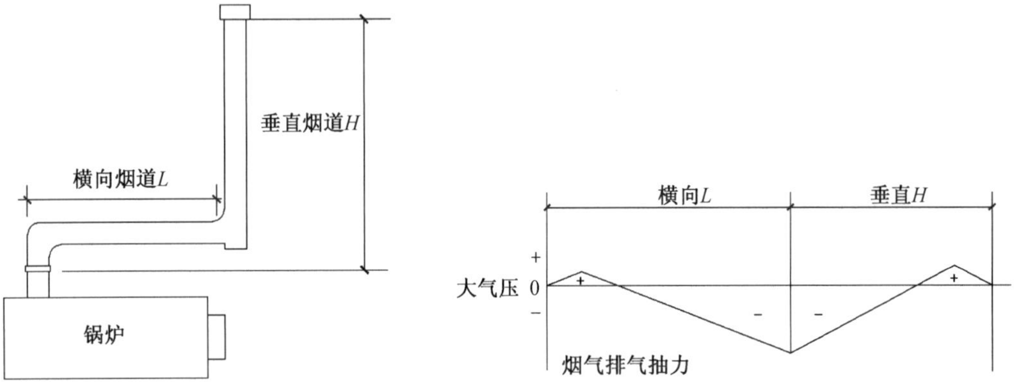

图 13-1 锅炉烟囱压力曲线

1. 烟囱设计

(1) 锅炉房烟囱高度应符合现行国家标准《锅炉大气污染物排放标准》(GB 13271—

2014)和所在地的相关规定。

(2) 烟囱设计应满足大气环境条件形成的抽力,使额定负荷所产生的烟气量在烟囱出口处尚有能克服烟气出口阻力所需的能量。

(3) 水平烟道应有一个 0.01 的向上坡度。垂直烟道最低处宜设一个 $\phi 25\times 75$U 形排水管。

(4) 烟囱、烟道应采用具有良好耐腐蚀性的材质,一般采用 304 不锈钢。

(5) 烟囱、烟道系统应平直、气密性好、附件少、阻力小。

(6) 烟囱、烟道要充分利用自然补偿能力,必要时应设热膨胀补偿器(波纹管);对于设在专用烟道井的,应在补偿器部位设置丙级检查门。

(7) 烟囱应有保温绝热措施。

(8) 燃油燃气锅炉的烟囱宜单炉配置。当多台锅炉共用一个烟囱时(图 13-2),要使每台锅炉通风抽力均衡。

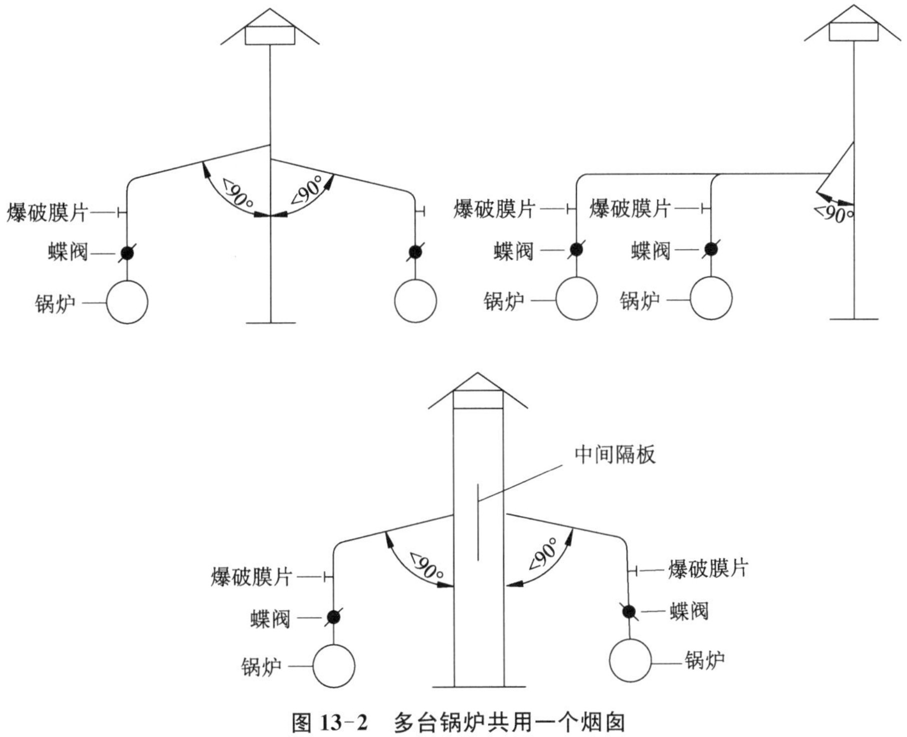

图 13-2　多台锅炉共用一个烟囱

(9) 燃油、燃气锅炉烟囱宜单台配置,当锅炉烟囱直接出口直通大气时,可以不设爆破膜片。当多台锅炉共用总烟道时,每台锅炉出支烟道蝶阀后、进总烟道前 5 m 范围内应设爆破膜片。

(10) 爆破膜片应采用合格成品,其中 GD200～300 爆破压力为(0.05±0.01)MPa, GD350～500 爆破压力为(0.02±0.01)MPa。

2. 高层建筑锅炉房烟囱布置

上海市建设规范《城市煤气、天然气管道工程技术规程》(DGJ 08—10—2004)第 8.0.8 条规定了烟囱伸出室外的高度(图 13-3)。该规定对单体建筑伸出屋顶部分风压带因素规定较具体;当烟囱位置临近高层建筑时,只规定其应高于沿高层建筑物 45°的阴影线(即风压线),而未考虑临近高层建筑的形状因素。

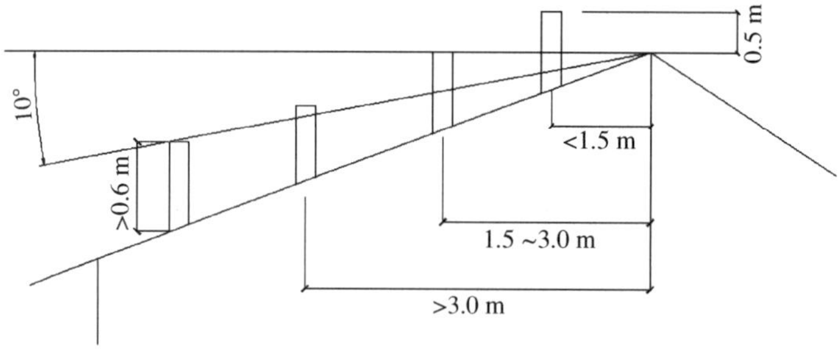

图 13-3 烟囱出屋面高度

(1) 高层建筑锅炉房大多设在主体、裙房建筑物内部或与之相连的位置,也有少数独立布置。为防止烟囱出口处于风压带内而排烟不畅或发生燃烧困难的现象,一般可将烟囱靠(内、外)墙布置,出口位置尽可能布置在受建筑物风压带影响最小的拐角处。当做不到时,烟囱出口高度必须超过风压带。风压带范围如图 13-4 所示,其中 $h > 0.6$ m。

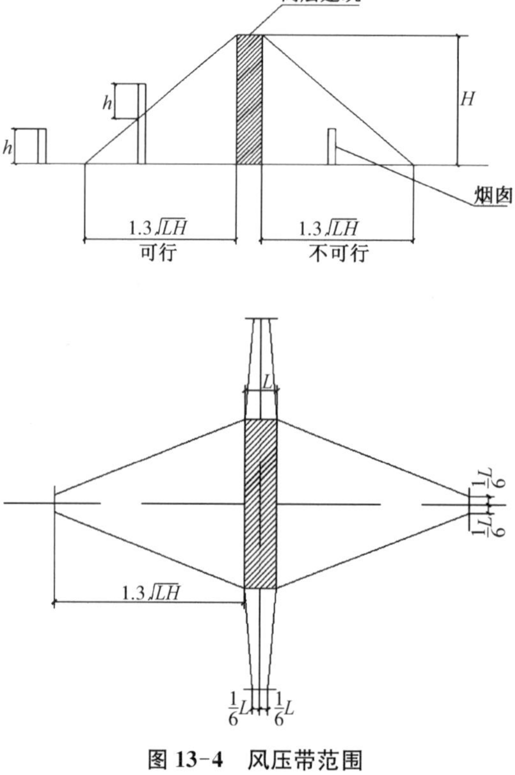

图 13-4 风压带范围

(2) 高层建筑锅炉烟囱排烟系统阻力平衡措施。

① 烟囱抽力大于烟道系统阻力往往发生于烟囱出主楼顶部高空排放烟气的情况下。在正常条件下，微正压锅炉烟气出口处的压力为±0.00 Pa，当烟囱抽力超过烟道系统总阻力时，锅炉出口处的烟气压力处于负压状态，会造成燃烧生成物——高温烟气过快离开炉膛，无法充分进行热交换而增加烟气额外热损失，降低锅炉热效率。可以采用以下两种措施解决这一问题：适当缩小烟道直径，提高烟气流速，增大阻力，以求平衡；在烟囱或烟道上加设抽风控制器，使冷空气进入排烟系统，达到降低烟温又增加烟气流量的双重效能，从而达到平衡。

② 锅炉烟囱的设计要保证垂直高度大于水平长度，高度一般为长度的 1.5～2 倍。

③ 当锅炉房远离垂直烟囱出口、水平烟道过长或烟囱高度不够高、烟囱的抽力不足以克服水平烟道系统总阻力时，烟囱排烟能力下降，不能排除额定功率条件下的烟气量，从而降低出力，严重时锅炉不能正常燃烧甚至被迫停炉。可以采用以下措施解决这个问题：适当降低烟道系统流速，减小排烟系统阻力，以求平衡；加大燃烧器风压，提高炉膛微正压量，使得锅炉烟气出口处压力大于零，以求抽力与阻力平衡；烟囱系统增设压缩空气引射装置或引风机，这将增加系统复杂性。

④ 锅炉烟囱直径按照流速法选择计算，并根据烟囱抽力大于阻力的原则进行校核。烟囱出口烟气流速为 10～15 m/s，最小负荷时不低于 2.5～3 m/s。

3. 烟囱防雨、排水和消声措施

(1) 烟囱端部排烟口宜设防雨装置。当未装置防雨罩时，在烟囱顶部往下大于 $5D$ 处应设雨水排水装置(图 13-5)，以防止雨水大量进入烟囱而影响正常工作。

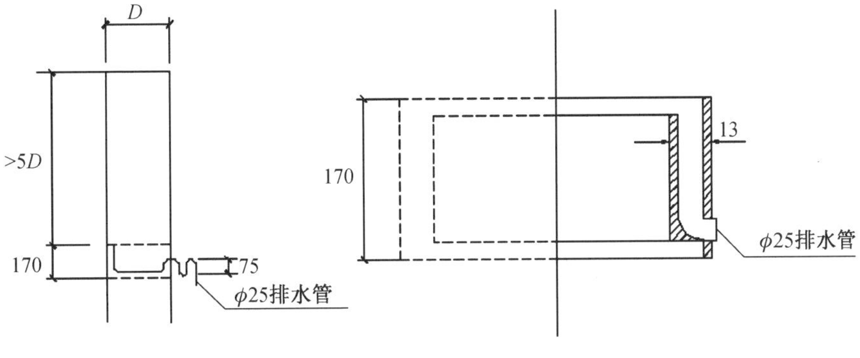

图 13-5 烟囱排水设置示意

(2) 炉膛燃烧系统产生的低频噪声会通过烟道、烟囱传递至出口处，尤其是炉膛直接连接烟囱的贯流式锅炉，当其噪声有可能影响附近居民时，烟囱排出口宜装消声器。

13.5 锅炉房消防措施

(1) 严禁将锅炉房设置在人员密集场所,其上、下、左、右不能贴邻人员密集场所及主要通道和疏散口。

(2) 燃油燃气锅炉房应设置在首层或地下一层靠外墙部位。常压和真空燃油燃气锅炉可以设置在地下二层或屋顶上。

(3) 锅炉房的疏散门应该直通室外或安全口。

(4) 燃气锅炉房应设置泄爆口,泄爆口应远离疏散口,距离不小于 6 m。

(5) 锅炉房应设置抗爆墙,值班室的观察窗应采用抗爆固定窗。

下　篇

工程实录

14 国内工程案例

14.1 夏热冬冷地区酒店

14.1.1 上海浦西洲际酒店

建设地点：上海市
业　　主：上海耀达房地产开发有限公司
设计单位：华建集团华东都市建筑设计研究总院
管理单位：洲际酒店集团
建筑规模：总建筑面积为 62 156 m^2
设计时间：2007 年 5 月
竣工时间：2009 年 12 月

图 14-1　上海浦西洲际酒店

1. 建筑概况

上海浦西洲际酒店(图 14-1)共有 409 套客房，地上 27 层，地下 3 层，建筑高度 99.9 m。地下 1—3 层为汽车库、设备机房、酒店管理及商业用房，1—4 层主要为大堂、餐饮区、厨房、游泳健身区、美容及商务中心，5 层为管道层，6—25 层为酒店客房，26—27 层为商务、总统套房。

2. 空调冷热源与水系统

空调冷负荷为 6 800 kW，空调热负荷为 4 350 kW。冷热源采用电制冷水冷机组＋燃气(油)热水锅炉。酒店设置 3 台离心式机组(单机制冷量为 2 286 kW)，3 台热水锅炉(单机制热量为 2 800 kW)；另设 3 台 1 550 kg/h 的蒸汽锅炉，提供厨房、洗衣房和空调加湿用汽。锅炉房水系统原理如图 14-2 所示。

酒店空调水系统为四管制(地下层为切换两管制)、一级泵变流量系统。冷水供/回水温度为 6℃/12℃，热水供/回水温度为 60℃/50℃。

3. 空调风系统

大堂、宴会厅、餐厅、大会议室等采用定风量全空气低速空调系统，在过渡季节充分利用室外新风进行供冷。酒店大堂部分另设有沿玻璃幕墙的地板送风系统。为了提高室内空气品质，在大空间的空调箱和客房部分的风机盘管中均设有杀菌过滤空气净化器。

酒店客房采用风机盘管加新风系统，水及新风系统均为垂直供给系统。在酒店每间客房的新风支管上均设有定风量阀，以保证新风量的供给。

4. 系统运行状况

实际调研显示，在入住率为 80％的情况下，制冷机在夏季最多开 2 台，长时间运行时开 1.5 台。

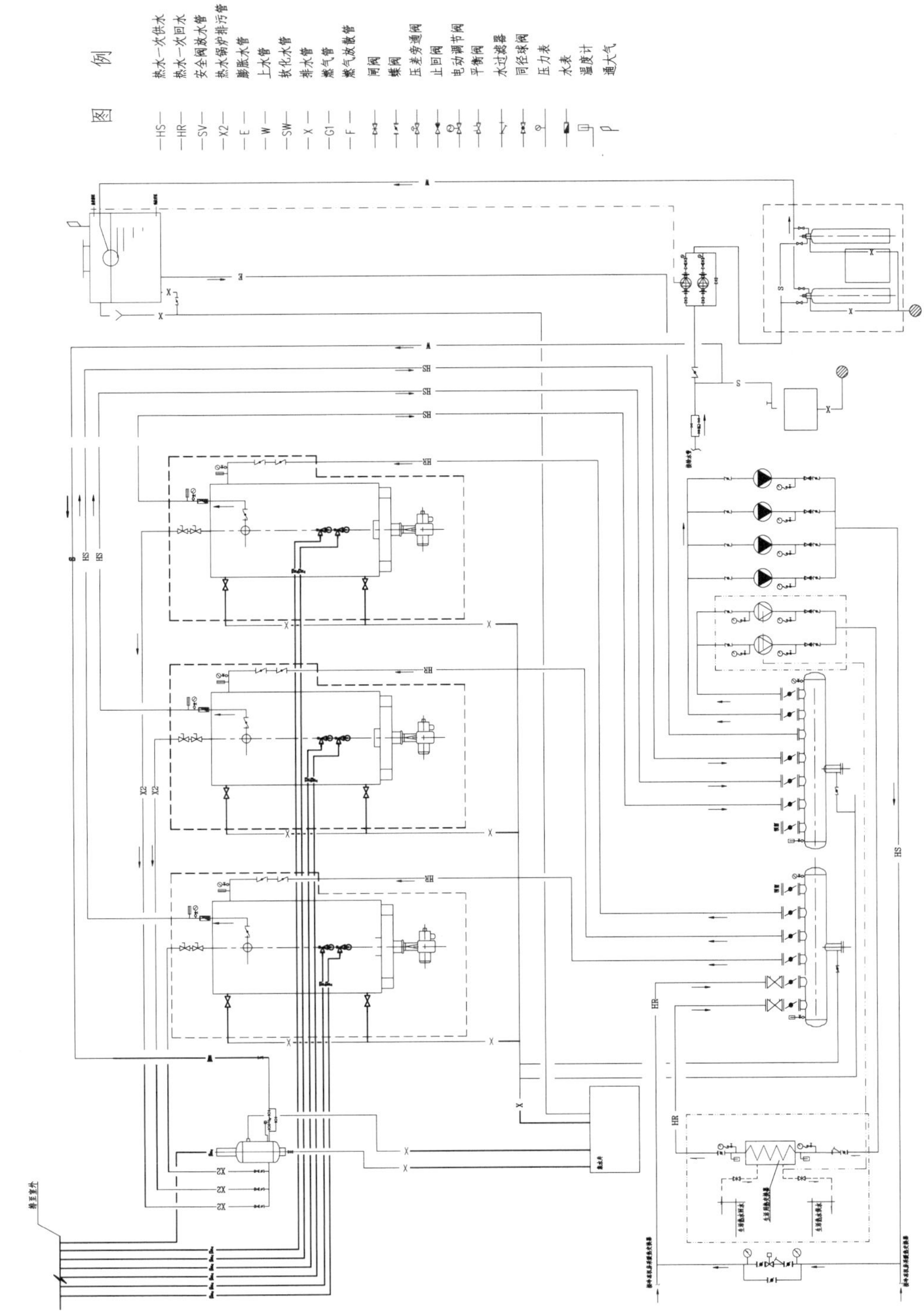

图 14-2 锅炉房水系统原理

14.1.2 上海绿地万豪酒店

建设地点： 上海市

业　　主： 上海绿地浦晖置业有限公司

设计单位： 华建集团华东都市建筑设计研究总院

管理单位： 万豪国际酒店集团公司

建筑规模： 总建筑面积为 58 907 m^2

设计时间： 2009 年 12 月

竣工时间： 2011 年 12 月

图 14-3 上海绿地万豪酒店

1. 建筑概况

上海绿地万豪酒店(图 14-3)地上 25 层，地下 2 层，建筑高度为 98.2 m。地下层为车库、设备用房及后勤用房等，1—4 层裙房为大堂、餐饮及康乐区等，主楼 5—25 层为标准客房。

2. 冷热源与水系统

空调冷负荷为 6 638 kW，空调热负荷为 4 347 kW。冷热源采用电制冷水冷机组＋燃气(油)蒸汽锅炉。冷源设置 2 台离心式机组(单机制冷量为 2 640 kW)，1 台螺杆式制冷机组(单机制冷量为 1 406 kW)，螺杆式机组为热水回收型，预热生活热水。热源设置 3 台 4 000 kg/h 的蒸汽锅炉，提供厨房、洗衣房和空调加湿用汽。蒸汽锅炉房热力系统原理如图 14-4 所示。

酒店空调水系统为四管制(地下层为切换两管制)、一级泵变流量系统。冷水供/回水温度为 6℃/12℃，热水供/回水温度为 58℃/45℃。

3. 空调风系统

大堂、宴会厅、餐厅等采用定风量全空气低速空调系统，在过渡季节充分利用室外新风进行供冷。宴会厅采用变风量空调系统，并根据使用情况划分空调系统。

为了提高室内空气品质，在大空间的空调箱和客房部分的风机盘管中均设有杀菌过滤空气净化器。

室内游泳池采用除湿热泵机组并设有全热回收装置，在游泳池周边和更衣淋浴间设置地暖系统，地暖热水的供/回水温度为 50℃/42℃。

酒店客房采用风机盘管加新风系统，客房部分的新风空调箱设置于主楼的设备层，空调箱内设有初、中效过滤和干蒸汽加湿等功能段。新风由垂直竖井送至每间客房。

4. 系统运行状况

考虑到产生的油烟异味依然有可能影响周边商区用户，故针对排油烟系统，在安装油烟净化器的基础上再加装除味系统，以使周边环境达到舒适要求。

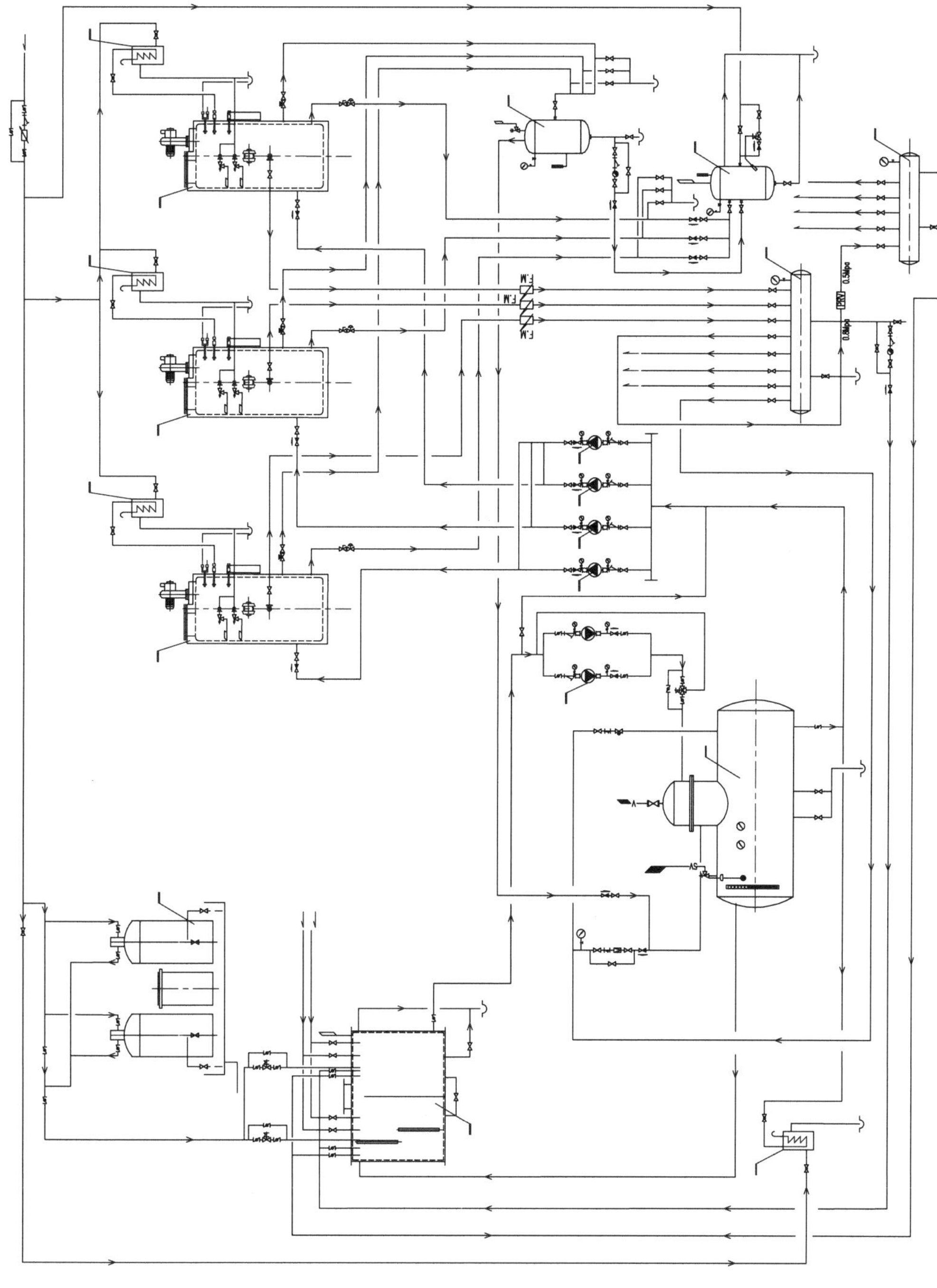

图 14-4 蒸汽锅炉房热力系统原理

14.1.3 上海五角场凯悦酒店

建设地点： 上海市

业　　主： 中先国际控股有限公司

设计单位： 华建集团华东都市建筑设计研究总院

管理单位： 凯悦酒店管理(上海)有限责任公司

建筑规模： 总建筑面积为 61 291 m^2

设计时间： 2008 年 12 月

竣工时间： 2015 年 12 月

图 14-5　上海五角场凯悦酒店

1. 建筑概况

上海五角场凯悦酒店(图 14-5)地上 23 层，地下 4 层，建筑高度为 98.2 m。地下层为车库、设备用房及后勤用房等，1—2 层、5—8 层裙房为大堂、餐饮及康乐区等，主楼 9—23 层为标准客房。

2. 空调冷热源与水系统

空调冷负荷为 5 262 kW，空调热负荷为 3 437 kW。冷热源采用电制冷水冷机组＋燃气(油)热水锅炉。冷源设置 3 台离心式机组(单机制冷量为 1 750 kW)，预留 1 台螺杆式制冷机组(单机制冷量为 1 050 kW)的位置和电量。热源设置 3 台 2 800 kW 的燃气(油)热水锅炉，2 台1 550 kg/h 的蒸汽锅炉，提供洗衣房用汽。制冷机房水系统原理如图 14-6 所示。

酒店空调水系统为四管制、一级泵变流量系统。冷水供/回水温度为 7℃/12℃，热水供/回水温度为 60℃/45℃。

3. 空调风系统

大堂、宴会厅、餐厅等采用定风量全空气低速空调系统，在过渡季节充分利用室外新风进行供冷。宴会厅采用变风量空调系统，并根据使用情况划分空调系统。

为了提高室内空气品质，在大空间的空调箱和客房部分的风机盘管中均设有杀菌过滤空气净化器。

室内游泳池采用除湿热泵机组并设有全热回收装置，在游泳池周边和更衣淋浴间设置地暖系统，地暖热水的供/回水温度为 50℃/42℃。

酒店客房采用风机盘管加新风系统，客房部分的新风空调箱设置于主楼的设备层，空调箱内设有初、中效过滤和干蒸汽加湿等功能段。新风由垂直竖井送至每间客房。客房新风的水平管采用环路设置。

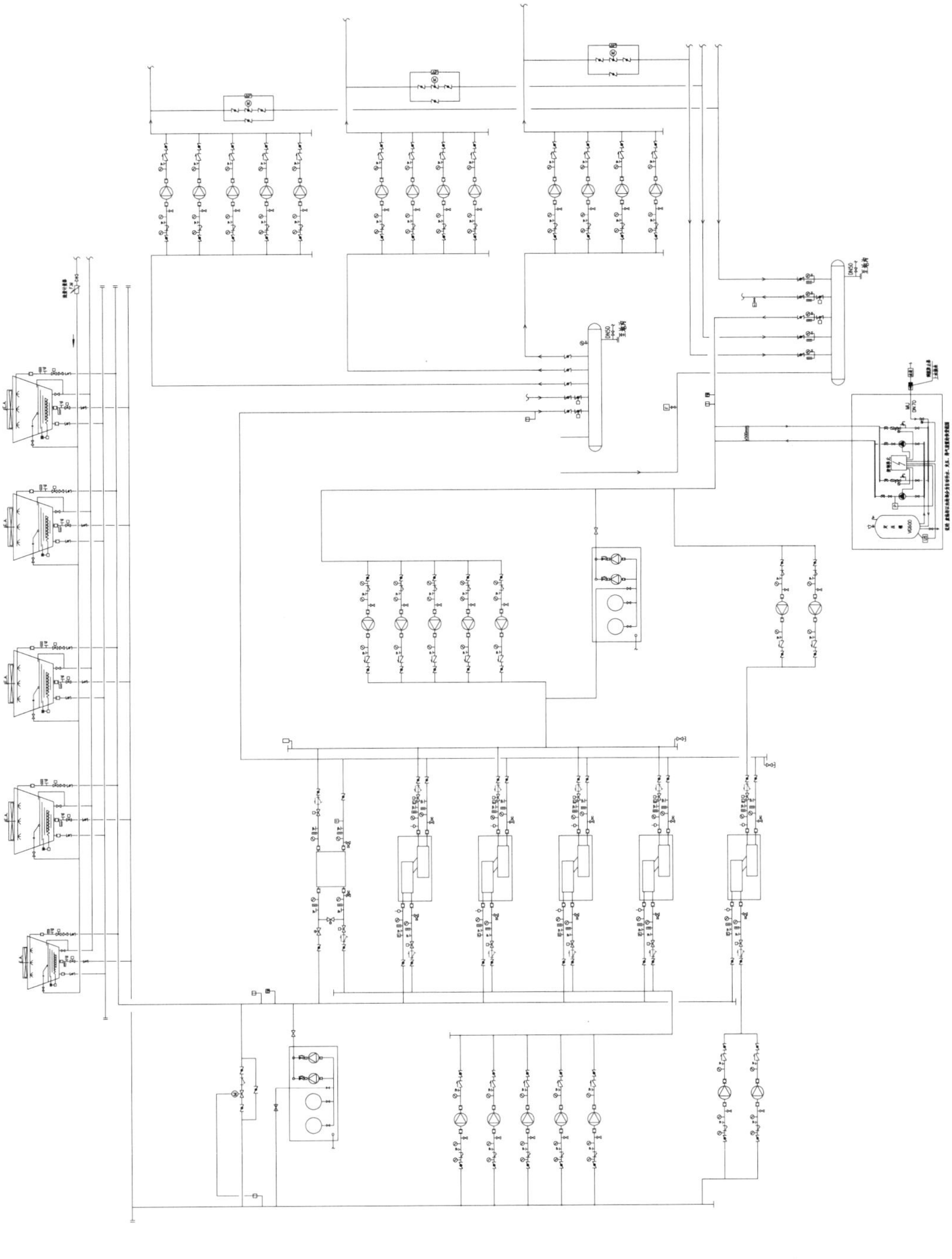

图 14-6 制冷机房水系统原理

14.1.4 镇江兆和皇冠假日酒店

建设地点：江苏省镇江市

业　　主：镇江强凌酒店有限公司

设计单位：华建集团华东都市建筑设计研究总院

管理单位：洲际酒店集团

建筑规模：总建筑面积为 47 012 m^2

设计时间：2008 年 9 月

竣工时间：2011 年 12 月

1. 建筑概况

镇江兆和皇冠假日酒店(图 14-7)地上 23 层,地下 1 层,建筑高度为 99.75 m。地下层为车库、设备用房及后勤用房等,1—4 层裙房为大堂、餐饮及康乐区等,主楼 5—23 层为标准客房。

图 14-7　镇江兆和皇冠假日酒店

2. 空调冷热源与水系统

空调冷负荷为 4 980 kW,空调热负荷为 3 470 kW。冷热源采用电制冷水冷机组＋燃气(油)蒸汽锅炉。冷源设置 3 台离心式机组(单机制冷量为 1 758 kW)。热源设置 3 台 4 000 kg/h 的蒸汽锅炉,提供洗衣房和空调加湿用汽,经换热后提供空调和生活用热。制冷机房水系统原理如图 14-8 所示。

酒店空调水系统为四管制(地下层为切换两管制)、一级泵变流量系统。冷水供/回水温度为 6℃/12℃,热水供/回水温度为 55℃/45℃。

3. 空调风系统

大堂、宴会厅、餐厅等采用定风量全空气低速空调系统,在过渡季节充分利用室外新风进行供冷。

室内游泳池采用直流空调系统,在游泳池周边和更衣淋浴间设置地暖系统,地暖热水的供/回水温度为 50℃/42℃。

酒店客房采用风机盘管加新风系统,客房部分的新风空调箱设置于主楼的设备层和屋顶,空调箱内设有初、中效过滤和干蒸汽加湿等功能段。新风由垂直竖井送至每层后,通过水平干管(在走道内敷设)、分支管送至每间客房。

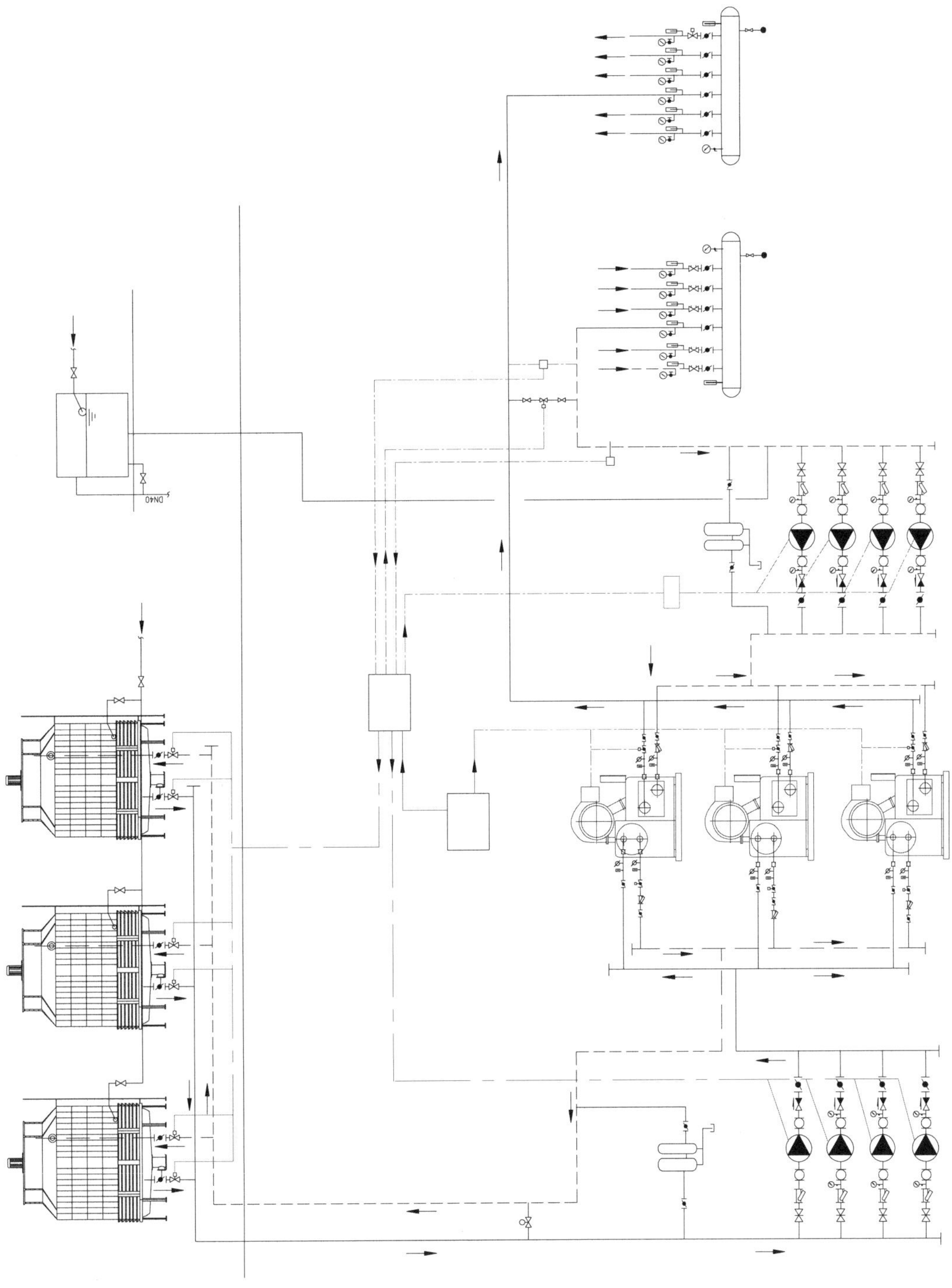

图 14-8 制冷机房水系统原理

14.1.5 上海卓美亚喜玛拉雅酒店

建设地点：上海市

业　　主：上海证大喜玛拉雅有限公司

设计单位：华建集团华东都市建筑设计研究总院

管理单位：卓美亚集团公司

建筑规模：总建筑面积为 50 142 m^2

设计时间：2007 年 9 月

竣工时间：2011 年 12 月

图 14-9　上海卓美亚喜玛拉雅酒店

1. 建筑概况

上海卓美亚喜玛拉雅酒店(图 14-9)隶属的喜玛拉雅中心是上海市一座新兴的文化艺术中心,囊括了 1 100 个座位的大观舞台、喜玛拉雅美术馆、大型购物商场以及 5 000 m^2 的屋顶花园。酒店拥有 5 个餐厅及酒廊和 2 个共可容纳 1 330 人的豪华宴会厅。酒店地上 17 层,地下 3 层,建筑高度为 99.9 m。

2. 空调冷热源与水系统

酒店空调冷负荷为 5 833 kW,空调热负荷为 4 081 kW。喜玛拉雅中心设置 2 个冷热源,酒店独立设置 1 个,商场、办公和多功能中心合用 1 个。冷热源采用电制冷水冷机组+燃气(油)蒸汽锅炉。冷源设置 3 台离心式机组(单机制冷量为 1 758 kW)。热源设置 3 台 4 000 kg/h 的蒸汽锅炉,提供洗衣房和空调加湿用汽,经换热后提供空调和生活用热。热水锅炉系统原理如图 14-10 所示。

酒店空调水系统为四管制系统,小餐厅、会议室、办公室、健身中心及卫生间采用切换两管制系统。冷水供/回水温度为 6℃/11℃,热水供/回水温度为 60℃/50℃。

3. 空调风系统

大堂、宴会厅、餐厅等采用定风量全空气低速空调系统,在过渡季节充分利用室外新风进行供冷。室内游泳池采用全空气空调系统,设置上部排风和沿玻璃幕墙的下送风系统。酒店客房采用风机盘管加新风系统,空调箱内设有初、中效过滤和干蒸汽加湿等功能段。

4. 系统运行状况

业主反馈,大餐厅空调制冷效果不好,经过实际调研分析出原因主要有两点:①外围护幕墙设计为双层玻璃,实际施工为单层玻璃,而该餐厅受西晒影响较大;②二次精装修阶段,为了提高吊顶净高,风管长宽比达到了 10∶1,而且风管绕了很多,增加了阻力,导致实际送风量不足。业主后期自行增加多联机空调。

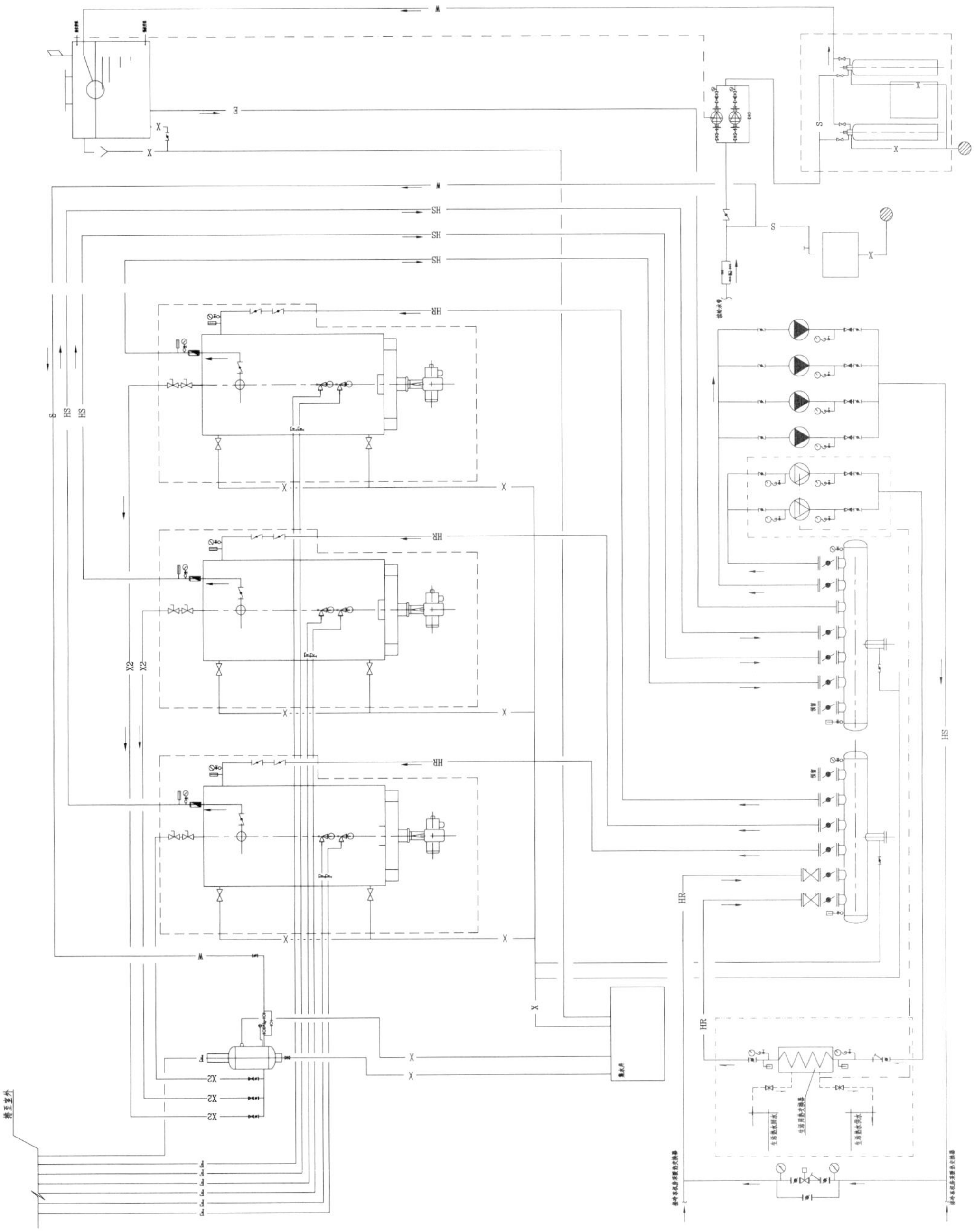

图 14-10 热水锅炉系统原理

14.1.6 湖州喜来登温泉度假酒店

建设地点：浙江省湖州市

业　　主：湖州喜来登温泉度假酒店有限公司

设计单位：华建集团华东都市建筑设计研究总院

管理单位：喜来登酒店管理集团有限公司

建筑规模：总建筑面积为 75 000 m^2

设计时间：2009 年 7 月

竣工时间：2012 年 9 月

1. 建筑概况

湖州喜来登温泉度假酒店(图 14-11)是一座位于太湖旅游度假区的水上白金七星级度假酒店，拥有 300 间客房，是中国第一家集生态观光、休闲度假、高端会议、美食文化、经典购物、动感娱乐体验于一体的酒店。

图 14-11　湖州喜来登温泉度假酒店

2. 空调冷热源与水系统

空调冷负荷为 6 638 kW，空调热负荷为 4 347 kW。冷热源采用电制冷水冷机组＋燃气(油)蒸汽锅炉。冷源设置 3 台离心式机组(单机制冷量为 1 500 kW)。热源设置 3 台 3 000 kg/h 的蒸汽锅炉，提供空调供暖，以及厨房、洗衣房和空调加湿用汽。

酒店空调水系统为四管制(地下层为切换两管制)、一级泵变流量系统。冷水供/回水温度为 6℃/11℃，热水供/回水温度为 60℃/50℃。

3. 空调风系统

大堂、宴会厅、餐厅等采用定风量全空气低速空调系统，在过渡季节充分利用室外新风进行供冷。室内游泳池采用全空气系统，在游泳池周边和更衣淋浴间设置地暖系统。酒店客房采用风机盘管加新风系统，在主风管上设干蒸汽加湿功能段。

4. 排烟系统

酒店排烟系统原理如图 14-12 所示。

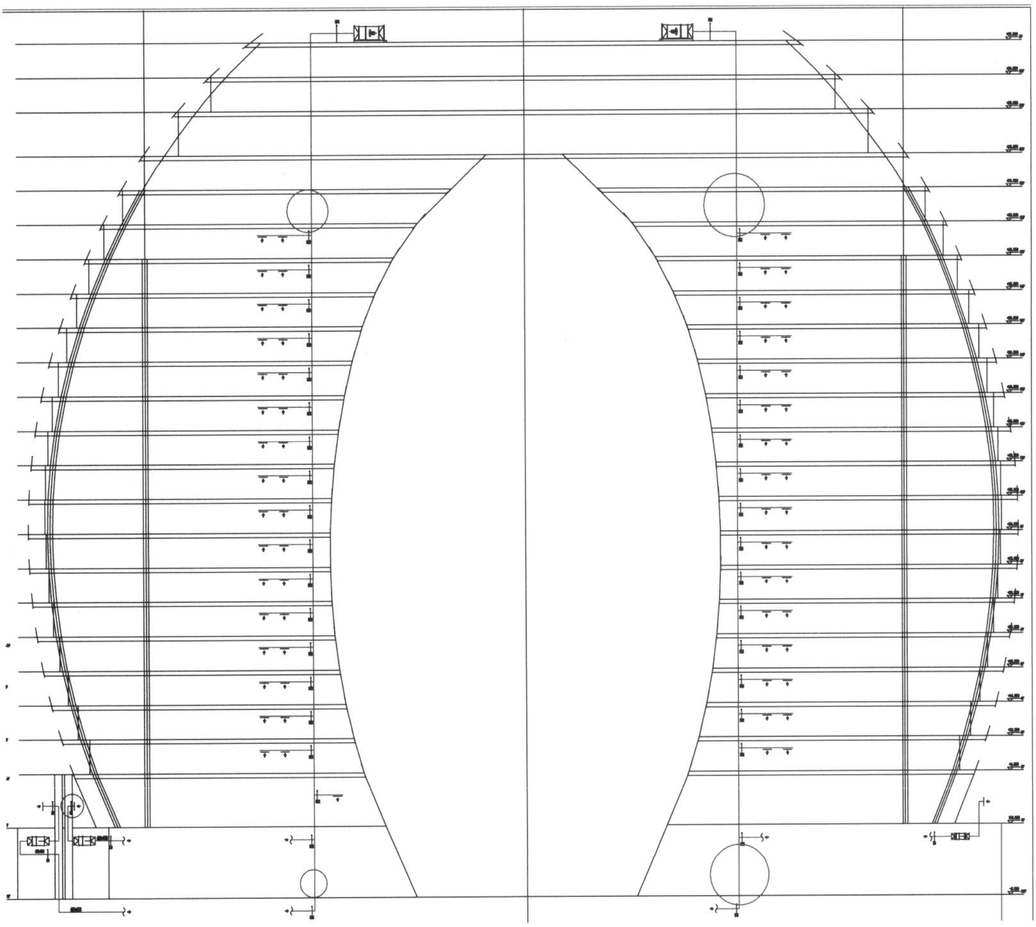

图 14-12 排烟系统原理

14.1.7 上海嘉定凯悦酒店[①]

建设地点：上海市

业　　主：保利房地产(集团)股份有限公司

设计单位：同济大学建筑设计研究院(集团)有限公司

管理单位：凯悦酒店管理(上海)有限责任公司

建筑规模：项目总建筑面积为 163 997 m^2，其中酒店建筑面积为 49 615 m^2

设计时间：2013 年 5 月

竣工时间：2018 年 8 月

1. 建筑概况

上海嘉定凯悦酒店(图 14-13)由超高层塔楼和商业裙房组成。商业裙房为 5 层，包括商业、餐饮、影院、酒店宴会厅、室内恒温游泳池等。塔楼高 195.5 m，地上 40 层，包含五星级酒店、甲级办公区和文化教育区，7—20 层为办公区，22—36 层为酒店客房，38—40 层为酒店大堂及餐厅。地下 2 层，主要为车库、物业及酒店后勤用房。

图 14-13　上海嘉定凯悦酒店

2. 空调冷热源与水系统

空调冷负荷为 15 475 kW，空调热负荷为 11 547 kW，生活热水负荷为 1 670 kW。所有业态集中设置一个能源中心，分多个独立计量环路。冷热源采用电制冷水冷机组＋燃气(油)热水锅炉。冷源设置 3 台离心式冷水机组(单机制冷量为 4 571 kW)和 1 台螺杆式带热回收的冷水机组(制冷量为 1 758 kW，热回收量为 220 kW)。热源设置燃气(油)热水锅炉 3 台，2 台制热量为 5 600 kW，1 台制热量为 2 100 kW。2 台燃气(油)蒸汽锅炉(蒸发量 2 t/h，0.8 MPa)提供酒店洗衣房、空调加湿用汽和 37 层以上的生活热水。

酒店空调水系统为四管制、一级泵变流量系统。低区冷水供/回水温度为 5℃/12℃，高区冷水供/回水温度为 6.5℃/13.5℃；热水供/回水温度为 60℃/50℃，热回收热水供/回水温度为 45℃/40℃。

3. 空调风系统

大堂、餐厅、宴会厅采用全空气系统。客房采用风机盘管加新风系统。客房的新风系统在避难层(21 层、37 层)集中设置，水平方向采用环管系统，新风经客房的垂直新风管送至客房。

---

① 资料来源：《暖通空调》，2014 年第 44 卷第 5 期。

14.1.8 上海迪士尼乐园酒店①

建设地点：上海市

业　　主：上海申迪(集团)有限公司

设计单位：上海建筑设计研究院有限公司

管理单位：迪士尼运营团队

建筑规模：总建筑面积为 41 955 m^2

设计时间：2012 年 4 月—2013 年 4 月

竣工时间：2016 年 1 月

图 14-14 上海迪士尼乐园酒店

1. 建筑概况

上海迪士尼乐园酒店(图 14-14)位于迪士尼度假区梦幻世界，总建筑面积为 41 955 m^2，其中地上建筑面积为 40 923 m^2，地下建筑面积为 1 032 m^2；共 7 层，建筑高度为 23.95 m。酒店包括 420 间标准客房、1 个大厅接待处、2 个餐厅、宴会厅，以及茶屋、咖啡馆、功能室、零售店、商业中心、健身中心、室内游泳池等相关辅助空间。

2. 空调冷热源与水系统

夏季空调总冷负荷为 5 550 kW，建筑面积冷负荷指标为 132 W/m^2；冬季空调热负荷为 4 390 kW，建筑面积热负荷指标为 105 W/m^2。

空调冷热源由园区中央能源站提供。空调冷源的供/回水温度为 6.7℃/15.6℃(温差 8.9℃)。配备 2 台次级泵作为单体建筑的加压输送设备。空调箱的冷水供/回水温度为 6.7℃/16.7℃。风机盘管冷水供/回水温度为 6.7℃/14.7℃。

空调热源的供/回水温度为 87.8℃/65.6℃(温差 22.2℃)。配备 2 台次级泵及 2 台板式换热器作为单体建筑的加压输送设备，板式换热器和次级泵均设置在 1 层空调水泵间。通过板式换热器后的空调热水供/回水温度为 60℃/45℃。

空调水系统为一级泵四管制变流量系统。酒店空调热水系统如图 14-15 所示。

3. 空调风系统

酒店的大堂采用置换通风方式。自助餐厅，4 层、5 层大堂回廊，6 层贵宾休息厅及儿童区采用全空气系统；3 层宴会厅、7 层特色餐厅采用全空气变风量系统；客房采用风机盘管加新风系统；客房走道采用全空气空调系统，主管垂直布置，支管分层布置。新风空调箱内设置冷媒热管进行新风预冷除湿，降低冷盘管的冷量消耗。

① 资料由上海建筑设计研究院有限公司徐催提供。

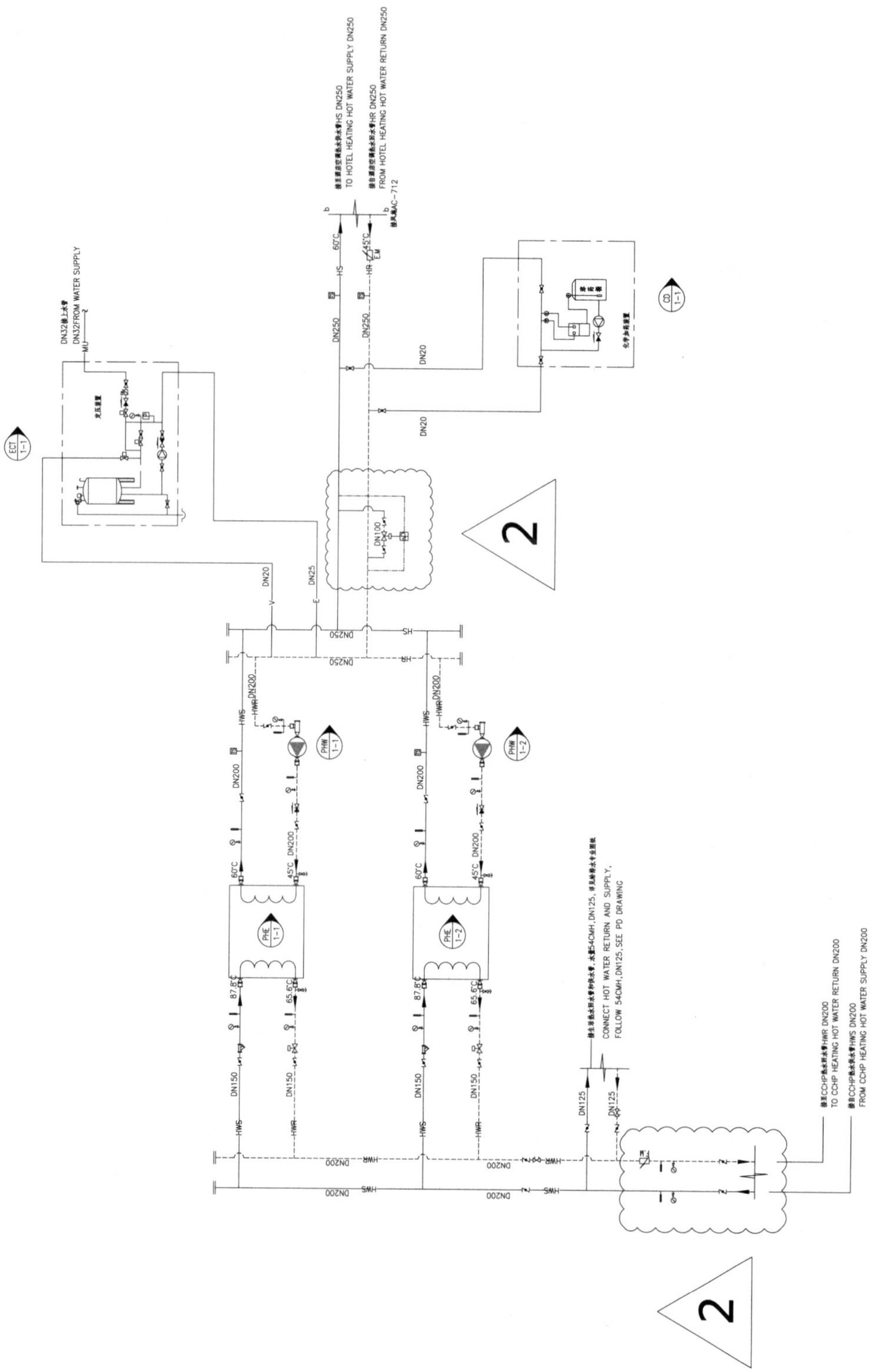

图 14-15 迪士尼乐园酒店空调热水系统示意

14.1.9 武汉光谷希尔顿酒店①

建设地点： 湖北省武汉市

业　　主： 武汉生态城碧桂园投资有限公司

设计单位： 华建集团华东建筑设计研究院有限公司

管理单位： 希尔顿酒店集团公司

建筑规模： 总建筑面积为 115 000 m^2

设计时间： 2009 年 9 月—2013 年 1 月

竣工时间： 2013 年 5 月

1. 建筑概况

武汉光谷希尔顿酒店(图 14-16)主要包括餐厅、宴会厅、会议中心、休闲娱乐区、室内游泳池及客房(608 间)。会议中心可容纳 4 000 人进行学术及宴会活动。

图 14-16　武汉光谷希尔顿酒店

2. 空调冷热源与水系统

空调冷负荷为 11 500 kW，空调热负荷为 6 180 kW，供暖负荷为 186 kW。冷热源采用电制冷水冷机组＋燃气(油)蒸汽锅炉＋土壤源热泵。酒店设置 2 处制冷机房，靠近 2 片地埋管区域。主机房 1 采用 3 台螺杆式土壤源热泵机组，单机制冷量为 1 058 kW，制热量为 1 018 kW；3 台制冷量为 1 955 kW 的离心式冷水机组；2 台 3 300 kW 的汽水换热机组。主机房 2 采用 1 台螺杆式土壤源热泵机组，单机制冷量为 1 058 kW，制热量为 1 018 kW；2 台螺杆式土壤源热泵机组(全热回收型)，单机制冷量为 1 058 kW，制热量为 826 kW，热回收量为 1 043 kW。

空调水系统为四管制，冷水供/回水温度为 6℃/12℃，热水供/回水温度为 45℃/40℃，热回收热水供/回水温度为 45℃/40℃。

3. 空调风系统

大堂、大餐厅、酒吧、大宴会厅、国际会议厅采用全空气系统，设置变频排风机，过渡季加大新风运行。游泳池空调采用全空气处理机组。小餐厅、客房采用风机盘管加新风系统。新风系统设置光氢离子净化器和蒸汽加湿装置。厨房的补风夏季处理到 27℃，冬季预热到 15℃。

---

① 资料来源：《暖通空调工程优秀设计图集⑥》。

14.1.10 南京银城皇冠假日酒店①

建设地点：江苏省南京市

业　　主：银城地产集团股份有限公司

设计单位：南京城镇建筑设计咨询有限公司

管理单位：洲际酒店集团

建筑规模：总建筑面积为 49 265 m^2

设计时间：2009 年 6—12 月

竣工时间：2013 年 7 月

1. 建筑概况

南京银城皇冠假日酒店(图 14-17)有客房 411 间。主楼地下 1 层，地上 16 层，裙房地上 3 层，建筑高度为 59.15 m。

图 14-17　南京银城皇冠假日酒店

2. 空调冷热源与水系统

空调冷负荷为 6 100 kW，空调热负荷为 4 877 kW，生活热水负荷为 2 005 kW。冷热源采用电制冷水冷机组＋市政蒸汽热网。酒店设置 4 台螺杆式制冷机组(单机制冷量为 1 512 kW)，其中 1 台带热回收(热回收量为 1 825 kW)。

空调水系统为两管制，冷水供/回水温度为 7℃/12℃，热水供/回水温度为 60℃/50℃。

3. 空调风系统

酒店采用全空气系统、风机盘管加新风系统。

4. 系统运行状况

酒店 2015 年的运行数据显示，单位空调面积装机冷量为 142.7 W/m^2，平均入住率为 60%。当入住率为 50%时，夏季最热月开启 2 台主机运行。空调、生活热水年耗汽量为 4 270 t，空调总耗电量为 5 888 MW·h，单位面积一次能耗量为 1.64 GJ/(m^2·a)，年运行费用为630 万元。冷凝热回收系统增加初投资 26.8 万元，节省运行费用 54.1 万元，减少碳排放量 9.2%。

① 资料来源：《暖通空调工程优秀设计图集⑥》。

14.1.11 昆山一醉皇冠酒店①

建设地点：江苏省昆山市
业　　主：一醉集团有限公司
设计单位：华建集团华东建筑设计研究总院
管理单位：洲际酒店集团
建筑规模：总建筑面积为 140 400 m^2
设计时间：2009 年 7 月—2011 年 1 月
竣工时间：2014 年 5 月

1. 建筑概况

昆山一醉皇冠酒店（图 14-18）是五星级商务会展酒店，两栋塔楼高度分别为 120 m 和 80 m。北侧裙房为酒店配套用房，南侧裙房为相对独立的娱乐和会展中心。

图 14-18　昆山一醉皇冠酒店

2. 空调冷热源与水系统

空调冷负荷为 12 800 kW，空调热负荷为 10 000 kW。冷热源采用电制冷水冷机组＋市政蒸汽热网。酒店设置 3 台变频离心式制冷机组（单机制冷量为 3 800 kW）和 1 台螺杆式制冷机组（单机制冷量为 1 405 kW，带热回收功能）。

空调水系统为四管制，冷水供/回水温度为 7℃/12℃，热水供/回水温度为 50℃/45℃。裙房为异程式，客房为垂直同程式。酒店设置凝结水回收系统为水景补水。

3. 空调风系统

大堂、大宴会厅采用全空气系统（双风机型、排风热回收），过渡季加大新风运行。大堂沿幕墙设置风机和高速喷口，冬季将顶部热风向下送。客房采用风机盘管加新风系统，新风系统中设置高压微雾加湿装置和热回收段。

① 资料来源：《暖通空调工程优秀设计图集⑥》。

14.1.12 武汉光明万丽酒店①

建设地点： 湖北省武汉市

业　　主： 湖北能源集团股份有限公司

设计单位： 中南建筑设计院股份有限公司

管理单位： 万豪国际酒店集团公司

建筑规模： 总建筑面积为 34 120 m^2

设计时间： 2003 年 12 月—2004 年 4 月

竣工时间： 2007 年 3 月

1. 建筑概况

武汉光明万丽酒店(图 14-19)为一栋按投资方要求将结构封顶后的综合楼改造为酒店的建筑，建筑高度为 93.2 m。地上 24 层，地下 1 层。其中 1—4 层为酒店配套功能用房，5—20 层为标准客房，21 层为客房及行政走廊，22 层为总统套房，22 层以上为设备用房。

图 14-19 武汉光明万丽酒店

① 资料来源：《暖通空调工程优秀设计图集②》。

2. 空调冷热源与水系统

空调冷负荷为 3 323 kW，空调热负荷为2 450 kW。冷热源采用冰蓄冷＋电蓄热锅炉。冷源设置 2 台双工况螺杆式制冷机组(单机制冷量为 1 136 kW)和 1 台基载螺杆式制冷机组(单机制冷量为 1 136 kW)。6 个总蓄冰量为 14 000 kW·h 的蓄冰槽(非完全冻结式蛇形钢盘管)采用内融冰方式。热源设置 2 台供热量为 2 128 kW 的电热锅炉，并设置 4 个 125 m^3的蓄热罐，总蓄热量为 23 256 kW·h。蓄热罐设置在室外停车场的地下，最高蓄热温度为 95℃，蓄热温差为 40℃。

裙房空调水系统为四管制，塔楼客房采用按南北分区的切换两管制系统，标准层内走道的风机盘管单独设冷水立管。冷水供/回水温度为 7℃/12℃，热水供/回水温度为 60℃/50℃。裙房为异程式，客房为垂直同程式。

3. 空调风系统

大堂、大堂吧分别设置全空气系统，沿大堂外幕墙的吊顶上设置了两排线性风口，负担围护结构负荷。多功能厅根据隔断使用要求设置了 4 套全空气系统，过渡季加大新风运行。游泳池采用了全空气系统与地板辐射供暖相结合的方式。

客房采用风机盘管加新风系统，新风机组分别设置在 5 层、14 层和 23 层，新风通过竖向管道输送到各层。

4. 系统运行状况

标准制冷日的机组运行情况如下。

(1) 双工况主机蓄冰工况：溶液温度为－4.6～－3.2℃，冷却水温为 28～30℃/33～35℃，运行时间为 0:00—8:00，共 8 h。

(2) 双工况主机供冷工况：溶液温度为 5～6℃/10～11℃，冷却水温为 28～30℃/33～35℃，运行时间为 10:00—18:00 和 20:00—24:00，共 12 h。

(3) 蓄冰装置：充冷温度为－4.6～－3.2℃，平均充冷温升 3.6℃，释冷温度为 2.8～4.0℃，充冷时间为 0:00—8:00，共 8 h。

14.1.13 上海浦东喜来登由由酒店①

建设地点：上海市

设计单位：华建集团华东建筑设计研究总院

管理单位：喜来登酒店管理集团有限公司

设计时间：2004 年 2 月—2007 年 6 月

竣工时间：2007 年 9 月

1. 建筑概况

上海浦东喜来登由由酒店（图 14-20）由两栋塔楼和裙房组成，主塔楼为五星级酒店，地上 37 层，建筑高度为 134.15 m。辅楼为公寓式酒店，地上 18 层，建筑高度为 73.8 m。裙房为酒店配套用房，地下 2 层为酒店后勤、设备机房和汽车库。

图 14-20 上海浦东喜来登由由酒店

2. 空调冷热源与水系统

空调冷负荷为 9 800 kW，空调热负荷为 6 120 kW。酒店冷热源采用电制冷水冷机组＋蒸汽锅炉。制冷机房独立设置，锅炉房为酒店与办公地块合用，设置在本地块内。冷源设置 3 台离心式制冷机组（单机制冷量为 2 800 kW）和 1 台螺杆式制冷机组（单机制冷量为 1 400 kW）。热源设置 2 台 2 300 kW 和 1 台 760 kW 的汽水换热器。

酒店客房和裙房空调水系统为四管制，地下后勤、公寓采用两管制。冷水供/回水温度为 6℃/12℃，热水供/回水温度为 60℃/50℃。酒店塔楼空调水系统高低分区，在 21 层设置换热器。

3. 空调风系统

大堂、餐厅、大宴会厅采用全空气系统，宴会厅采用双风机，过渡季加大新风运行。客房采用风机盘管加新风系统，新风系统中设置蒸汽加湿装置。

---

① 资料来源：《暖通空调工程优秀设计图集③》。

14.1.14　上海迪士尼玩具总动员酒店①

建设地点： 上海市

业　　主： 上海申迪(集团)有限公司

设计单位： 上海建筑设计研究院有限公司

管理单位： 迪士尼运营团队

建筑规模： 总建筑面积为 44 537 m^2

设计时间： 2013 年 6 月—2014 年 12 月

竣工时间： 2016 年

1. 建筑概况

上海迪士尼度假区的玩具总动员酒店(图 14-21)地上 7 层，主要为 800 间客房，配置餐厅、办公、后勤用房等；局部地下一层，平时为办公用房、会议室以及库房等。酒店建筑高度为 23.1 m，为多层民用建筑。

图 14-21　上海迪士尼玩具总动员酒店

① 资料来源：《第 8 届全国建筑环境与能源应用技术交流大会文集》。

2. 空调冷热源与水系统

酒店夏季空调总冷负荷为 3 860 kW，建筑面积冷负荷指标为 87 W/m^2；冬季空调热负荷为 2 908 kW，建筑面积热负荷指标为 65 W/m^2。空调冷热源由园区内的区域集中能源站提供，该系统部分采用了冷、热、电三联供系统。一次冷、热水均采用大温差输送，其中冷水供/回水温度为 6.7℃/15.6℃，温差 8.9℃；热水供/回水温度为 87.8℃/65.6℃，温差22.2℃。空调冷水直接使用能源站提供的一次冷水，不设板式换热器；空调热水设板式换热器，提供二次热水供至各类空调末端，二次空调热水供/回水温度为 60℃/45℃。二级泵系统原理如图 14-22 所示。

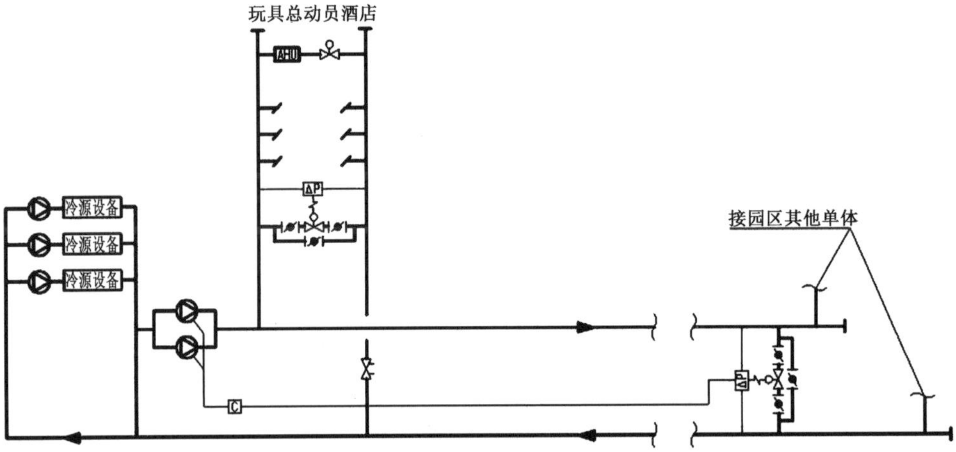

图 14-22　二级泵系统原理

酒店全范围采用四管制系统，空调水系统结合建筑布局分为两个环形（干管同程布置）。新风空调箱在冷盘管前后设置显热回收热管。

3. 空调风系统

大堂、餐厅等大空间按区域设置集中式低速单风道全空气空调系统，独立处理新风回风。各全空气系统均采用上供下回的气流组织方式、变频风机，过渡季节可加大新风量运行。可吸烟客房卫生间设通风器，屋顶设接力排风机加强排风；非吸烟客房卫生间仅设通风器，根据卫生间人员感应器进行启停控制。

14.1.15 武汉世茂希尔顿酒店

图 14-23 武汉世茂希尔顿酒店

建设地点： 湖北省武汉市

业　　主： 世贸集团

设计单位： 中南建筑设计院股份有限公司

管理单位： 希尔顿酒店集团公司

建筑规模： 总建筑面积为 81 960 m^2

设计时间： 2011 年 3 月

竣工时间： 2015 年 12 月

1. 建筑概况

武汉世茂希尔顿酒店(图 14-23)地下 3 层，地上 46 层，建筑高度为 176.1 m。地下部分为停车库、设备机房及酒店后勤用房；地上 1—3 层为酒店会所、餐厅及会议用房；5—24 层为酒店客房；25 层为避难层兼设备层；26—42 层为酒店式公寓；44—46 层为观景餐厅/酒吧；设置 4 层及 43 层两个设备层。该酒店属一类超高层建筑。

2. 空调冷热源与水系统

酒店区域的总冷负荷为 7 200 kW。因外方酒店管理公司要求冷水机组容量具有一定的备用量，设计单位认为制冷机的总冷负荷应该满足酒店餐厅、会议及客房等同时使用的要求，经几方商议、业主认可，最终选用 3 台制冷量为 2 461 kW 的离心式制冷机组，制冷机房设于地下 2 层。冷却水系统采用低噪声横流冷却塔，选用 3 台处理能力为 600 t/h 的冷却塔与冷水机组配套，冷却塔置于裙房屋面。

酒店式公寓采用分离式水环热泵系统。塔楼 44—46 层的餐厅部分采用独立的空气源热泵系统，采用 2 台冷量为 470 kW 的空气源热泵机组。空气源热泵机组、循环水泵置于塔楼屋顶层。锅炉房设在地下室，锅炉用于空调供暖和生活用热水、厨房设备、洗衣房设备、水疗中心、游泳池加热等。由于酒店洗衣设备需要一定压力的蒸汽，而为公寓楼水环热泵系统加热的板式换热器设在 43 层，如果热源采用热水会造成系统下部静压过高。因此，设计安装 3 台 4 t/h 的油气两用蒸汽锅炉，锅炉的工作压力为 1.0 MPa，平时使用天然气。锅炉烟气从酒店裙楼屋顶排出。总蒸汽量需求约为 12 t/h。

空调水系统采用二级泵变流量系统，冷水供/回水温度为 6℃/12℃，热水供/回水温度为 65℃/50℃。

3. 空调风系统

酒店地下后勤办公区采用两管制风机盘管加新风系统，酒店大堂、宴会厅及前厅、咖啡厅、商店、健身中心采用全空气系统。酒店客房、中餐厅、西餐厅、水疗中心采用四管制风机盘管加新风系统。游泳池采用泳池专用空调机组。

服务式公寓每户采用分离式水环热泵机组，室外机设置于管道井内。服务式公寓设置集中新风系统，采用整体式水环热泵新风机组。屋顶餐厅采用全空气系统。

14.1.16 上海鹏欣外滩悦榕庄酒店

建设地点：上海市
业　　主：上海鹏欣(集团)有限公司
设计单位：华建集团华东建筑设计研究总院
管理单位：悦榕控股有限公司
建筑规模：总建筑面积为 30 000 m^2
设计时间：2011 年 12 月
竣工时间：2012 年

图 14-24 上海鹏欣外滩悦榕庄酒店

1. 建筑概况

上海鹏欣外滩悦榕庄酒店(图 14-24)地处上海市虹口区公平路、海平路区域，南临黄浦江，人们可从酒店步行进入北外滩滨江绿地。酒店定位为上海市高端精品酒店，地上 11 层，地下 3 层，1—2 层为酒店裙房，3—11 层为酒店客房，内设标准客房 120 间、套房 10 间，并于顶层设置总统套房 1 间。酒店地下为停车库、设备机房、酒店后勤区和餐厅。酒店管理单位为悦榕控股有限公司，其主营业务为 SPA 特色酒店。上海鹏欣外滩悦榕庄酒店的每间客房均设置 SPA 浴池，并于地下一层设置对外营业的大型 SPA 中心及配套健身设施，内设泉疗室及独具特色的 SPA 套房。

2. 空调冷热源与水系统

酒店空调夏季计算冷负荷为 3 866 kW，冬季计算热负荷为 2 777 kW。建筑面积冷负荷指标为 129 W/m^2，建筑面积热负荷指标为 93 W/m^2。冷热源主体采用地源热泵的形式，因受占地面积的限制，地埋管系统所能提供的冷量与热量均不能满足酒店空调的使用要求，需通过冷却塔及锅炉进行补充。根据相关单位对现场的勘测结果，地埋管系统能提供的夏季空调制冷量为 1 950 kW，冬季空调制热量为 2 049 kW。不足部分由螺杆式冷水机组、冷却塔和锅炉补给。

为满足空调的制冷需求，酒店采用 2 台制冷量为 975 kW、制热量为 1 025 kW 的地源热泵主机，1 台制冷量为 1 054 kW、制热量为 1 140 kW 的地源热泵，以及 1 台制冷量为 1 054 kW 的螺杆式冷水机，制冷剂为 R134a。冷水设计供/回水温度为 7℃/12℃，水侧工作压力为 1.0 MPa。空调热源由地源热泵及锅炉提供的高温热水经组合式水-水热交换机组制备，地源热泵主机提供 2 049 kW 热量，另配 1 台换热量为 800 kW 的热水交换机组，机组内含水-水换热器、热水泵、变频控制器。热水供/回水温度为 55℃/50℃，水侧工作压力为 1.0 MPa。

空调水系统为一级泵四管制，采用开式膨胀水箱分别定压，并进行加药水处理。

3. 空调风系统

酒店接待大厅、全日制餐厅、大堂吧、按摩池等大空间采用全空气系统。酒店客房、客房走廊、后勤办公用房、包房等小房间采用风机盘管加新风系统。

14.1.17 上海宝格丽酒店①

建设地点： 上海市

业　　主： 华侨城(上海)置地有限公司

设计单位： 华建集团华东都市建筑设计研究总院

建筑规模： 酒店建筑面积为 25 796 m^2

设计时间： 2011 年

竣工时间： 2018 年

1. 建筑概况

苏河湾 1 街坊项目(图 14-25)位于上海市河南北路、天潼路交叉路口，南至北苏州路，北临天潼路，东临河南北路，西至山西北路。本项目地下 3 层，塔楼共 3 座，一座为 40 层、建筑高度为 150 m 的酒店与公寓式办公结合的超高层(T1 号楼)，另两座均为 45 层、建筑高度为 150 m 的超高层住宅(T2 和 T3 号楼)。基地南侧临北苏州路有三栋滨水 4 层住宅，沿市政道路、街坊内部道路设置 1～6 层、高度为 6～24 m 的商业裙房、公交枢纽、公共服务设施。基地东北角有一幢 3 层优秀历史保护建筑(原上海总商会)。整个项目的总建筑面积为 227 634.6 m^2，其中地上建筑面积为 139 797.0 m^2，地下建筑面积为 87 837.6 m^2，建筑高度为 150 m。

图 14-25　苏河湾 1 街坊项目

T1 为商办综合楼，包括一栋主楼和一栋裙房。T1 主楼地上共 40 层，建筑面积为

---

① 资料由华建集团华东都市建筑设计研究总院王乾提供。

64 720 m^2，高 150 m，1—2 层为酒店及公寓式办公的大堂、酒店的会议室等，3 层为设备转换层，4—32 层为公寓式办公区(其中 14 层和 28 层为避难层)，33 层为设备层，34—39 层为酒店客房，40 层为酒店的餐厅、酒吧等。T1 裙房地上共 4 层，建筑面积为 2 473.58 m^2，高 23.6 m，除 1—2 层局部为酒店服务用房外，1—4 层其余部分均为商业用房。

2. 空调冷热源与水系统

苏河湾 1 街坊项目设有两个冷热源系统，分别是酒店冷热源系统以及非酒店冷热源系统。酒店冷热源系统负责的区域为地下室酒店部分、T1 超高层商办综合楼的地上酒店部分以及酒店裙房；非酒店冷热源系统负责的区域为地下室商业及公寓式办公部分、T1 超高层商办综合楼的地上公寓式办公、其他商业及办公部分。

两套冷热源系统的冷源采用冷水机组加冷却塔的形式，热源由热水锅炉提供，两个冷冻机房设在地下三层，两个锅炉房设在地下一层。酒店将水冷螺杆式冷水机组作为空调冷源。选用 2 台制冷量为 1 500 kW 的螺杆式机组，机组总制冷量为 3 000 kW。机组的冷水供/回水温度为 6℃/11℃，冷却水进/出水温度为 32℃/37℃。冷却塔位于裙房屋面，制冷系统原理如图 14-26 所示。酒店热源采用 2 台燃气(油)型热水锅炉，进/出水温度为 90℃/65℃。每台锅炉额定制热量为 1.4 MW，总产热量为 2.8 MW(包括生活热水负荷920 kW，空调热负荷 1 909 kW)。锅炉燃料为天然气，锅炉烟囱沿裙房屋面排放。另选一台制热量为 970 kW 的水-水高温热泵机组，夏季冷水机组的冷凝热用于生活热水加热。

为减小锅炉承压，酒店高区的空调及生活热水由锅炉的一次热水(95～70℃)先在锅炉房进行一次换热，变成 85～60℃的二次热水，再供酒店高区热源使用。低区酒店及附属用房(B2—3 层)使用 6℃/11℃的冷水，酒店后勤用房采用切换两管制水系统，游泳池、SPA 等采用四管制水系统；高区酒店(33—40 层)采用四管制水系统，于 B3 层酒店冷冻机房设置换热机组，通过板式换热器制取供/回水温度为 7℃/12℃的冷水为高区酒店服务。空调热水由锅炉一次热水经换热器获得，低区设一套换热机组，二次热水供/回水温度为 60℃/50℃；锅炉一次热水经过 33 层设备层换热机房变成供/回水温度为 60℃/50℃的空调热水供高区使用。空调冷热水、锅炉一次水均采用自动补水脱气装置定压。热水锅炉水系统原理如图 14-27 所示。

3. 空调风系统

酒店大堂等大空间采用定风量一次回风式全空气低速空调系统，并且按照过渡季节 70%全新风工况设计，空调箱设有初、中效过滤等功能。

酒店客房采用风机盘管加新风系统。客房的新、排风采用立管系统，新、排风立管集中至 33 层的新风机房，新风机组为带全热回收的新风空调机组，新风由室外先经过排风热回收，再经过冷热盘管和高压微雾加湿器，由立管送至各间客房。热回收新风机组带旁通功能，当温差小于 8℃时，新风排风可以不经过热回收装置，以利节能。其他房间采用风机盘管或薄型吊顶空调机组加独立新风系统。

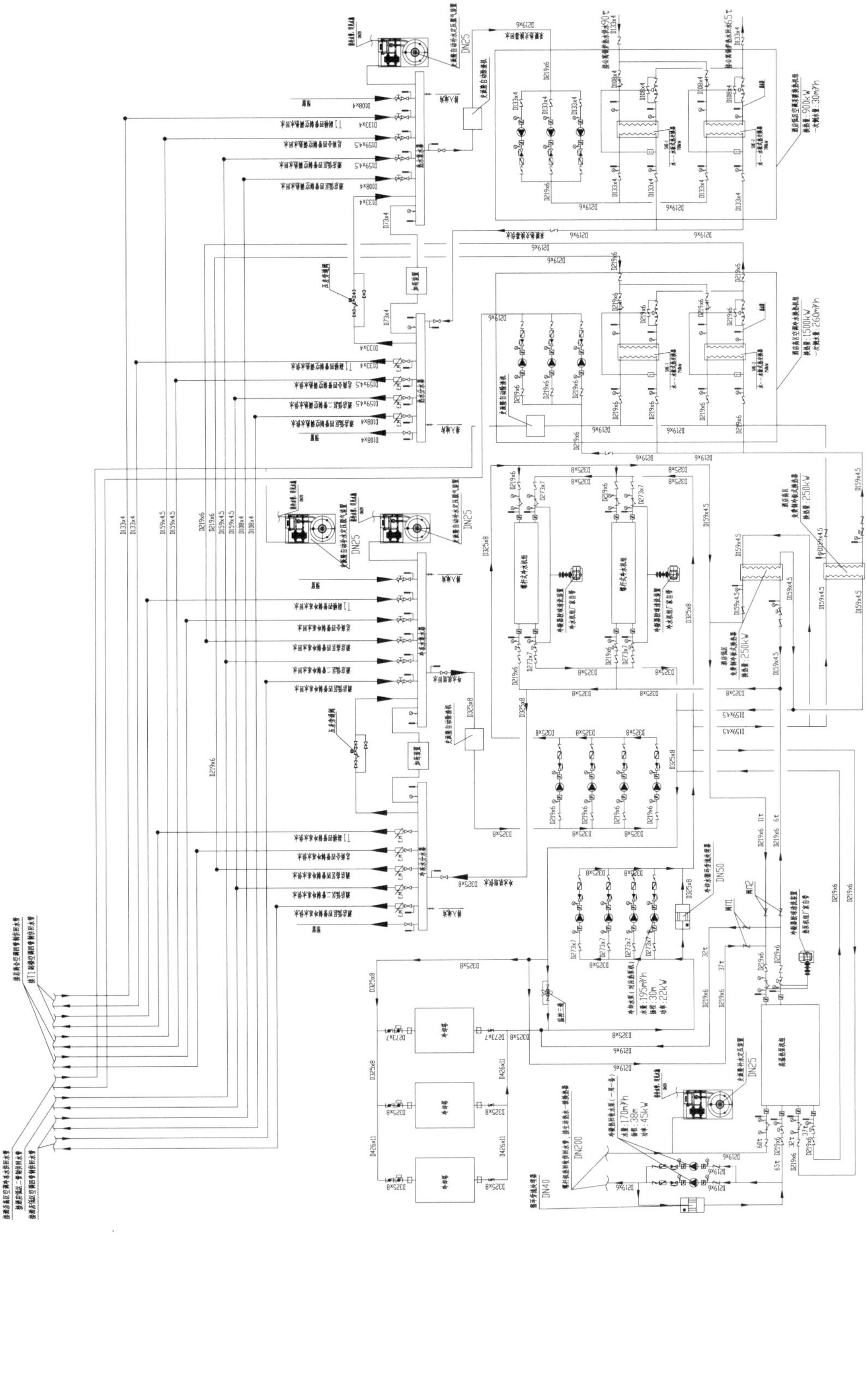

图 14-26 制冷系统原理

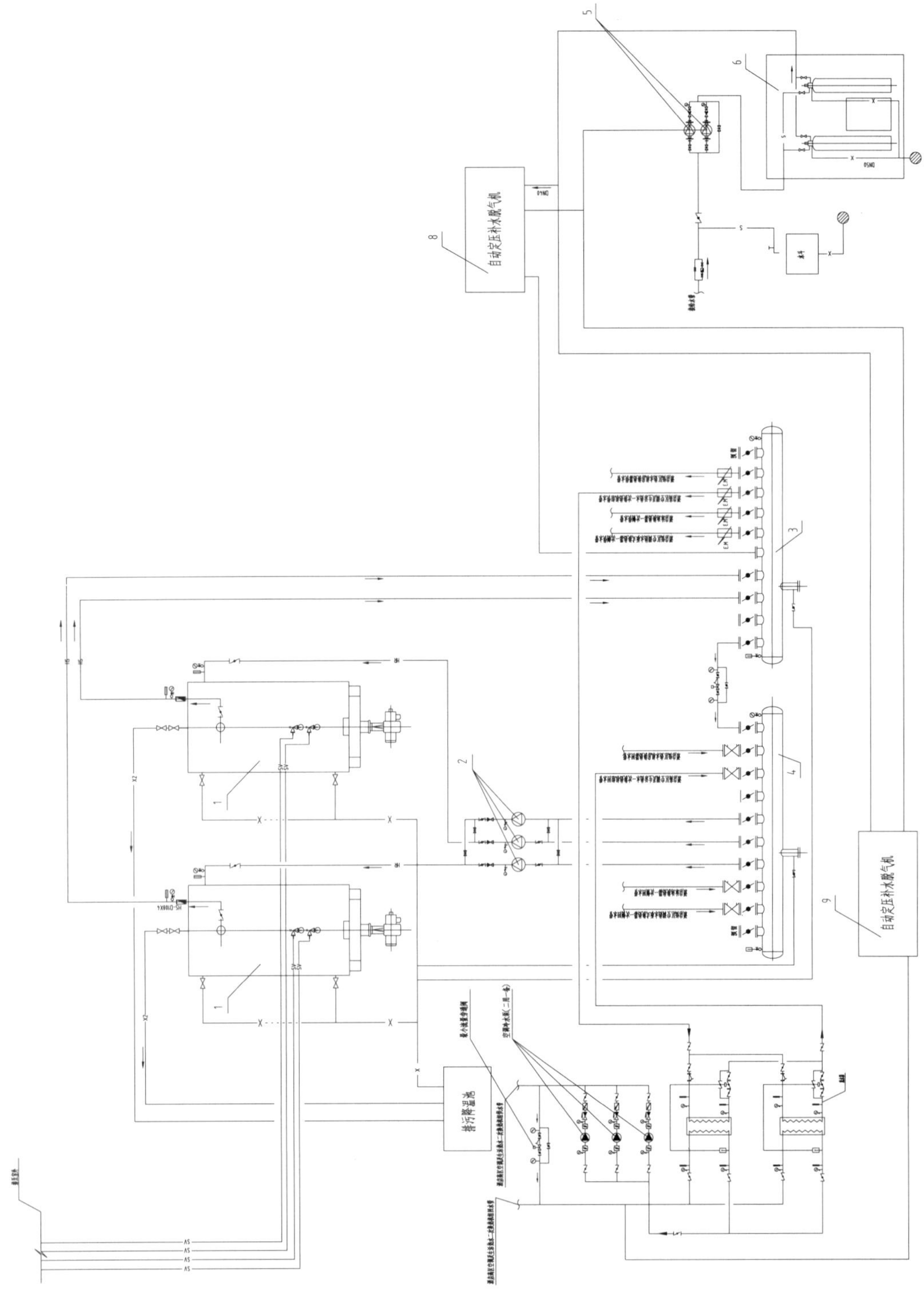

图 14-27　热水锅炉水系统原理

14.1.18　上海世博洲际酒店①

建设地点：上海市

设计单位：华建集团华东建筑设计研究院有限公司

管理单位：洲际酒店集团

建筑规模：总建筑面积为 70 529 m^2

设计时间：2008 年

竣工时间：2010 年

1. 建筑概况

上海世博洲际酒店(图 14-28)地下 2 层，地上 26 层，建筑高度为 109 m，有 407 间客房。地下一层为酒店的后勤区、设备机房区和内部使用的机动车库，地下二层为机动车库和部分设备机房。公共功能空间集中布置于 1—4 层，1 层为入口大堂、大堂吧、全日餐厅等对外服务空间，2 层主要为宴会厅、餐厅及厨房等辅助空间，3 层为会议中心和西餐厅，4 层有健身房、娱乐区、室内游泳池和 SPA，5 层为设备层，6—23 层为普通客房层，24 和 25 层为行政客房及行政酒廊，26 层为 VIP 套房及部分豪华套房。

图 14-28　上海世博洲际酒店

① 资料来源：《制冷技术》2010 年增刊。

2. 空调冷热源与水系统

酒店夏季空调总冷负荷为 7 383 kW，建筑面积冷负荷指标为 105 W/m^2；冬季空调热负荷为 4 600 kW，建筑面积热负荷指标为 65 W/m^2。冷源为 3 台离心式冷水机组，制冷机房设在地下一层。冷却水的设计供/回水温度为 32℃/37℃，冷水的设计供/回水温度为 6℃/12℃，每台冷水机组的制冷量为 2 461 kW，其中一台采用变频驱动，总供冷量为 7 383 kW。热水由锅炉房提供的 90～70℃高温热水经两台换热量为 2 300 kW 的板式水-水热交换机组制备，设计供/回水温度为 60℃/50℃。

酒店采用四管制空调水系统，在屋顶设置膨胀水箱对水系统定压。按使用功能，将客房与裙房的水系统分开设置，客房风机盘管水系统采用垂直同程式布置，裙房采用异程系统。

空调冷水循环采用二次泵系统，一次泵为冷水机组循环泵，采用定流量泵，按一机一泵的原则配置；二次泵为变频调速的变流量泵，分客房风机盘管及除客房风机盘管以外的裙房空调箱两个环路。热水循环采用一次泵系统，采用变频调速的变流量泵。

3. 空调风系统

酒店大堂、餐厅、宴会厅等大空间采用单风道低速全空气空调系统。大堂挑空处，采用双工况喷口侧送风。酒店客房、餐厅包房、中小会议室及后勤办公等小房间采用风机盘管加新风的空气-水系统。室内游泳池为全空气空调系统，设计采用组合式空调箱与游泳池恒温恒湿专用热泵相结合的方式，将组合式空调箱作为游泳池热泵冬季热量不足的补充，采用周边下送与顶送下排结合的气流组织形式，以保证室内温湿度。

4. 系统运行状况

酒店空调运行时间长，几乎全年均需要运行，且绝大部分时间均处于部分负荷的工况，根据空调冷负荷计算，全年空调冷负荷分段供冷小时数分布如表 14-1 所列。

表 14-1　全年空调冷负荷分段供冷小时数

全年空调冷负荷工况	供冷小时数/h	供冷小时数占全年供冷时数的百分比
67%～100%	1 879	26.1%
34%～66%	3 125	43.4%
0～33%	2 196	30.5%

空调运行时间按照 10 个月考虑，其冷负荷平均在 34%～66%的占 43.4%，在 0～33%的占 30.5%，冷水机组在较低负荷工况下工作所占的比例达到 73.9%，采用 1 台变频机组，工作时间较长，但经济性最佳。

14.2 夏热冬暖地区酒店

14.2.1 三亚亚特兰蒂斯酒店(一期)①

建设地点: 海南省三亚市

业　　主: 复星集团

设计单位: 上海建筑设计研究院有限公司

管理单位: 科兹纳国际控股有限集团

建筑规模: 总建筑面积为 251 040 m^2

设计时间: 2013 年 12 月—2016 年 2 月

竣工时间: 2017 年

1. 建筑概况

三亚亚特兰蒂斯酒店(图 14-29)一期总建筑面积约为 25 万 m^2,地下一层(半地下室一层)、地上 47 层(其中裙房 3 层),建筑高度为 227.5 m。4 层及以上主要为酒店客房,包括 1 300 间亚特兰蒂斯特色全海景客房,以及行政套房、豪华套房、总统套房、皇家套房、联桥

图 14-29　三亚亚特兰蒂斯酒店

① 资料由上海建筑设计研究院有限公司任家龙提供。

套房、行政酒廊。整个大楼共设 4 个避难兼设备层：3 层、15 层、26 层、43 层。酒店裙房内还设有中国最大的天然海水水族馆，主要展示白鲸、水母、各种热带海洋鱼类。酒店以海洋为主题，把娱乐、休闲和餐饮等功能结合起来。宾客在水下餐厅和水下套房可观赏五彩斑斓的水族景观，并可享用由米其林厨师主厨的盛宴。

2. 空调冷热源与水系统

（1）酒店设置两套冷源系统，分别为酒店舒适性空调系统和水族馆维生系统服务。

维生系统冷源配置为 4 台制冷量为 2 109 kW(600 RT)的主机(三用一备)。备用主机同时兼作酒店二期水上乐园海豚湾的舒适性空调冷源。主机供/回水温度为 5℃/10℃。

舒适性空调系统冷源配置为 2 台制冷量为 2 285 kW(650 RT)、4 台制冷量为 4 395 kW(1 250 RT)的电动离心式冷水机组。其中一台制冷量为 4 395 kW 的制冷机是预留给毗邻酒店的水上乐园二期使用的，另一台制冷量为 4 395 kW 的制冷机兼作水蓄冷主机。冷机供/回水温度为 5.5℃/13.5℃，蓄冷时供/回水温度为 4℃/12℃。蓄冷水槽采用混凝土槽，有效蓄水量约为 4 000 m^3，采用温度自然分层形式。蓄冷水槽进/出水温度为 4℃/12℃，蓄冷量为 31 644 kW・h。蓄冷水槽一次水与负荷侧二次水采用板式换热器换热，二次侧水进/出水温度为 5.5℃/13.5℃。

（2）酒店空调水系统为两管制单冷二级泵变流量空调水系统，负荷侧设置三路二级泵系统，分别供应裙房、塔楼客房以及水上乐园二期。

维生工艺空调冷水系统采用两管制单冷二级泵变流量系统，负荷侧设置两路二级泵系统，分别供应维生水族馆与水上乐园海豚湾舒适性空调。

在塔楼 15 层避难层(高度为 69 m)设置板式换热器供承压分隔使用。负荷侧裙房和塔楼 16 层以下区域冷水供/回水温度为 5.5℃/13.5℃，16 层及以上区域冷水供/回水温度为 6.5℃/14.5℃。空调冷热源系统如图 14-30 所示。

客房层水系统采用下供上回竖向同程布置；裙房水系统主干管在地下一层采用同程布置，在地上层采用异程布置。主要水管支路设置手动调节阀或自力式压差控制阀，空调箱设置动态压差电动两通调节阀。裙房各层支管接至竖向管井时设置自力式压差控制阀，客房每个竖向回水管接至回水总管时设置静态平衡阀。

3. 空调风系统

宴会厅、会议室以及客房空调风系统设转轮式排风热回收装置预冷新风。大堂、全日餐厅、过厅空间的折叠门、外门可灵活向室外开敞，充分利用自然通风，减少上述空间的空调运行时间。

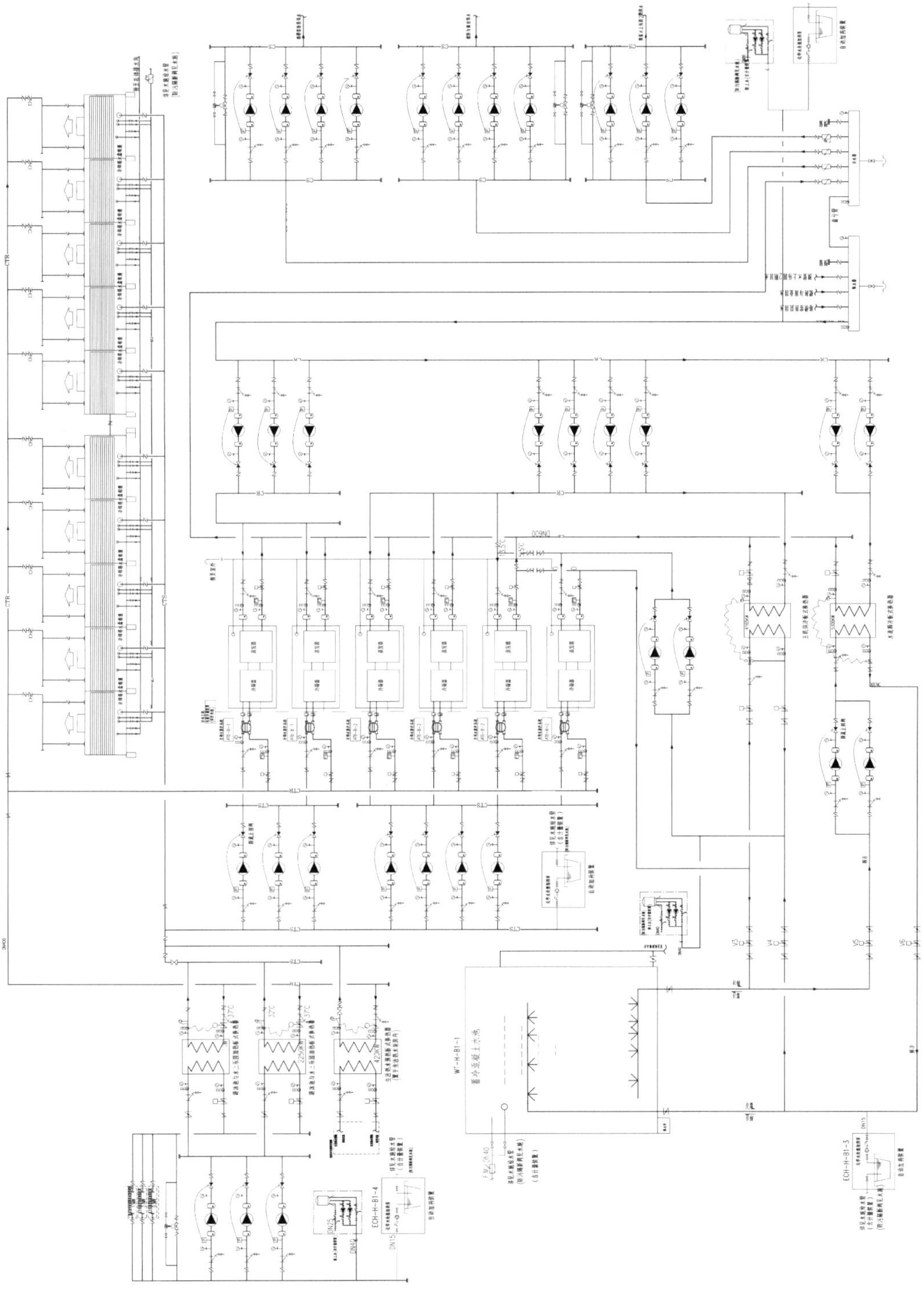

图 14-30 冷热源系统示意

14.2.2 河源汇景希尔顿逸林酒店①

建设地点： 广东省河源市

业　　主： 汇景控股有限公司

设计单位： 艾奕康建筑设计(深圳)有限公司

管理单位： 希尔顿酒店集团公司

建筑规模： 总建筑面积为 166 468.05 m^2，其中酒店部分面积为64 924.35 m^2

设计时间： 2010 年 9 月—2013 年 8 月

竣工时间： 2014 年 5 月

图 14-31　河源汇景希尔顿逸林酒店

1. 建筑概况

河源汇景希尔顿逸林酒店(图 14-31)是一座五星级商务酒店(配备有 368 间客房)，设餐饮、娱乐中心及其他相关配套设施，地上 24 层(局部行政酒廊 23 层)，高 99.70 m。1—5 层为裙房，为餐饮、娱乐、会议及商业等酒店配套部分；6—22 层为客房部分；地下一层用作办公、员工食堂、洗衣房、机电设备用房及地下车库等。空调面积约为 51 100 m^2。

2. 空调冷热源与水系统

空调冷负荷为 8 556 kW，空调热负荷为 4 115 kW。冷热源采用电制冷水冷机组＋燃气/燃油两用热水锅炉。冷源设置 3 台离心式制冷机组(单机制冷量为 2 462 kW)和 1 台螺杆式热回收制冷机组(单机制冷量为 1 218 kW)，并设置一台过渡季用板式换热器(换热量为1 218 kW)。热源采用 3 台常压热水锅炉(每台容量为 2 100 kW)。

空调水系统采用一级泵、四管制，冷水供/回水温度为 7℃/12℃，热水供/回水温度为 60℃/50℃。裙房为异程式，组合式空调机组、新风处理机组及接驳风机盘管的回水管路上设置压差控制平衡阀；塔楼客房层水管竖向采用同程式布置。

3. 空调风系统

酒店大堂、宴会厅、餐厅均采用全空气系统(风机变频)，按照一台或多台服务一个区域设置。酒店客房、后勤等用房采用风机盘管加新风系统。厨房的巧克力间利用多联机调节温度，控制温度在 16～18℃。厨房冷库利用冷却塔供给冷却水。

在厨房炉灶区设置排油烟系统，并设补风系统，由新风机组将室外空气处理至合适的温度后送入(冬季处理至不低于 18℃，夏季处理至不高于 27℃)；补风机设置变频控制，与排油烟风机联动，根据实际油烟量实现自动控制及人工手动控制；在炉灶人员操作区设置空调岗位送风系统，在工作岗位根据要求设置可调节风口，实现岗位送风。

---

① 资料由于振峰提供。

14.2.3 深圳蛇口希尔顿南海酒店[①]

建设地点： 广东省深圳市
业　　主： 深圳招商房地产有限公司
设计单位： 广东省建筑设计研究院有限公司
管理单位： 希尔顿酒店集团公司
建筑规模： 总建筑面积为 57 898 m^2
设计时间： 2009 年 9 月—2013 年 4 月
竣工时间： 2013 年 6 月

图 14-32　深圳蛇口希尔顿南海酒店

1. 建筑概况

深圳蛇口希尔顿南海酒店(图 14-32)高 58.8 m，空调面积为 34 631 m^2，有 325 间客房，地下 1 层，地上 13 层。其中，1—3 层为酒店配套，4—12 层为酒店客房和行政酒廊，13 层为屋顶酒吧；地下 1 层为酒店后勤用房、汽车库和设备用房。

2. 空调冷热源与水系统

空调冷负荷为 5 975 kW，空调热负荷为 1 894 kW，生活热水负荷为 1 880 kW，游泳池热负荷为 155 kW。冷热源采用电制冷水冷机组＋蒸汽锅炉。冷源设置 4 台螺杆式制冷机组，其中 2 台为部分热回收制冷机组(单机制冷量为 1 495 kW，热回收量为 132 kW)，另外 2 台为制冷量为 1 495 kW 的常规冷水机组。热源采用 3 台蒸汽锅炉(每台容量为 3 t/h)。

空调水系统为四管制，冷水供/回水温度为 7℃/12℃，热水供/回水温度为 50℃/45℃。裙房为异程式，客房为垂直同程式。设置凝结水回收系统为水景补水。

3. 空调风系统

全日餐厅、中餐厅、宴会厅、多功能厅、特色餐厅采用全空气系统(风机变频)，过渡季加大新风运行。游泳池空调采用除湿热泵机组。裙房小会议室、办公区、客房及地下酒店后勤用房采用风机盘管加新风系统。客房新风机组设在设备夹层，新风系统中设置光氢离子净化器和双次汽化湿膜加湿器。酒店中央空调原理如图 14-33 所示。

4. 系统运行状况

通过运行监测分析冷凝热回收技术的应用，由于冷负荷时刻变化，热回收量相应变化，进而影响热回收水温，将该技术直接用于加热生活热水不能保证水温，因此将该技术用于预热生活热水。

---

① 资料来源：《暖通空调工程优秀设计图集⑥》。

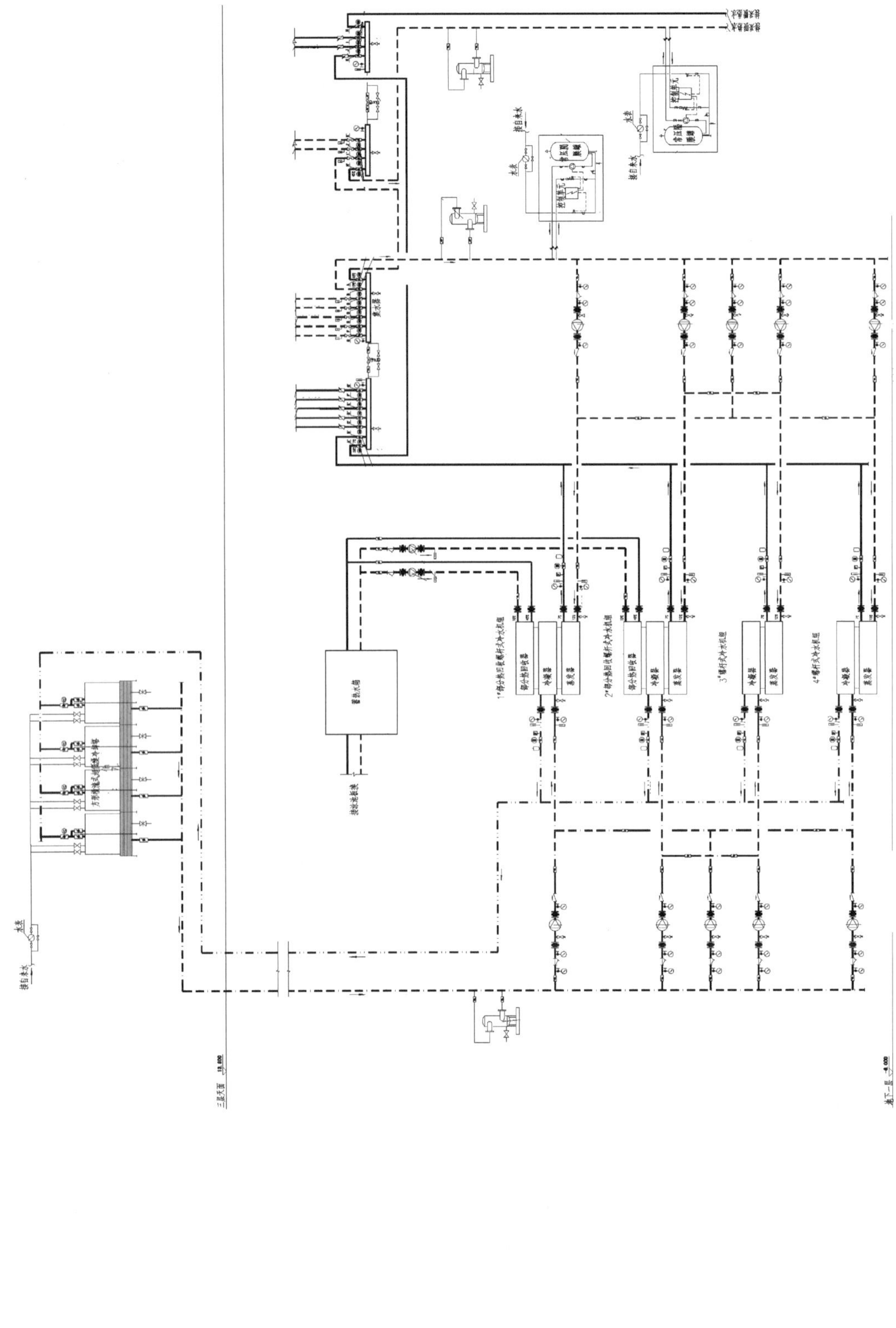

图 14-33 酒店中央空调原理

14.2.4 深圳东部华侨城茵特拉根酒店①

建设地点：广东省深圳市
业　　主：华侨城集团有限公司
设计单位：深圳华森建筑与工程设计顾问有限公司
管理单位：深圳市华侨城酒店集团有限公司
建筑规模：总建筑面积为 44 887 m^2
设计时间：2005 年 6—9 月
竣工时间：2007 年 2 月

1. 建筑概况

深圳东部华侨城茵特拉根酒店（图 14-34）定位为白金五星级酒店，空调面积为 21 850 m^2，有 300 间客房，地下 1 层，地上 6 层。该酒店由两栋楼组成，东侧楼地下一层设有设备转换层，地上 1—6 层为客房。西侧楼为酒店配套用房，地下室为部分酒店公共设施、停车库及设备用房。

图 14-34　深圳东部华侨城茵特拉根酒店

2. 空调冷热源与水系统

空调冷负荷为 4 100 kW，空调热负荷为 1 100 kW，生活热水负荷为 1 700 kW。冷热源采用电制冷水冷机组（湖水冷却）＋燃油蒸汽锅炉。酒店设置 2 台单冷螺杆式制冷机组（单机制冷量为 1 230 kW），2 台带热回收的热泵机组（单机制冷量为 945 kW，热回收量为 1 100 kW）。酒店设置 2 个 20 m^3 的蓄冷罐，低负荷时使用。空调冷源系统原理如图 14-35 所示。酒店邻近三州田水库，湖水温度为 23℃左右，可用于冷却系统。热源采用 2 台蒸汽锅炉和 2 台热泵机组，由其提供空调及生活用热。

空调水系统为一级泵、两管制，冷水供/回水温度为 7℃/12℃，热水供/回水温度为 50℃/45℃。裙房为异程式，客房为垂直异程式。

3. 空调风系统

酒店大堂、宴会厅、大会议室采用全空气系统（风机变频），过渡季全新风运行。客房、VIP 包间采用风机盘管加新风系统。

① 资料来源：《暖通空调工程优秀设计图集③》。

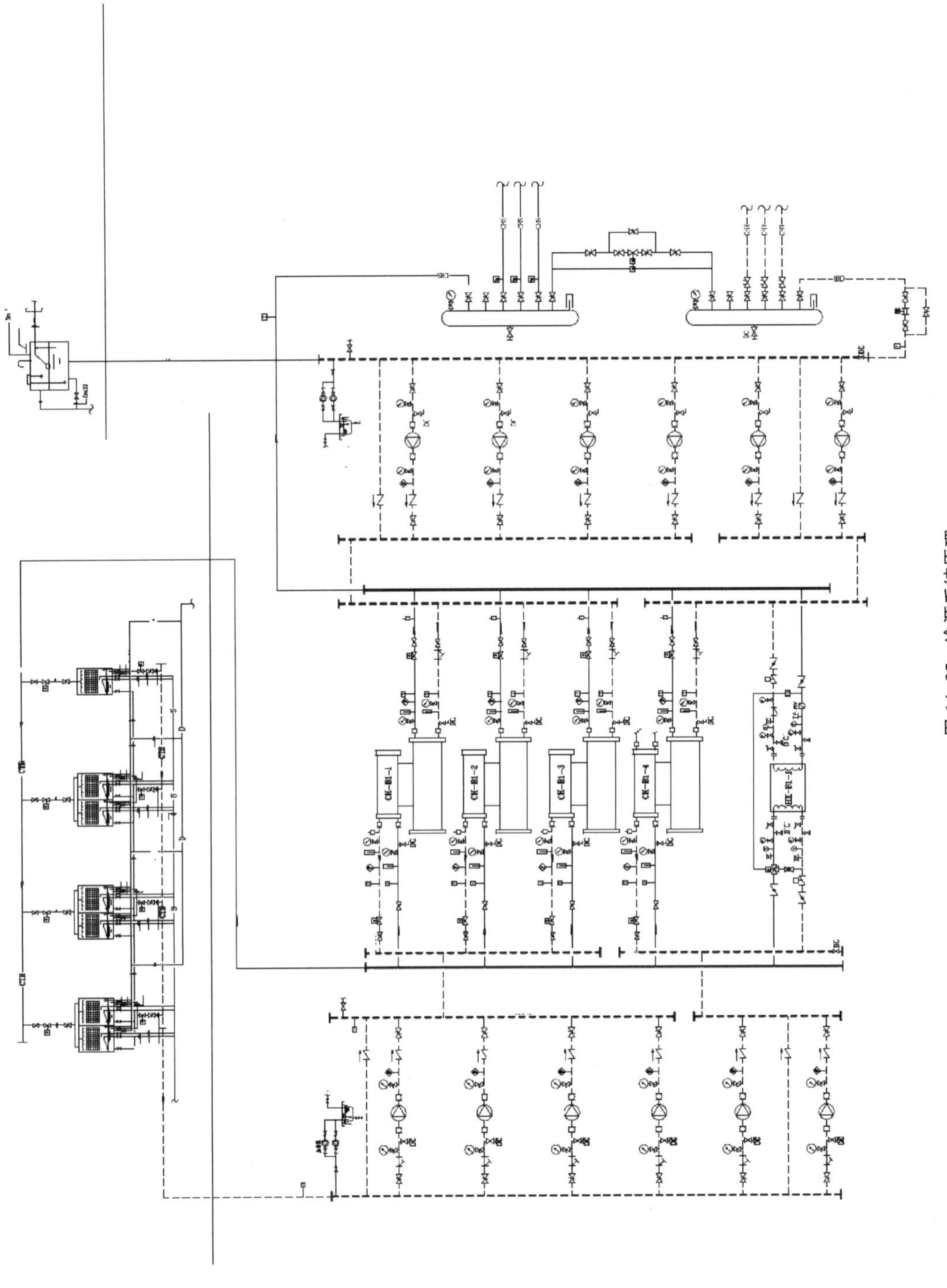

图 14-35　冷源系统原理

14.2.5 广州白天鹅宾馆①

建设地点：广东省广州市

设计单位：广州市设计院集团有限公司

管理单位：广东白天鹅酒店集团有限公司

建筑规模：总建筑面积为 100 838 m^2，酒店改造面积为 87 064 m^2

设计时间：不详

竣工时间：1983 年（2015 年重新装修）

1. 建筑概况

广州白天鹅宾馆（图 14-36）是我国首家中外合资的五星级酒店，于 1983 年开业，2011 年停业改造。宾馆地上 34 层，地下 1 层，主要功能为酒店客房、附属商业配套、餐饮服务及办公。

图 14-36 广州白天鹅宾馆

2. 空调冷热源与水系统

空调冷负荷为 7 380 kW，空调热负荷为 1 894 kW，生活热水负荷为 1 880 kW，游泳池热负荷为 155 kW。冷热源采用电制冷水冷机组＋蒸汽锅炉。酒店设置 3 台离心式制冷机组（单机制冷量为 2 461 kW）和 2 台螺杆式制冷机组（单机制冷量为 1 231 kW）。空调冷源系统如图 14-37 所示。热源采用 8 台蒸汽锅炉（每台容量为 2 t/h），1 台 2 t/h 的油气两用蒸汽锅炉和 2 台 0.5 t/h 的燃气蒸汽锅炉。生活热水采用水-水热泵机组，同时将冷水供空调使用，热泵机组生活热水进/出水温度为 16℃/60℃，冷水进/出水温度为 15℃/7℃。空调水系统为四管制，冷水供/回水温度为 7℃/15℃。

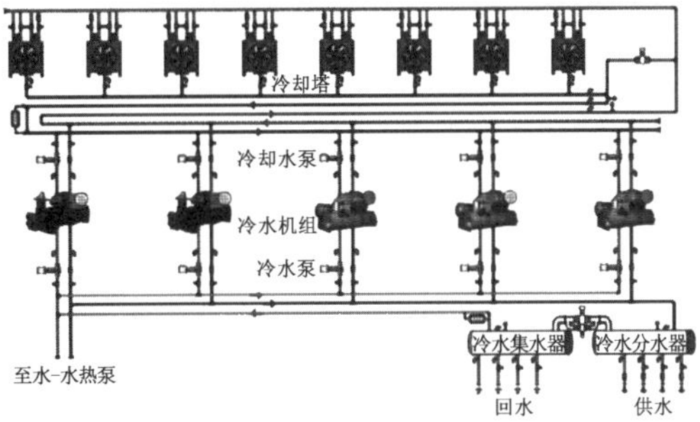

图 14-37 空调冷源系统示意

3. 空调风系统

大堂、餐厅、会议室采用全空气系统。客房采用风机盘管加新风系统，风机盘管采用大温差 7℃/15℃的直流无刷电机。

---

① 资料来源：《暖通空调》，2016 年第 46 卷第 1 期。

14.2.6 深圳威尼斯酒店[①]

建设地点：广东省深圳市

业　　主：华侨城集团有限公司

设计单位：深圳华森建筑与工程设计顾问有限公司

管理单位：洲际酒店集团

建筑规模：总建筑面积为 56 000 m^2

设计时间：1998 年 8 月—1999 年 12 月

竣工时间：2001 年 10 月

图 14-38　深圳威尼斯酒店

1. 建筑概况

深圳威尼斯酒店(图 14-38)是我国首座以威尼斯文化为主题的商务度假酒店。空调面积为 46 800 m^2，有 376 间客房，其中套房 70 间。酒店地下 2 层，地上 17 层。裙房为酒店配套(商务、餐饮、娱乐)用房；塔楼为客房，客房平面分为三个枝杈，从 4 层到 17 层逐渐缩小；裙房屋面为游泳池和酒吧。

2. 空调冷热源与水系统

空调冷负荷为 7 600 kW，空调热负荷为 1 820 kW。冷热源采用电制冷水冷机组+燃油蒸汽锅炉。冷源设置 3 台离心式制冷机组(单机制冷量为 2 625 kW)。热源采用 3 台蒸汽锅炉(每台容量为 3 t/h)，其中洗衣房使用 1.5 t/h 的蒸汽锅炉。

空调水系统为一级泵、两管制，冷水供/回水温度为 7℃/12℃，热水供/回水温度为 60℃/50℃。裙房为异程式，客房为垂直同程式。客房的水回路又分为风机盘管和新风空调箱两路。供冷区域的管路与其他管路分开设置，游泳池地板供暖回路独立设置。

3. 空调风系统

裙房各功能房间均采用全空气系统(风机变频)，按照一台或多台服务一个区域设置。客房及酒店后勤用房采用风机盘管加新风系统。客房新风系统中设置蒸汽加湿段。酒窖和酒吧的酒柜均在柜内安装冷风机降温，厨房的巧克力间利用冷风机调节温度，控制温度在 16～18℃。

为避免高风压的风机噪声过大，厨房排油烟系统设计为两台风压大小不等的风机串联工作，厨房一台，屋顶一台；确保穿越其他区域的排油管道处于负压区。

---

① 资料来源：《暖通空调工程优秀设计图集①》。

14.2.7　深圳星河丽思卡尔顿酒店①

建设地点： 广东省深圳市

业　　主： 深圳市星河房地产开发有限公司

设计单位： 艾奕康建筑设计(深圳)有限公司

管理单位： 深圳市丽嘉酒店管理有限公司

建筑规模： 总建筑面积为 50 006 m^2

设计时间： 2005 年 4 月—2008 年 3 月

竣工时间： 2009 年 3 月

图 14-39　深圳星河丽思卡尔顿酒店

1. 建筑概况

深圳星河丽思卡尔顿酒店(图 14-39)空调面积为 35 182 m^2，有 244 间客房，裙房为酒店配套(会议、餐饮、休闲)用房，塔楼为客房(共 19 层)。酒店餐饮设施包括中餐厅、意大利餐厅、全天候餐饮区、露天餐饮区、咖啡厅和酒吧。酒店休闲设施包括室外游泳池、水疗温泉和健身房。酒店会议设施包括大型宴会厅、多功能厅、会议室和董事会会议室。

2. 空调冷热源与水系统

空调冷负荷为 5 820 kW，空调热负荷为 1 781 kW。冷热源采用电制冷水冷机组＋燃气常压热水锅炉。冷源设置 3 台离心式制冷机组(单机制冷量为 1 758 kW)和 1 台螺杆式制冷机组(制冷量为 1 121 kW)。热源采用 4 台常压热水锅炉。

空调水系统为二级泵、四管制，冷水供/回水温度为 7℃/12℃，热水供/回水温度为 60℃/50℃。裙房为异程式，客房为垂直同程式。

3. 空调风系统

大堂、酒吧、餐厅、宴会厅及其前厅采用全空气系统(风机变频)，过渡季全新风运行。客房及酒店后勤用房采用风机盘管加新风系统。客房新风系统中设置热管热回收装置。

4. 系统运行状况

部分区域进行二次装修设计时风口位置被挪动，导致温度场不均匀。客房 INCOME 系统默认设定房间温度为 22℃，未区分是否有人入住，造成能耗偏高。

---

① 资料来源：《暖通空调工程优秀设计图集④》。

14.2.8 三亚美高梅度假酒店①

建设地点： 海南省三亚市
业　　主： 大悦城控股集团股份有限公司
设计单位： 中国建筑科学研究院有限公司
管理单位： 美高梅酒店管理公司
建筑规模： 总建筑面积为 108 332 m^2
设计时间： 不详
竣工时间： 2011 年

1. 建筑概况

三亚美高梅度假酒店（图 14-40）为五星级涉外酒店，由三亚凯莱度假酒店及扩建部分组成，地上 8 层，地下 2 层。

图 14-40　三亚美高梅度假酒店

2. 空调冷热源与水系统

空调冷负荷为 8 454 kW。仅考虑供冷，冷源采用电制冷水冷机组。冷源设置 4 台离心

① 资料来源：《暖通空调》，2015 年第 45 卷增刊 2。

式制冷机组(3台单机制冷量为2 813 kW,1台单机制冷量为1 852 kW,并配置变频器)。预留可接当地集中冷站的管道(供/回水温度为3.5℃/11℃,压差为0.35 MPa,管道压力为0.95 MPa)。空调冷源系统如图14-41所示。热源设置2台蒸汽燃气锅炉,提供生活热水、厨房热水和洗衣房蒸汽。

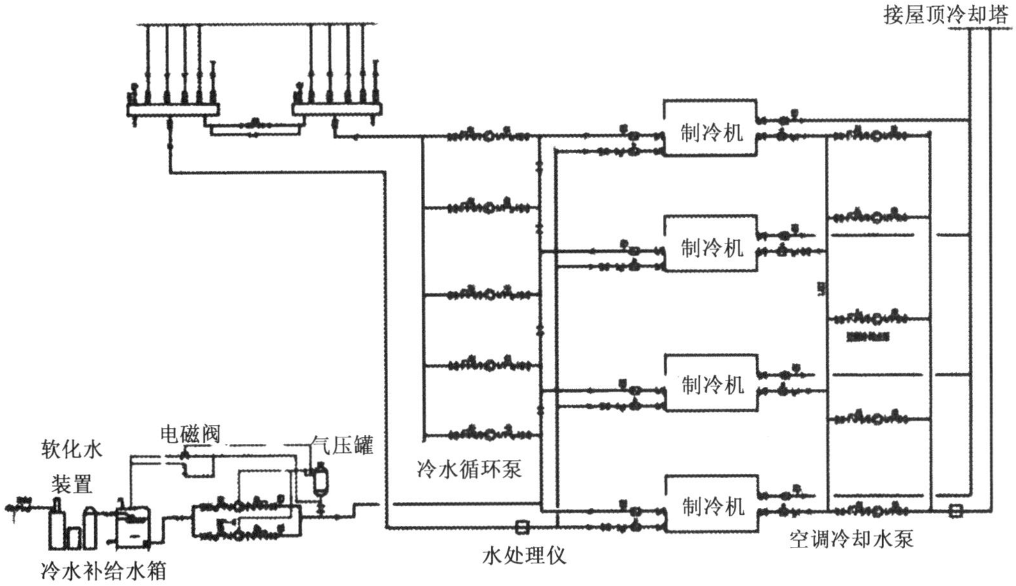

图 14-41 空调冷源系统示意

空调水系统为一级泵、两管制。冷水供/回水温度为7℃/12℃,空调水系统均为异程式。

3. 空调风系统

餐厅、多功能厅、娱乐活动室等人员密集的大空间采用全空气系统,大型会议室、办公区、VIP餐厅采用变风量空调系统,别墅采用多联机系统。客房及酒店后勤用房采用风机盘管加新风系统,新风系统采用热回收机组。计算中心机房、重要档案室设置恒温恒湿精密空调。

14.2.9 惠州皇冠假日酒店

建设地点：广东省惠州市

业　　主：南旋集团有限公司

设计单位：深圳市建筑设计研究总院有限公司

管理单位：洲际酒店集团

建筑规模：总建筑面积为88 836 m^2

设计时间：2007 年

竣工时间：2011 年

1. 建筑概况

惠州皇冠假日酒店(图 14-42)地上 25 层，地下 2 层，高 99.75 m。1—4 层为裙房，包括大堂、餐厅、宴会厅、室内外游泳池；5 层为设备层，6—24 层为客房，25 层为行政办公用房。另设一栋楼作为能源中心，包括制冷机房、锅炉房、发电机房和变配电室。

图 14-42　惠州皇冠假日酒店

2. 空调冷热源与水系统

空调冷负荷为 7 737 kW。冷源设置 2 台离心式制冷机组(单机制冷量为 3 165 kW)和 1 台带热回收的螺杆式制冷机组(制冷量为 1 407 kW)。热源设置 1 台 1 t/h 的蒸汽燃气锅炉来提供洗衣房蒸汽。2 台 2 800 kW 的燃气热水锅炉提供空调和生活热水。

客房空调及裙房新风机的水系统为四管制，裙房及地下室采用两管制系统。冷水供/回水温度为 7℃/12℃，空调水系统均为异程式。

3. 空调风系统

大堂、中庭采用全空气系统，送风口采用侧墙高位喷口和局部下送风方式。客房及酒店后勤用房采用风机盘管加新风系统。

14.2.10 深圳华侨城洲际大酒店[①]

建设地点： 广东省深圳市

业　　主： 华侨城集团有限公司

设计单位： 深圳华森建筑与工程设计顾问有限公司

管理单位： 洲际酒店集团

建筑规模： 总建筑面积为 108 867 m^2

设计时间： 2005 年

竣工时间： 2006 年 12 月

图 14-43 深圳华侨城洲际大酒店

1. 建筑概况

深圳华侨城洲际大酒店（图 14-43）空调面积为 62 279 m^2，有 500 间客房，地下 2 层，塔楼 6 层。首层与二层间设两个设备转换层；2—6 层为客房，包括标准间、行政套房和总统套房；裙房为酒店提供公共设施，包括餐饮区、宴会厅、酒吧、健身房和婚礼中心等。

2. 空调冷热源与水系统

空调冷负荷为 11 403 kW，空调热负荷为 2 524 kW。冷热源采用电制冷水冷机组＋燃气蒸汽锅炉。冷源设置 3 台离心式制冷机组（单机制冷量为 2 637 kW）和 1 台离心式制冷机组（制冷量为 1 231 kW）。热源采用蒸汽锅炉。锅炉房、洗衣房、配电间发热量大，设置了带热回收装置的热泵机组，机组进/出风温度为 30℃/(20～24)℃，进/出水温度为 20℃/55℃。产生的热水可作为更衣室、员工厨房和洗衣房的生活热水。

空调水系统为一级泵、四管制系统，冷水供/回水温度为 7℃/12℃。

3. 空调风系统

大堂、酒吧、餐厅、宴会厅采用全空气系统。咖啡厅采用送风柱送风。室内游泳池采用除湿热泵机组。酒窖采用小型风冷冷水机组，末端采用空调箱、风机盘管或冷辐射板。客房及酒店后勤用房采用风机盘管加新风系统。总统套房采用全新风变风量系统，每个房间设置独立的并联式风机动力型末端。

4. 系统运行状况

大堂、宴会厅、咖啡厅的空调系统运行良好，客房噪声符合要求。

---

① 资料来源：《暖通空调》，2007 年第 37 卷第 6 期。

14.2.11 金茂三亚亚龙湾希尔顿大酒店①

建设地点： 海南省三亚市

业　　主： 中国金茂(集团)有限公司

设计单位： 华建集团上海建筑设计研究院有限公司

管理单位： 希尔顿酒店集团公司

建筑规模： 总建筑面积为 75 000 m^2

设计时间： 2003 年 12 月—2004 年 12 月

竣工时间： 2005 年 12 月

图 14-44 金茂三亚亚龙湾希尔顿大酒店

1. 建筑概况

金茂三亚亚龙湾希尔顿大酒店(图 14-44)临海而建，为多层、多单体坡屋顶建筑群，酒店大堂位于建筑群中心位置，通过连廊与两侧共 8 幢客房楼相连，通过地下室与会议中心相连。大堂下方地下二层设六级人防、办公用房及设备用房，地下一层设洗衣房、职工更衣淋浴间、餐厅及厨房等。会议中心地下二层主要为库房及办公用房，地下一层为会议中心，一层设宴会厅。酒店设有风味餐厅、SPA 中心和 SPA 标准单元、别墅型客房等，均为各自独立的单体。酒店共设 500 余套客房，建筑最高为 7 层，低于 24 m。

2. 空调冷热源与水系统

计算空调冷负荷为 6 416 kW，考虑 80%的客房实际使用率，设计冷水机组装机容量为 5 625 kW。酒店设置 2 台 2 110 kW 的离心式冷水机组，1 台 1 405 kW 的双机头螺杆式冷水机组，空调冷水供/回水温度为 7℃/12℃。空调冷源系统如图 14-45 所示。

3. 空调风系统

餐厅、宴会厅及其他大空间功能场所采用集中式低速风道空调系统，由空气处理机组独立处理新风回风。部分全空气空调系统采用风机变频节能运行方式。各小面积功能用房，如酒店客房、办公室等，采用风机盘管加新风系统。别墅型客房和 SPA 标准单元采用直接蒸发式分体或多联空调系统，内走廊送新风。大堂采用自然通风方式，不设空调系统，设置高窗排风，形成下进上出的自然对流，以利通风散热。

4. 系统运行状况

系统绝大部分时间均为部分负荷运行，水泵电机变频器一般在满频的 60%～70%工况下运行，节能效果显著。由于燃气价格较高，对于三亚地区全年运行的酒店，回收冷凝热预

---

① 资料来源：《暖通空调工程优秀设计图集②》。

热生活用水、洗衣房用水补水可以节能省钱。

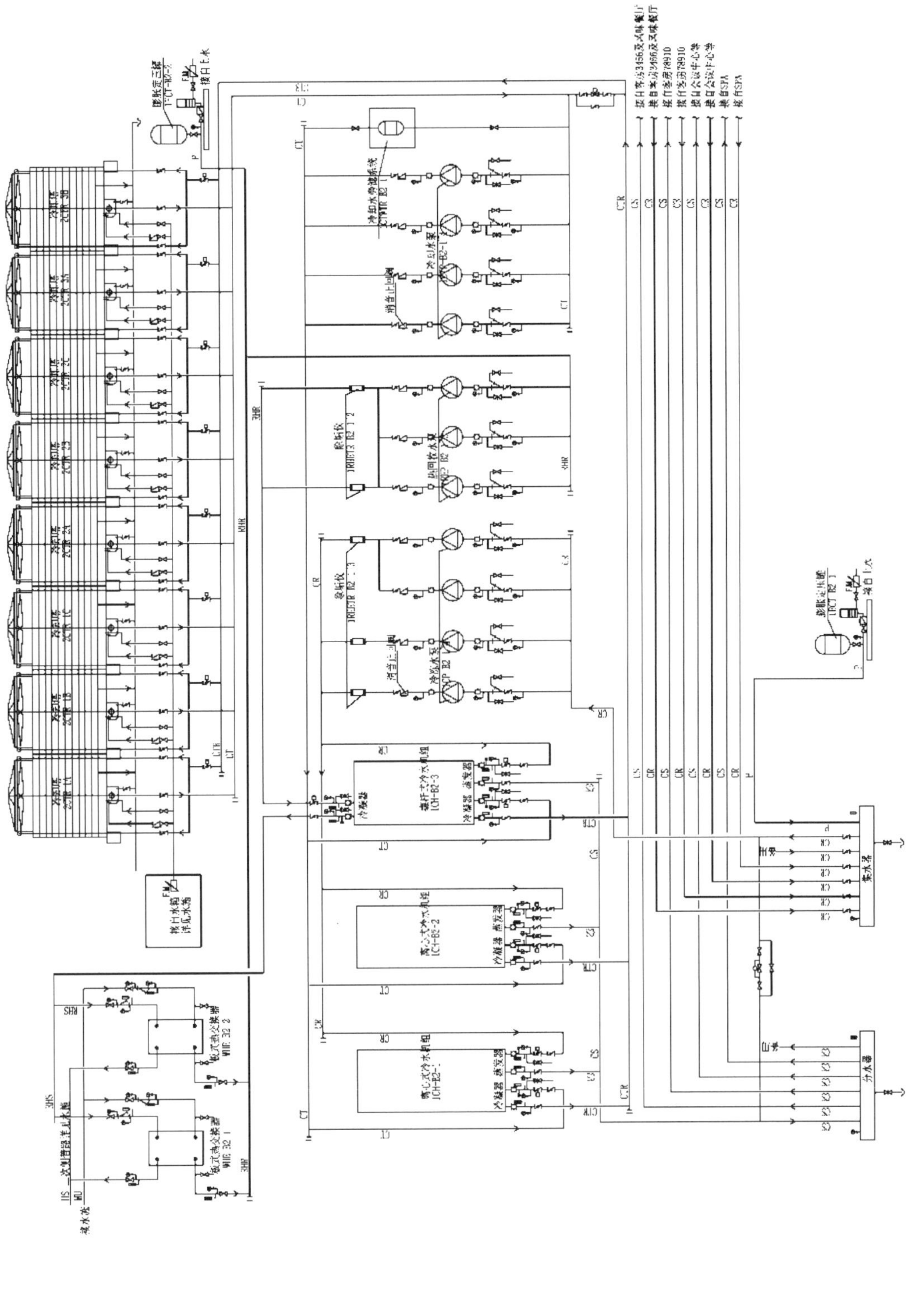

图 14-45 冷源系统原理

14.3 寒冷地区酒店

14.3.1 西安临潼悦椿温泉酒店①

建设地点： 陕西省西安市

业　　主： 西安曲江临潼旅游投资(集团)有限公司

设计单位： 上海建筑设计研究院有限公司

管理单位： 悦榕酒店管理有限公司

建筑规模： 总建筑面积为 110 509 m^2

设计时间： 2012 年 4 月

竣工时间： 2014 年 8 月

1. 建筑概况

西安临潼悦椿温泉酒店(图 14-46)分为酒店(主要包括酒店后勤、客房、餐厅、国宾馆等，83 386 m^2)、商业与 SPA(9 871 m^2)、别墅(17 252 m^2)三部分，建筑最高 23.85 m。

图 14-46　西安临潼悦椿温泉酒店

① 资料由上海建筑设计研究院有限公司杨明提供。

酒店部分为五层，地下 1 层为车库、设备用房、室内游泳池及酒店后勤用房等；地上 4 层，1 层主要为大堂、各式餐厅、宴会厅、会议及娱乐等功能用房，2—4 层为客房区域，共有客房 444 间。

2. 空调冷热源与水系统

(1) 酒店主体及国宾馆集中设置冷热源，机房位于酒店主体地下一层。餐厅、水疗中心、各小型商铺及别墅区采用多联机空调系统。

空调总冷负荷为 7 985 kW，采用天然气直燃型吸收式冷热水机组，并辅以电制冷机组。冷源选用 3 台制冷容量为 2 300 kW 的直燃溴化锂机组和 1 台制冷容量为 1 085 kW 的螺杆式电制冷冷水机组。机组冷水供/回水温度均为 6℃/12℃，冷却水进/出水温度为 32℃/38℃。另设一台板式换热器，可进行夏季、过渡季冷凝热回收和冬季冷却水“免费供冷”转换。

空调总热负荷为 5 989 kW，生活热水热负荷为 2 395 kW。空调热源由直燃型吸收式冷热水机组提供，机组高压发生器相应加大，每台机组提供 2 000 kW 的热量。机组供/回水温度为 60℃/50℃。生活热水热源采用 2 台制热量为 1 200 kW 的真空热水锅炉及 2 台蒸发压力为 1.0 MPa、蒸发量为 1.5 t/h 的蒸汽锅炉，其供/回水温度为 80℃/60℃。

(2) 空调冷热水系统分为酒店主体和国宾馆两大区域，各区供水总管分别设能量计独立计量，各区通过设置静态平衡阀来平衡各并联管路压差。

酒店公共区域及客房部分均采用四管制系统。其中，公共区域和客房部分的水平系统和垂直系统均为异程式，各区域支管上设动态压差平衡阀。

空调冷水系统采用一级泵定流量、二级泵变流量系统。空调热水系统采用一级泵变流量系统。

3. 空调风系统

大堂、各式餐厅、游泳池、KTV、休闲大厅等大空间公共用房采用单风管定风量一次回风式全空气低速空调系统，采用顶部均匀送风、下部集中回风的方式，空调箱按区域设置在各楼层机房内。

宴会厅采用变风量全空气低速空调系统，各变风量系统的各独立区域的回风量随送风量相应变化，采用顶部均匀送风、下部集中回风的方式。

餐饮包房、小办公室、会议室、酒店客房等功能房间采用风机盘管加新风系统。新风和排风系统采用垂直系统。各新风和排风机组分别设置乙二醇溶液盘管与溶液循环泵，通过盘管内溶液循环对系统中排风的余冷余热进行回收，从而预处理新风。

各公共场所的集中空调系统均设有初、中效空气过滤器、空气净化消毒装置。

14.3.2 天津天颐津城京基皇冠假日酒店①

建设地点： 天津市

业　　主： 天津京基房地产开发有限公司

设计单位： 天津大学建筑设计规划研究总院有限公司

管理单位： 洲际酒店集团

建筑规模： 总建筑面积为 81 950 m^2

设计时间： 2009 年 5 月

竣工时间： 2012 年 10 月

1. 建筑概况

天津天颐津城京基皇冠假日酒店(图 14-47)总客房数为 330 间，地上 13 层，地下 2 层，裙房 3 层。地上 1—3 层为餐饮及会议区，4 层及以上为客房。地下 1 层为桑拿区、自助餐厅及 KTV，地下 2 层为汽车库。

图 14-47　天津天颐津城京基皇冠假日酒店

2. 空调冷热源与水系统

空调冷负荷为 5 300 kW，空调热负荷为 6 000 kW。冷热源采用电制冷水冷机组＋热水锅炉。冷源设置 3 台离心式制冷机组(单机制冷量为 2 100 kW)，两用一备，另设置 1 台螺杆式制冷机组(单机制冷量为 1 120 kW)。热源设置 4 台燃气真空锅炉(单机制热量为 2 100 kW)，三用一备。

空调水系统为四管制、二级泵系统。

3. 空调风系统

大堂、多功能厅、宴会厅、大会议室采用全空气系统(风机变频)，其中多功能厅、大会议室进行全热回收。游泳池空调采用除湿热泵机组。小会议室、KTV 包间、行政办公室采用变风量空调系统，采用定静压控制。客房及地下酒店后勤用房采用风机盘管加新风系统。

---

① 资料来源：《暖通空调工程优秀设计图集⑤》。

14.3.3 北京益田影人花园酒店①

建设地点：北京市

业　　主：深圳市益田集团股份有限公司

设计单位：中国建筑设计研究院有限公司

管理单位：锦江国际酒店管理有限公司

建筑规模：总建筑面积为 49 929 m^2

设计时间：2009 年 11 月—2011 年 3 月

竣工时间：2012 年 6 月

图 14-48　北京益田影人花园酒店

1. 建筑概况

北京益田影人花园酒店(图 14-48)由影人俱乐部和影人酒店两部分组成,集酒店住宿、文化交流、商务会展和休闲娱乐于一体,高 79.95 m,地上 20 层,地下 1 层,裙房 3 层。

2. 空调冷热源与水系统

空调冷负荷为 3 799 kW,空调热负荷为 3 276 kW。冷热源采用电制冷水冷机组+市政热网。冷源设置 2 台离心式制冷机组(单机制冷量为 1 580 kW),1 台螺杆式制冷机组(单机制冷量为 700 kW)。热源除市政热网板式换热器外,另设置 2 台 2 100 kW 的真空锅炉供生活热水和过渡季空调使用,设置 1 台 1 t/h 的蒸汽锅炉。

空调水系统为一级泵、分区两管制系统。内区风机盘管为单冷管路,外区风机盘管和空调箱、新风空调箱为冷热共用管路。客房部分水系统竖向同程布置,其他为异程系统。

3. 空调风系统

大堂、宴会厅、前厅、全日餐厅、一层中餐大厅采用全空气系统,前厅外区辅助配套风机盘管。游泳池空调采用除湿热泵机组。会议室、办公室采用四管制风机盘管加全热回收式新风系统。客房采用风机盘管加带显热回收的新风系统。

除游泳池、洗浴区外,内区及内外区共用的新风系统冬季送风温度取 15℃。客房新风系统冬季送风温度比房间温度高 2℃,夏季送风温度取 18℃(与室内等含湿量)。

4. 系统运行状况

北京怀柔地区的市政热水供水温度实际为 60～65℃,达不到业主要求的 95℃。造成客房竖向温度失调,上部客房为 21～24℃,下部客房为 19～21℃。客房房间面板设定温度为 22～24℃,造成末端电磁阀基本不动作,垂直水力失调。

---

① 资料来源:《暖通空调工程优秀设计图集⑤》。

14.3.4 烟台福山宾馆①

建设地点：山东省烟台市

业　　主：烟台市福山区政府

设计单位：烟台市建筑设计研究股份有限公司

管理单位：烟台市福山宾馆有限公司

建筑规模：总建筑面积为 31 468 m^2

设计时间：2010 年 5—7 月

竣工时间：2011 年 7 月

1. 建筑概况

烟台福山宾馆(图 14-49)是按五星级标准建设的集住宿、餐饮、商务会议、康体娱乐于一体的综合性涉外宾馆，包括商务宾馆和康乐中心两个单体，拥有餐厅、多功能厅、会议室、游泳馆、网球馆、健身房和客房。商务宾馆地上 4 层，地下 1 层，高23.3 m。康乐中心地上 3 层，地下 1 层。

图 14-49　烟台福山宾馆

2. 空调冷热源与水系统

空调冷负荷为 2 580 kW，空调热负荷为 2 328 kW。冷热源采用水源热泵机组，3 台螺杆式水源热泵机组提供空调冷热源，1 台水源热泵机组提供生活热水。

空调水系统为一级泵两管制变流量系统。

3. 空调风系统

大堂、餐厅、多功能厅采用全空气系统(风机变频)，过渡季加大新风运行。游泳池空调采用热回收式空调机组。游泳池四周、淋浴间及更衣室采用地板辐射供暖。网球馆采用全空气系统，地板下送风上回风。接待室、大会议室、西餐厅采用风机盘管加新风系统，部分设置了排风热回收装置。

4. 系统运行状况

夏季空调运行时间为 5 月初至 9 月底，约 150 d，总运行费用约为 60 万元。冬季空调运行时间为 11 月初至次年 4 月底，约 180 d，运行费用约为 110 万元。

---

① 资料来源：《暖通空调工程优秀设计图集⑤》。

14.3.5 遵义大酒店①

建设地点： 贵州省遵义市

业　　主： 贵州省遵义市政府

设计单位： 中国建筑西南设计研究院有限公司

管理单位： 遵义道桥酒店管理有限公司

建筑规模： 总建筑面积为 210 000 m^2

设计时间： 2018 年

竣工时间： 2019 年 11 月

1. 建筑概况

遵义大酒店(图 14-50)分为酒店和会议中心两部分，高 30 m。酒店地上 4 层，地下 2 层；会议中心地下 1 层，地上 4 层。

图 14-50　遵义大酒店

2. 空调冷热源与水系统

空调冷负荷为 9 210 kW，空调热负荷为 6 144 kW。冷热源采用地源热泵(图 14-51)，另设燃气热水机组作为备用热源。酒店设置 3 台离心式热泵机组(单机制冷量为 2 150 kW)和 1 台螺杆式冷水机组(制冷量为 1 122 kW)，1 台制热量为 1 000 kW 的燃气热水机组作为备用热源。

空调水系统为两管制，冷水供/回水温度为 7℃/12℃，热水供/回水温度为 45℃/40℃。

3. 空调风系统

大堂、餐厅、宴会厅采用全空气系统。客房、办公室、小会议室采用风机盘管加新风系统。

① 资料来源：《暖通空调》，2020 年第 50 卷第 9 期。

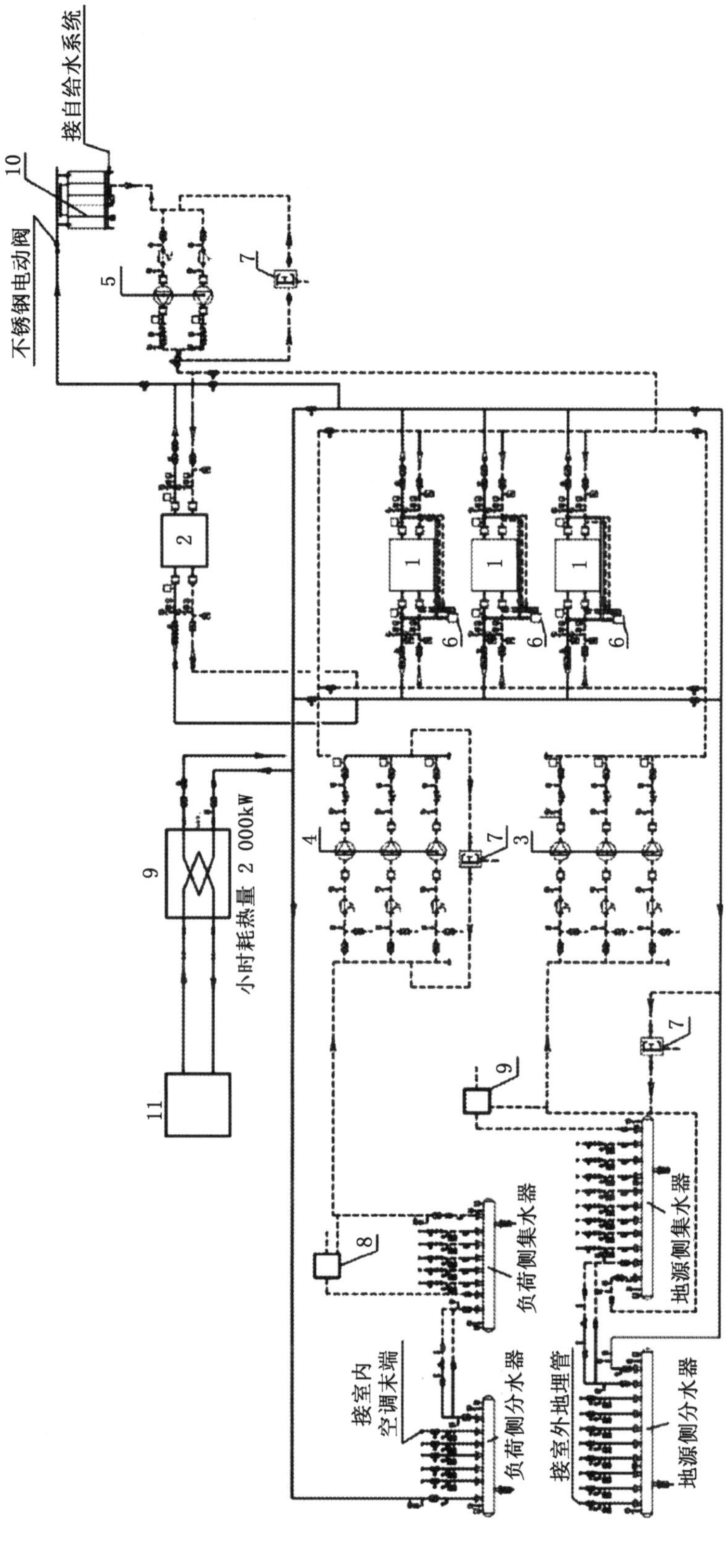

图 14-51 地源热泵系统示意

14.3.6 兰州柏丽兹·云境酒店[①]

建设地点：甘肃省兰州市

业　　主：甘肃石化天成房地产开发有限公司

设计单位：甘肃省建筑设计研究院有限公司

管理单位：甘肃云境实业发展有限公司酒店管理分公司

建筑规模：总建筑面积为 112 047 m^2

设计时间：2014 年

竣工时间：2019 年

图 14-52 金色堤岸二期

1. 建筑概况

金色堤岸二期（图 14-52）项目是由五星级酒店、高级景观住宅和配套裙房组成的超高层综合体。1 号楼为办公＋酒店（兰州柏丽兹·云境酒店），共 39 层，高 204.7 m。1—7 层为酒店配套用房，包括大堂、餐饮中心、会议中心、康体中心和游泳池；9—15 层为办公区；17—39 层为酒店客房。

2. 空调冷热源与水系统

空调冷负荷为4 950 kW，空调热负荷为5 280 kW。冷热源采用电制冷机组＋燃气锅炉。冷源设置 2 台离心式热泵机组（单机制冷量为1 934 kW）和 1 台螺杆式冷水机组（制冷量为1 146 kW，热回收量为1 283 kW）。热源设置制热量为 3 489 kW 的燃气真空锅炉以提供空调热水。

空调水系统为两管制、一级泵变流量系统。低区冷水供/回水温度为 7℃/12℃，热水供/回水温度为 60℃/45℃。水系统竖向分为高、低两个区，低区为 1—15 层，高区为 16—39 层。经换热后高区冷水供/回水温度为 8.5℃/13.5℃，热水供/回水温度为 55℃/40℃。

3. 空调风系统

大堂、餐厅、宴会厅采用全空气系统。客房、办公室、餐厅包房、小会议室采用风机盘管加新风系统。新风系统设置显热回收装置。游泳池采用除湿热泵机组。

4. 系统运行状况

对冷却塔供冷系统进行测试，发现 11 月进入供暖季后，西向房间下午室内温度偏高，主要是玻璃幕墙造成日照辐射热大。因水系统为两管制，供暖季无法制冷。

---

① 资料来源：《暖通空调》，2020 年第 50 卷第 10 期。

14.3.7 北京嘉铭中心酒店①

建设地点： 北京市

业　　主： 嘉铭投资有限公司

设计单位： 北京市建筑设计研究院有限公司

管理单位： 北京鸿鹭嘉铭酒店管理有限公司

建筑规模： 总建筑面积为 55 237 m²

设计时间： 2009 年 3 月—2010 年 1 月

竣工时间： 2012 年 8 月

1. 建筑概况

北京嘉铭中心酒店（图 14-53）地上25层，地下 4 层，高 99 m。地上为餐饮、商务配套及酒店客房，地下 1 层为休闲娱乐区、游泳池、健身房及 KTV，地下 2 层为后勤办公及机电用房，地下 3 层和 4 层为汽车库。

图 14-53　北京嘉铭中心酒店

2. 空调冷热源与水系统

空调冷负荷为 4 670 kW，空调热负荷为 3 900 kW。冷热源采用电制冷水冷机组＋市政热网。冷源设置 3 台离心式制冷机组（单机制冷量为 1 935 kW）。由市政热网提供 110℃/90℃热水。

空调水系统为四管制，冷水供/回水温度为 6℃/12℃，热水供/回水温度为 60℃/50℃。

3. 空调风系统

大堂、餐厅、宴会厅采用全空气系统（风机变频），过渡季加大新风运行。游泳池空调采用定风量空调机组加除湿机组。客房及地下酒店后勤用房采用风机盘管加新风系统。

① 资料来源：《暖通空调工程优秀设计图集⑥》。

14.3.8 北京阳光上东香格里拉酒店[①]

建设地点： 北京市

业　　主： 北京首创置业股份有限公司

设计单位： 中国建筑科学研究院建筑设计院

管理单位： 香格里拉酒店集团

建筑规模： 总建筑面积为 79 420 m^2

设计时间： 2005 年 3 月—2006 年 6 月

竣工时间： 2008 年 7 月

图 14-54　北京阳光上东香格里拉酒店

1. 建筑概况

北京阳光上东香格里拉酒店(图 14-54)由两栋塔楼和裙房组成，高 99 m，地上 27 层，地下 3 层。地上 1—4 层裙房为大堂、餐饮区、多功能厅和酒店管理用房。西塔 5—27 层为酒店客房，东塔 5—27 层为酒店式公寓。地下 1 层为 SPA、游泳池、员工餐厅，地下 2 层为员工浴室、厨房库房及机电用房，地下 3 层为汽车库。

2. 空调冷热源与水系统

酒店空调冷负荷为 5 250 kW，空调热负荷为 4 200 kW；酒店式公寓空调冷负荷为 1 800 kW，空调热负荷为 1 620 kW；生活热负荷为 3 680 kW。酒店冷热源采用电制冷水冷机组＋市政热网。冷源设置 3 台离心式制冷机组(单机制冷量为 1 750 kW)。由市政热网提供热水。酒店式公寓夏季采用集中冷却分散制冷的水环热泵空调，冷却塔提供的 32℃/37℃冷却水经换热后为 34℃/39℃。冬季通过市政热网提供地板辐射供暖。

酒店空调水系统为四管制，酒店式公寓的水系统为四管制(夏季为集中冷却水，冬季集中热水供/回水温度为 60℃/50℃)。

3. 空调风系统

大堂、餐厅、宴会厅采用全空气系统(风机变频)，过渡季加大新风运行。客房及地下后勤用房采用风机盘管加新风系统。客房的新风系统设置了乙二醇盘管热回收装置。酒店式公寓空调夏季采用分体式水环热泵机组，室外机放在公共管井内，末端为风机盘管机组。酒店大堂、游泳池周边及酒店式公寓设置地板辐射供暖系统。地下室靠近出入口的喷淋管、地上靠外围护结构的卫生间上下水管道、设备机房水管道采用电伴热防冻。各主要出入口设置热水风幕。

---

① 资料来源：《暖通空调工程优秀设计图集③》。

14.3.9 北京富华金宝中心[①]

建设地点： 北京市

业　　主： 北京富华金宝中心有限公司

设计单位： 中国建筑设计研究院有限公司

管理单位： 丽笙酒店集团

建筑规模： 总建筑面积为 167 676 m^2

设计时间： 2004 年 9 月

竣工时间： 2007 年 3 月

1. 建筑概况

北京富华金宝中心(图 14-55)由办公楼、五星级酒店和商务酒店 3 个组团组成，各组团通过地下室相连。五星级酒店地上 1—2 层为大堂、酒吧及餐饮用房；3 层为宴会厅、行政办公用房和会议室；4 层为健身房、水疗室、游泳池和娱乐用房；5—17 层为客房。

图 14-55　北京富华金宝中心

2. 空调冷热源与水系统

酒店空调冷负荷为 16 938 kW，空调热负荷为 16 077 kW，其中供暖负荷为 173 kW；冬季内区冷负荷为 1 200 kW。酒店冷热源采用电制冷水冷机组＋市政热网。酒店设置 4 台离心式制冷机组(单机制冷量为 3 868 kW)和 1 台离心式制冷机组(单机制冷量为 1 466 kW)。

酒店空调水系统为四管制、二级泵系统。冷水供/回水温度为 7℃/12℃，热水供/回水温度为 60℃/50℃；地板辐射供暖热水供/回水温度为 50℃/40℃。

3. 空调风系统

大堂、餐厅、宴会厅采用全空气系统(风机变频)，客房及地下后勤用房采用风机盘管加新风系统。

① 资料来源：《暖通空调》，2007 年第 37 卷第 6 期。

14.3.10 北京国林宾馆①

建设地点：北京市

业　　主：国家林业局

设计单位：国家林业和草原局林产工业规划设计院

管理单位：北京国林宾馆

建筑规模：总建筑面积为 15 287 m^2

设计时间：2002 年 9 月

竣工时间：2004 年 7 月

1. 建筑概况

北京国林宾馆(图 14-56)是由国家林业局招待所改建的三星级宾馆，高 17.6 m 地上 5 层，地下 2 层。建筑分为两部分，左侧为客房楼，右侧为综合服务楼。综合服务楼地下 1 层为空调机房和职工餐厅，地上为大堂、商务用房、餐厅和会议室。

图 14-56　北京国林宾馆

2. 空调冷热源与水系统

宾馆空调冷负荷为 1 900 kW，空调热负荷为 2 100 kW，供暖负荷为 185 kW，生活热负荷为 600 kW。冷热源采用电制冷水冷机组＋常压蓄热电锅炉。冷源设置 2 台螺杆式制冷机组(单机制冷量为 1 150 kW)。2 台制热量为 1 390 kW 的电锅炉作为空调供暖热源，1 台 690 kW 的电锅炉提供生活热水。宾馆设置 2 个 165 m^3 的空调蓄热水罐和1 个 100 m^3 的生活蓄热水罐，最高蓄热温度为 90℃，最低蓄热温度为 60℃。

宾馆空调水系统为两管制，冷水供/回水温度为 7℃/12℃，热水供/回水温度为 60℃/50℃。冷热源水系统流程如图 14-57 所示。

3. 空调风系统

大堂、餐厅、宴会厅采用全空气系统(风机变频)，过渡季加大新风运行。客房及地下后勤用房采用风机盘管加新风系统。客房的新风系统设置了乙二醇盘管热回收装置。

---

① 资料来源：《暖通空调》，2009 年第 39 卷第 12 期。

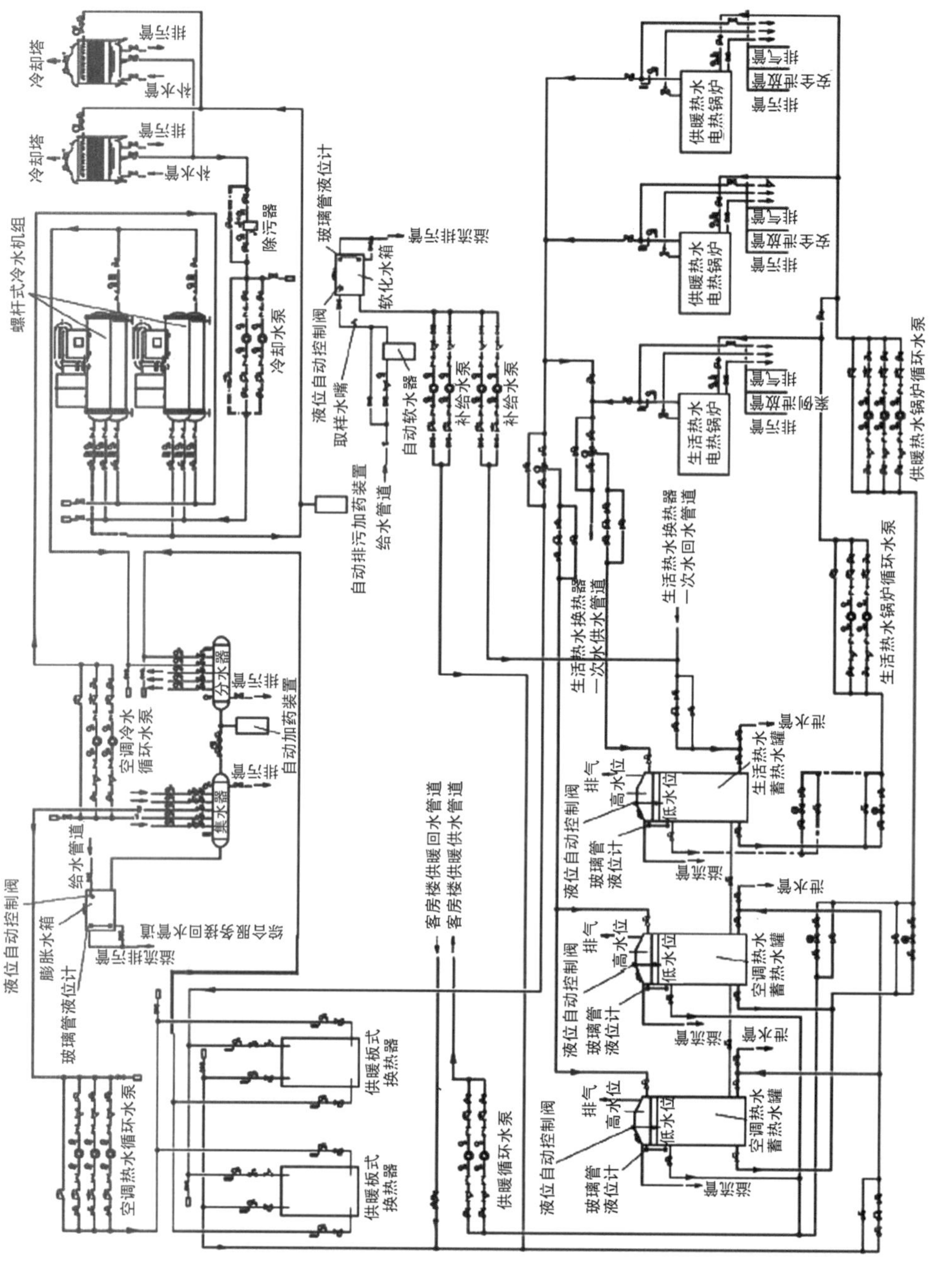

图 14-57 冷热源水系统流程

14.3.11 天津 117 大厦[①]

建设地点：天津市

业　　主：天津海泰新星投资有限公司

设计单位：华建集团华东建筑设计研究院有限公司

建筑规模：总建筑面积为 84 万 m^2，酒店建筑面积为 85 975 m^2

设计时间：2008 年

竣工时间：进行中

1. 建筑概况

天津 117 大厦（图 14-58）包括塔楼、靠山楼、商业廊和地下室。塔楼共 117 层，高 597 m，裙房 4 层。1—2 层为办公和酒店的大堂，3—4 层为酒店的配套设施（餐饮区、宴会厅和会议室等），5 层为酒店配套用房，6 层为避难层，7—92 层为办公区，93 层为避难层，94—117 层为六星级酒店。

图 14-58　天津 117 大厦

① 资料来源：《暖通空调》，2014 年第 44 卷第 8 期。

2. 空调冷热源与水系统

酒店空调冷负荷为 12 492 kW,空调热负荷为 10 167 kW。酒店冷热源采用电制冷水冷机组+市政蒸汽热网。酒店设置 3 台大的离心式制冷机组(单机制冷量为 3 517 kW)和2 台小的离心式制冷机组(单机制冷量为 1 758 kW)。冬季由市政热网提供的 588 kPa 蒸汽经换热器提供空调和供暖热水。

酒店空调水系统为四管制,冷水供/回水温度为 4.5℃/12.5℃,热水供/回水温度为 60℃/50℃,供暖热水供/回水温度为 85℃/70℃。空调水系统垂直方向分两次换热。空调冷水系统竖向分区如图 14-59 所示。

3. 空调风系统

大堂、餐厅、宴会厅采用全空气系统。客房及地下后勤用房采用风机盘管加新风系统。

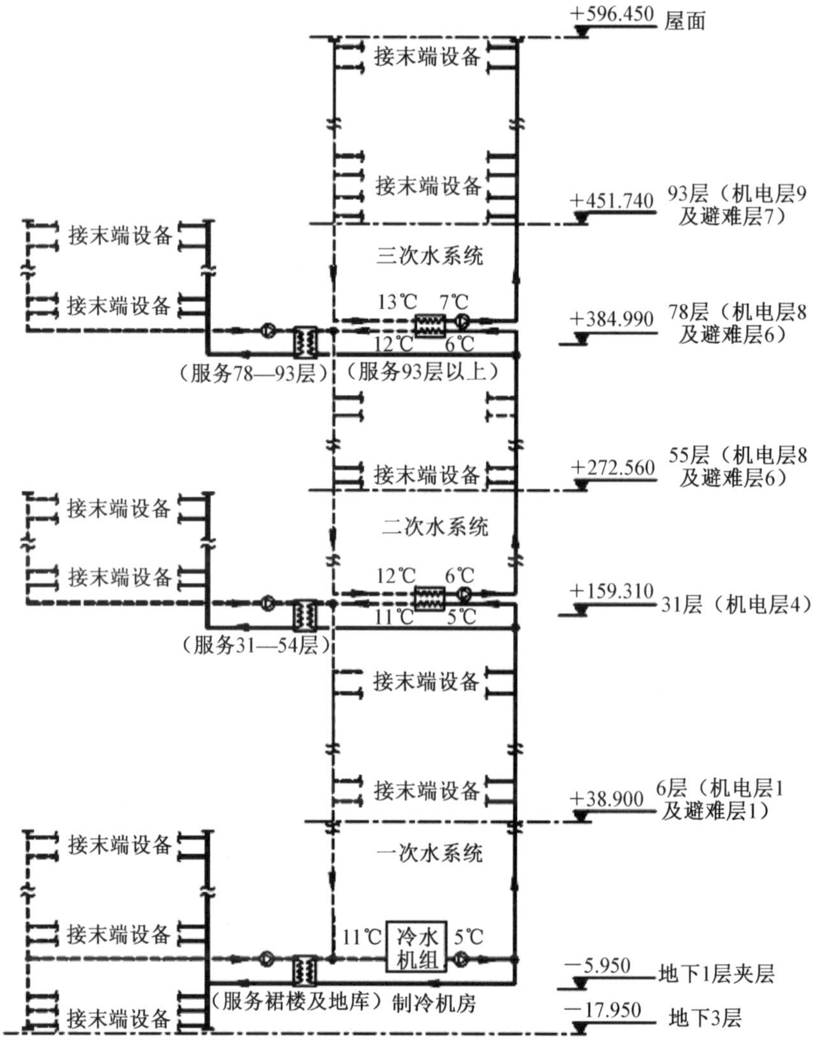

图 14-59 空调冷水系统竖向分区示意

14.3.12　淄博希尔顿逸林酒店①

建设地点：山东省淄博市

业　　主：淄博阿波罗置业有限公司

设计单位：山东省建筑设计研究院有限公司

管理单位：希尔顿酒店集团公司

建筑规模：总建筑面积为 131 000 m²，酒店部分面积为 75 691 m²

设计时间：2011 年

竣工时间：2013 年

1. 建筑概况

淄博希尔顿逸林酒店为双塔建筑，南楼和裙房为酒店，北楼为办公楼；功能包括酒店、CEO 公寓、首层商业、KTV（地下 1 层）和办公。

2. 空调冷热源与水系统

酒店空调冷负荷为 7 115 kW，空调热负荷为 5 987 kW，生活热负荷为 2 900 kW。该项目冷热源分为两套：酒店、CEO 公寓、裙房、首层商业、地下 1 层 KTV 合用 1 套冷热源，采用电制冷水冷机组＋燃气蒸汽锅炉；办公楼设 1 套冷热源，采用电制冷水冷机组＋市政热网。

酒店设置 3 台离心式制冷机组（单机制冷量为 2 461 kW），并设置 1 台 1 000 kW 的板式换热器给冬季冷却水供冷使用。酒店空调冷源系统流程如图 14－60 所示。设置 4 台 4 t/h 的蒸汽锅炉，负担空调加湿、洗衣用蒸汽和预留住宅集中生活热水加热。设置 2 台 4 200 kW 的汽水换热器供空调使用。

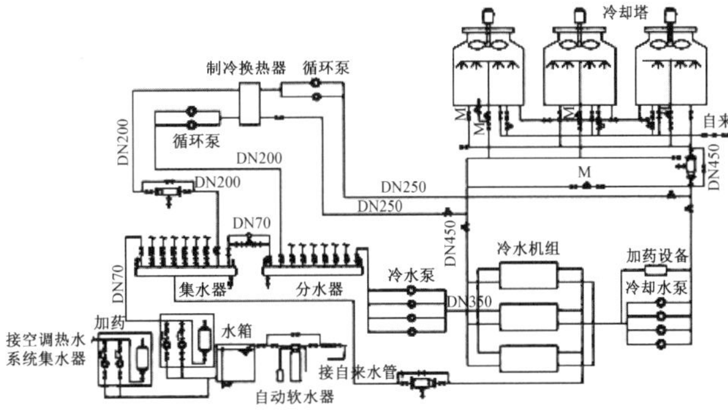

图 14-60　空调冷源系统流程

空调水系统为四管制、一级泵变流量系统。冷水供/回水温度为 6℃/13℃，热水供/回水温度为 60℃/45℃，地暖系统供/回水温度为 60℃/50℃。空调水系统分为 5 个支路，并设置计量措施。

3. 空调风系统

大堂、大堂吧采用全空气系统，并设置地板辐射供暖系统。餐厅、多功能厅采用全空气系统，设置热回收双风机柜式空调箱。游泳池空调采用除湿热泵机组＋热回收的空调箱，并设置地板辐射供暖系统。

① 资料来源：《暖通空调》，2013 年第 43 卷增刊 1。

14.4 严寒地区酒店

14.4.1 吉林雾凇宾馆①

建设地点： 吉林省吉林市

业　　主： 中国石油吉林石化公司

设计单位： 北京市建筑设计研究院有限公司

管理单位： 吉林雾凇宾馆有限公司

建筑规模： 总建筑面积为 14 000 m^2

设计时间： 不详

竣工时间： 1996 年

1. 建筑概况

吉林雾凇宾馆(图 14-61)包括主楼和辅楼，主楼高 30.8 m。主楼包括客房、四季厅、游泳池、康乐中心和各类餐厅，辅楼包括换热站、制冷站、洗衣房、配电间和职工餐厅。

图 14-61　吉林雾凇宾馆

2. 空调冷热源与水系统

冷热源采用电制冷水冷机组＋市政热网。冷源设置 2 台活塞式制冷机组，热源由市政热网提供 110℃/70℃热水，过渡季热源为吉林化工厂提供的 600 kPa 蒸汽。空调冷水供/回水温度为 7℃/12℃，热水供/回水温度为 60℃/40℃，空调预热及供暖系统供/回水温度为 95℃/70℃。管道泵接法如图 14-62 所示。

空调水系统采用一级泵两管制变流量系统，游泳池空调系统采用四管制。

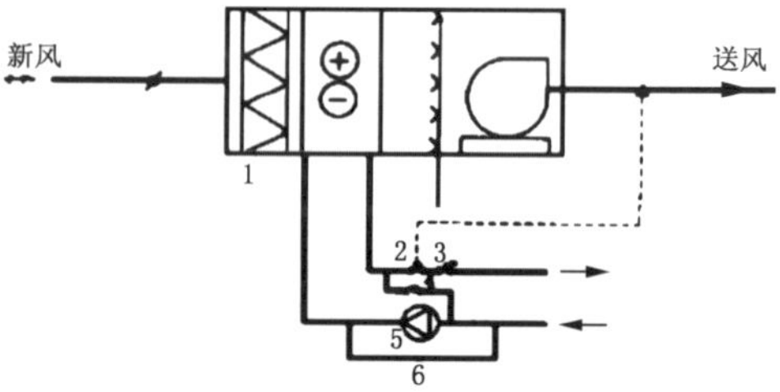

图 14-62　管道泵接法示意

3. 空调风系统

门厅、四季厅采用全空气系统，为减小大门及外窗的冷风渗透负荷，在双层自动外门内侧及玻璃窗上分别设吊顶式风机盘管。四季厅的玻璃幕墙下设带回风口的暗沟，沟内设卧式暗装风机盘管。游泳池空调采用全空气系统，上侧送风下回风。在外墙下方设暗沟，内设散热器供暖。

---

① 资料来源：《暖通空调》，2000 年第 30 卷第 3 期。

14.4.2 沈阳皇朝万豪酒店①

建设地点：辽宁省沈阳市

业　　主：香港扬子开发股份有限公司，中国南方航空股份有限公司北方分公司

设计单位：中国建筑东北设计研究院有限公司

管理单位：万豪国际酒店集团公司

建筑规模：总建筑面积为 71 000 m^2

设计时间：1996 年

竣工时间：1999 年

1. 建筑概况

沈阳皇朝万豪酒店(图 14-63)为沈阳首座五星级酒店，高 93 m，地下 2 层，地上 26 层。地下 1—2 层为酒店后勤及设备用房；1—5 层为酒店裙房，包括阳光大厅、中西餐厅、VIP 包房、自助餐厅、日韩料理餐厅、宴会厅、桑拿区域、室内游泳馆、健身房和多功能会议室；6—26 层为酒店客房。

图 14-63　沈阳皇朝万豪酒店

① 资料来源：《暖通空调》，2005 年第 7 期。

2. 空调冷热源与水系统

空调冷负荷为 6 324 kW。冷热源采用电制冷水冷机组+热水锅炉。冷源设置 3 台离心式制冷机组(单机制冷量为 2 108 kW)。热水锅炉提供 95℃/70℃的热水,经换热后产生 65℃/55℃的热水供空调及地板辐射供暖使用。

空调水系统为两管制系统,空调水管路为同程系统,每层设平衡阀进行初调节;分 5 个环路,地下层 1 个环路,裙房和塔楼各 2 个环路。

3. 空调风系统

阳光大厅采用全空气系统,实行顶送风、沿幕墙的地板送风和送风柱送风,并设有地暖系统。中餐厅、自助餐厅采用全空气双风机系统。大宴会厅采用全空气系统,设置条缝对夹式送风口,总长 45 m,配 32 组静压箱。VIP 包房、日韩料理餐厅、健身房、精品店、雪茄吧、客房采用风机盘管加新风系统。内区房间在过渡季加大新风量,以满足制冷要求。日料餐厅餐桌下设机械排风系统,排风管设在地板夹层内。室内游泳馆采用全空气系统,沿外墙设暗装风机盘管,冬季送热风,并设有地暖系统。

4. 系统运行状况

阳光大厅地板送风口送冷风(图 14-64),冷风射流使玻璃幕墙形成一火炬形图案,影响视觉效果,经调整风口角度,控制风口风速不大于 1 m/s,问题得以解决。游泳馆空调箱冬季送风温度、湿度均较高,长时间运行会烧毁电机,电机应外置。客房卫生间排风管上的防火阀有锈蚀现象,开关不灵活,建议采用铝质配重式风管止回阀。

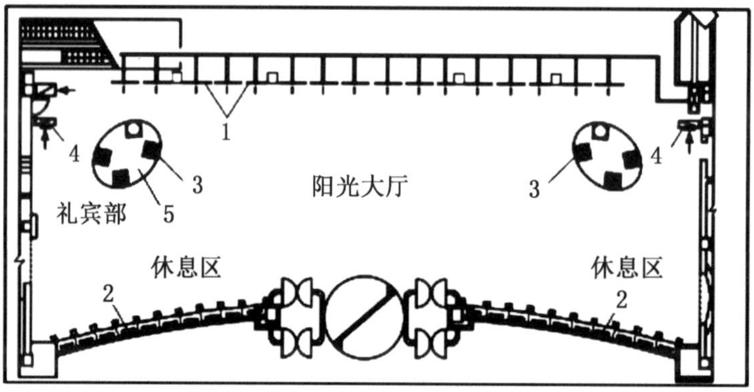

1—条缝送风口;2—地板送风口;3—送风风塔;4—回风管;5—绿色乔木。

图 14-64 阳光大厅送风示意

14.4.3 辽宁友谊宾馆①

建设地点： 辽宁省沈阳市

业　　主： 辽宁省人民政府

设计单位： 大连市建筑设计研究院有限公司

管理单位： 辽勤集团辽宁友谊国宾馆酒店管理有限公司

建筑规模： 总建筑面积为 25 600 m^2

设计时间： 不详

竣工时间： 1931 年

图 14-65　辽宁友谊宾馆

1. 建筑概况

辽宁友谊宾馆(图 14-65)有 68 间客房、750 个座位的剧场、多功能厅、圆桌会议室、游泳馆、健身房等。

2. 空调冷热源与水系统

空调冷负荷为 2 600 kW，空调热负荷为2 700 kW。冷热源采用电制冷水冷机组＋蒸汽锅炉。冷源设置 3 台螺杆式制冷机组(单机制冷量为 879 kW)，热源为锅炉房提供的 0.5 MPa 饱和蒸汽。

空调水系统为机房四管制、末端内外分区切换两管制。冷水供/回水温度为 7℃/12℃，热水供/回水温度为 60℃/50℃。空调水系统分为 5 个区：游泳池及 A 区地下、随从楼外区、总统楼外区、总统楼内区及影剧院。

3. 空调风系统

大堂、餐厅、宴会厅采用全空气系统。客房、办公室、休息厅采用风机盘管加新风系统(表 14-2)。

表 14-2　辽宁友谊宾馆送风公式

序号	服务区域	送风量/($m^3 \cdot h^{-1}$)	送风方式	系统形式	最小新风比	运行方式
1	多功能厅	36 000	上送上回	双风机	30%	过渡季节全新风
2	休息厅	11 000	上送上回	双风机	30%	过渡季节全新风
3	大堂	32 000	上送上回	双风机	30%	过渡季节全新风
4	游泳池	25 000	上送上回	双风机	30%	过渡季节及夏季全新风
5	观众厅	44 000	上送上回	单风机	30%	定新风

① 资料来源：《暖通空调》，2005 年第 9 期。

14.4.4 西宁海湖新区万达广场麗枫酒店①

建设地点： 青海省西宁市

业　　主： 万达控股集团有限公司

设计单位： 甘肃省建筑设计研究院有限公司

管理单位： 铂涛集团

建筑规模： 总建筑面积为 35 552 m^2

设计时间： 2013 年 6 月

竣工时间： 2015 年 6 月

1. 建筑概况

西宁海湖新区万达广场麗枫酒店(图 14-66)为超高层建筑，高 189.8 m，地下 1—2 层为酒店后勤及设备用房，1—4 层为酒店裙房，5—31 层为办公区，32 层为避难层，33—45 层为酒店客房。

图 14-66　西宁海湖新区万达广场麗枫酒店

2. 空调冷热源与水系统

空调冷负荷为 2 700 kW，空调热负荷为 4 658 kW。冷热源采用电制冷水冷机组＋市政热网。冷源设置 2 台螺杆式制冷机组，热源为市政热网提供 130℃/70℃热水，另设置非供暖季用的锅炉(3 台 2.8 MW 的油气两用锅炉)。锅炉设置烟气余热回收装置，蒸汽凝结水的余热用于生活热水预热。锅炉房系统原理如图 14-67 所示。

空调水系统为四管制、一级泵变流量系统。冷水供/回水温度为 6℃/12℃，热水供/回水温度为 60℃/45℃，空调预热及供暖系统供/回水温度为 75℃/50℃。空调水系统分为低区(服务裙房和地下室)和高区(服务客房区)。风机盘管和空调箱分别设置水回路，客房风机盘管水系统为竖向同程系统。客房的空调凝结水可作为中水水源。

3. 空调风系统

大堂、餐厅、宴会厅采用全空气系统(风机变频)，过渡季加大新风量运行。游泳池空调采用除湿热泵机组。商务、会议区及康体中心等小房间，客房和后勤用房采用风机盘管加新风系统。客房的新风排风系统分为高、低两个区，33—40 层为低区，新风由设备层机组提供；41—45 层为高区，新风由屋顶机组提供。厨房的补风冬季预热到 5℃。

防冻设计：新风机组、全空气机组设置预热盘管；新风管、排风管与外墙百叶连接处设置电动保温风阀；出入口处设置热风幕。空调箱冬季停机时，电动两通阀保留 5%开度，以防加热器冻裂。

① 资料来源：《暖通空调工程优秀设计图集⑥》。

4. 系统运行状况

全空气系统过渡季变新风比运行可降低能耗。

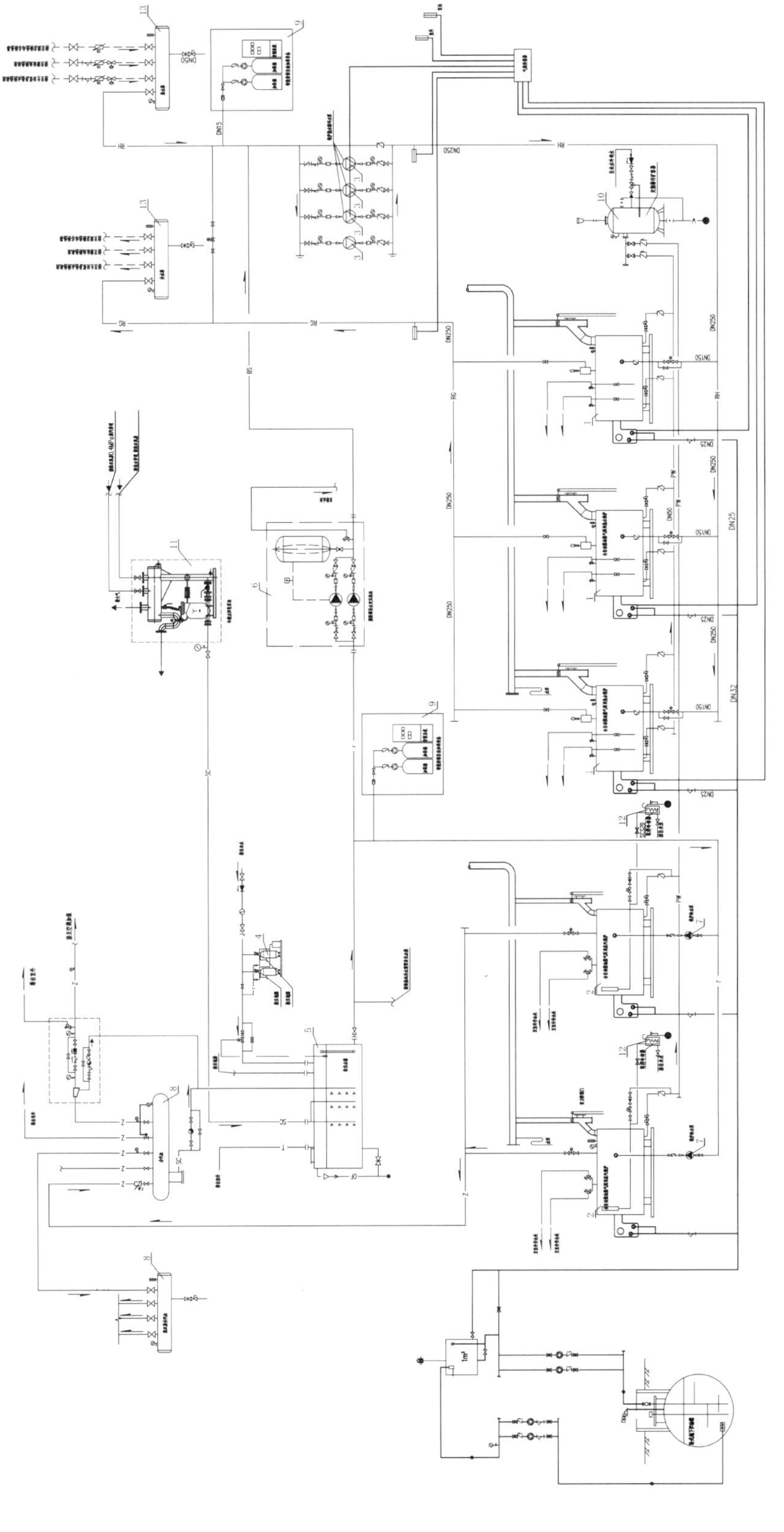

图 14-67 锅炉房系统原理

14.4.5 锦州瑞盛国际酒店①

建设地点：辽宁省锦州市

业　　主：锦州瑞盛房地产开发有限公司

设计单位：中国建筑东北设计研究院有限公司

管理单位：锦州瑞盛酒店有限公司

建筑规模：总建筑面积为 105 000 m^2

设计时间：2013 年 6 月

竣工时间：2015 年 6 月

1. 建筑概况

锦州瑞盛国际酒店(图 14-68)为超高层建筑，高 187 m，地下 2 层，地上 43 层。地下 1 层为小型商场、汽车库和机电设备用房，地下 2 层为汽车库和设备用房。裙房共 4 层，主要为餐饮区、会议室和洗浴设施，5 层设康乐设施，6—29 层为酒店客房，30 层为总统套房，31—32 层为酒店式公寓，33 层为避难层，34 层及以上为办公区及会所。

图 14-68　锦州瑞盛国际酒店

2. 空调冷热源与水系统

空调冷负荷为 9 000 kW，空调热负荷为 8 500 kW。冷热源分为两套系统，33 层以下的酒店、公寓和裙房共用一套系统，34 层及以上的办公区及会所共用一套系统。办公区及会所的冷热源采用电制冷水冷机组＋市政热网。酒店、公寓和裙房的冷热源采用电制冷水冷机组＋燃气热水锅炉。冷源设置 3 台离心式制冷机组，每台制冷量为 2 461 kW。热源为燃气热水锅炉提供的 95℃/70℃热水。

酒店客房、总统套房及公寓的空调水系统为四管制，酒店裙房的空调水系统为两管制。冷水供/回水温度为 6℃/11℃，热水供/回水温度为 60℃/50℃。空调水系统分为低区(服务 12 层以下区域，系统静压为 0.65 MPa)和高区(服务 13—32 层，系统静压为 1.25 MPa)。

3. 空调风系统

大堂、餐厅、会议室采用全空气系统，冬季新风空调箱设置蒸汽加湿功能。餐厅、会议室、美容及健身房等小房间、客房及后勤用房采用风机盘管加新风系统。客房的新风由设备层机组提供。1 层大堂、4 层 SPA、5 层游泳池周边设置低温地面辐射供暖系统，热水供/回水温度为 60℃/50℃。

---

① 资料来源：《建筑节能》2009 年第 9 期。

14.5　温和地区酒店

14.5.1　丽江金茂璞修雪山酒店①

建设地点：云南省丽江市

业　　主：中国金茂控股集团有限公司

设计单位：悉地(北京)国际建筑设计顾问有限公司

管理单位：凯悦酒店集团

建筑规模：总建筑面积为 23 994 m^2

设计时间：2013 年 3—11 月

竣工时间：2015 年 6 月

1. 建筑概况

丽江金茂璞修雪山酒店(图 14-69)高 12.2 m，包含公共区、SPA 区以及 23 幢独栋客房，总共有 117 套客房。

图 14-69　丽江金茂璞修雪山酒店

2. 空调冷热源与水系统

公共区及 SPA 区空调冷负荷为 611 kW，空调热负荷为 1 293 kW。冷热源分为两套：公共区及 SPA 区采用风冷冷水机组，另设置热水锅炉提供生活热水、游泳池热负荷、空调供热和地板供暖；别墅客房采用多联机空调系统。酒店设置两大一小风冷螺杆式制冷机组(2 台 583 kW，1 台 352 kW)。热源设置 2 台 1.4 MW 和 1 台 660 kW 的燃气热水锅炉。

空调水系统为四管制、一级泵主机定流量、末端变流量系统。冷水供/回水温度为 7℃/12℃，热水供/回水温度为 60℃/50℃。空调水系统按风机盘管和空调箱分别设置水回路。

3. 空调风系统

大堂、多功能厅、宴会厅采用全空气系统(双风机系统)，过渡季全新风运行。大堂酒廊、宴会厅设置一次回风热管热回收装置。游泳池空调采用除湿热泵机组＋全空气机组。地下一层行政办公、客房、SPA 及健身区域采用风机盘管加新风系统。客房的新风系统设置湿膜加湿。SPA 区域、游泳池岸边及更衣室设置地板辐射供暖系统，供暖干管设在本层吊顶内，采用下分双管异程系统，供/回水温度为 60℃/50℃。

---

①　资料来源：《暖通空调工程优秀设计图集⑥》。

14.5.2 昆明金鹰天地①

建设地点：云南省昆明市

业　　主：南京金鹰国际集团有限公司

设计单位：云南省建筑工程设计院有限公司

管理单位：南京金鹰国际酒店管理有限公司

建筑规模：总建筑面积为 113 840 m^2

设计时间：2008 年 12 月—2009 年 7 月

竣工时间：2010 年 12 月

1. 建筑概况

昆明金鹰天地（图 14-70）包含商业、餐饮、电影院以及酒店，地上建筑面积为 82 888 m^2，地下建筑面积为 30 952 m^2；地上 14 层，地下 3 层，有 250 间客房。

图 14-70　昆明金鹰天地

2. 空调冷热源

酒店空调冷负荷为 2 050 kW，空调热负荷 1 260 kW。冷热源分为三套系统：系统 1 对应商业和餐饮，系统 2 对应电影院，系统 3 对应酒店。系统 1 仅夏天供冷，采用 2 台离心式机组（单机制冷量为 2 975 kW）；系统 2 采用 2 台 210 kW 的风冷热泵；系统 3 采用 3 台 693 kW 的风冷热泵。

3. 空调风系统

大堂采用全空气系统（双风机系统），过渡季全新风运行。客房采用风机盘管加新风系统。

① 资料来源：《暖通空调工程优秀设计图集④》。

14.5.3 丽江古城区酒店[①]

建设地点：云南省丽江市

业　　主：昆明七彩云南古滇王国投资发展有限公司

设计单位：悉地国际设计顾问（深圳）有限公司

管理单位：凯悦酒店集团

建筑规模：总建筑面积为 59 052 m^2

设计时间：2016 年

竣工时间：2019 年

图 14-71　丽江古城区酒店

1. 建筑概况

丽江古城区酒店（图 14-71）位于云南省丽江市古城区，是城北最靠近玉龙雪山之处，为五星级酒店。酒店占地面积为 82 004 m^2，地上建筑面积为 45 018 m^2，地下建筑面积为 14 034 m^2，包括 11 幢 1～3 层的客房楼，屋面檐口高度为 12 m；8 幢独栋酒店客房楼，檐口高度为 8.5 m；酒店公共部分主要为 1 层，局部 3 层，屋面檐口高度为 5～12 m。

2. 空调冷热源与水系统

酒店公共区和客房部分的冷热源系统分开设置。酒店公共区冷负荷为 1 003 kW，热负荷为 2 380 kW，生活热水负荷为 800 kW。客房部分夏季空调面积冷负荷指标为 72 kW/m^2，冬季空调面积热负荷指标为 79 kW/m^2。

酒店公共区冷热源采用 4 台制冷量为 268 kW、制热量为 285 kW 的空气源热泵机组，以及 2 台制热量为 1.6 MW 的燃气、燃油两用常压热水锅炉，并设置 1 台 2 t/h 的蒸汽锅炉以满足洗衣房等功能用房的用汽需要。酒店锅炉互为备用，按每台锅炉 70％负荷进行配置，供/回水温度为 95℃/70℃，利用热交换系统，为卫生间热水及冬季空调系统提供热源。当空气源热泵机组和锅炉等设备在高海拔地区运行时，高海拔、低气压、低含氧量必然会影响其运行工况，因此必须按大气密度与海拔进行换算。空调冷热源系统原理如图 14-72 所示。

独立客房的冷热源采用空气源热泵机组＋小型燃气热水锅炉，水系统为四管制系统，可满足同时制冷和制热的要求。8 幢独栋式客房采用多联空调机＋小型燃气热水锅炉供暖系统。

3. 空调风系统

酒店大堂、宴会厅等公共区的大空间采用全空气系统（空调机组＋变频器控制），新风比可根据室内空气品质/二氧化碳传感器及室内温度调节，同时保证在过渡季节有 100％全新风的调节能力。

---

① 资料来源：《发电与空调》总第 151 期第 34 卷。

4. 系统运行状况

夏季及过渡季节由空气源热泵机组提供冷源；冬季以空气源热泵机组为主，在空气源热泵机组运行情况不理想的气候条件下使用热水锅炉；过渡季节仅需开启空气源热泵机组即可达到空调效果。

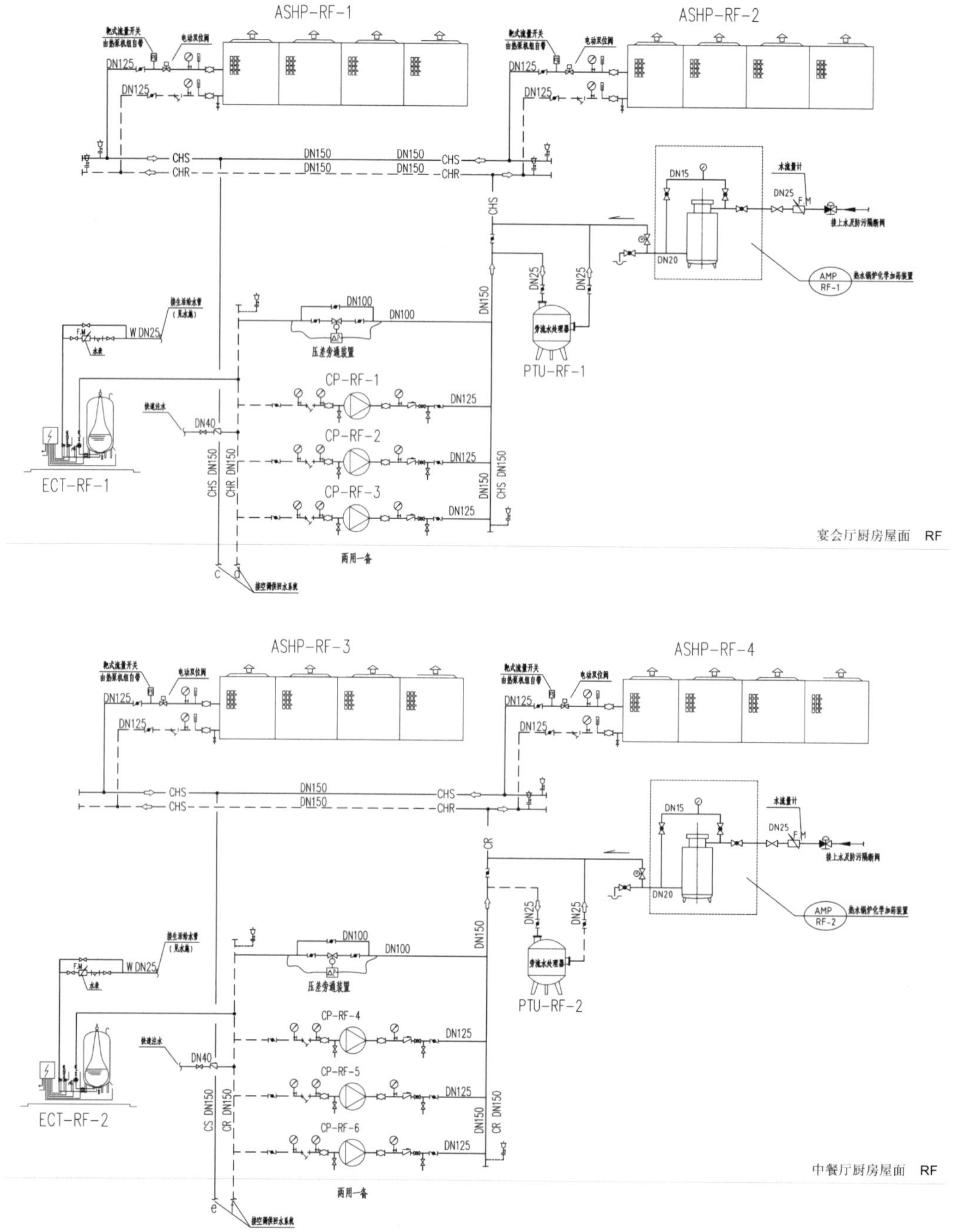

图 14-72 冷热源系统原理

14.5.4 昆明七彩云南温德姆至尊豪廷大酒店

建设地点： 云南省昆明市

业　　主： 昆明南亚风情房地产开发有限公司

设计单位： 同济大学建筑设计研究院(集团)有限公司

管理单位： 昆明南亚风情房地产开发有限公司

建筑规模： 总建筑面积为 742 44 m^2

设计时间： 2010 年

竣工时间： 2014 年

1. 建筑概况

项目由办公、酒店(图 14-73)及百货商场组成，地下 2 层，地面裙房 7 层，高层办公主楼 37 层，酒店客房主楼 23 层。

图 14-73 昆明七彩云南温德姆至尊豪廷大酒店

2. 空调冷热源与水系统

项目内办公、酒店及百货商场的冷热源各自独立设置。酒店空调计算总冷负荷为 6 996 kW，单位建筑面积冷负荷指标为 94 W/m^2；空调计算热负荷为 6 986 kW，单位建筑面积热负荷指标为 94 W/m^2。酒店的冷源由 2 台 2 965 kW 离心式冷水机组、1 台 1 047 kW 螺杆式冷水机组提供；热源由 3 台(每台 7 t/h)燃煤气蒸汽锅炉经汽一水热交换后提供。机组空调冷水的供/回水温度分别为 5℃/13℃，空调供暖的供/回水温度分别为 60℃/50℃。锅炉房水系统原理如图 14-74 所示。

空调水系统均采用四管制系统，裙房部分为异程式系统，主楼部分为同程式系统，系统定压采用落地式定压装置。

3. 空调风系统

大空间空调采用低速单风道全空气系统，集中回风。小空间(如办公室、会议室)及标准客房采用风机盘管加新风系统。除标准客房新风空调箱设置在酒店屋顶层，通过竖向风管及每层的水平风管送至各房间外，其余空调设备均分层设置。酒店部分的空调箱(包括新风空调箱)均设干蒸汽加湿装置。

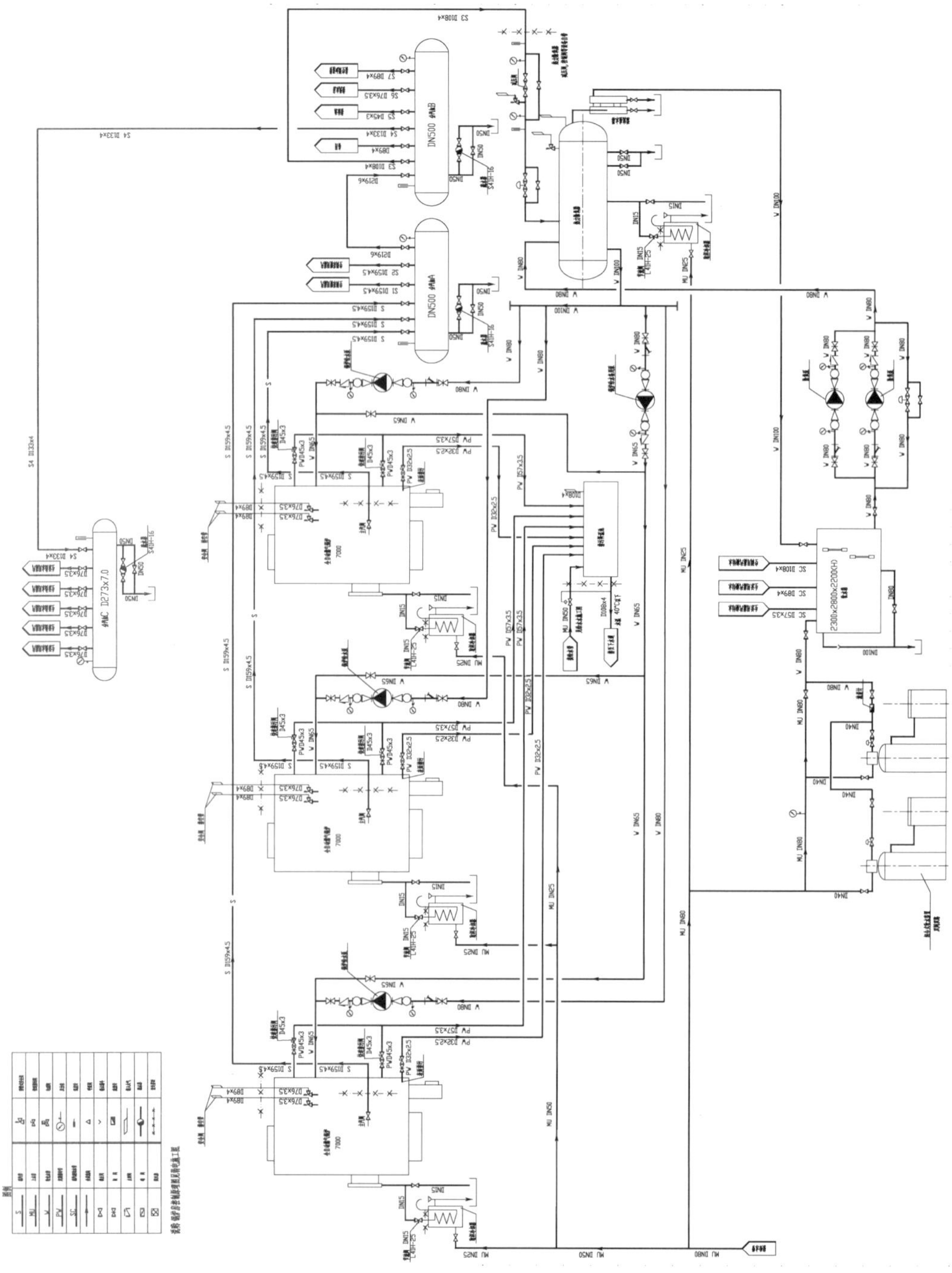

图 14-74 锅炉房水系统原理

14.5.5 昆明洲际酒店①

建设地点：云南省昆明市

业　　主：昆明七彩云南古滇王国投资发展有限公司

设计单位：同济大学建筑设计研究院(集团)有限公司

管理单位：洲际酒店集团

建筑规模：总建筑面积为 66 917 m^2

设计时间：2016 年

竣工时间：2019 年

1. 建筑概况

昆明洲际酒店(图 14-75)分 1＃,2＃,3＃和 4＃楼,地下一层。1＃楼为酒店客房及大堂,2＃楼为宴会厅及会议中心,3＃楼为游泳池与健身房,4＃楼为特色餐厅。1＃楼建筑高度为 25.45 m,2＃和 3＃楼建筑高度为 9.45 m,4＃楼建筑高度为 11.25 m。

图 14-75 昆明洲际酒店

① 资料由同济大学建筑设计研究院(集团)有限公司提供。

2. 空调冷热源与水系统

空调计算总冷负荷为 3 308 kW，单位建筑面积冷负荷指标为 49 W/m^2；空调计算热负荷为 3 499 kW，单位建筑面积热负荷指标为 52 W/m^2。1＃楼客房及大堂、地下室，2＃楼宴会厅及会议中心，3＃楼游泳池等冷源由电制冷冷水机组提供，考虑其同时使用系数为 0.8，设置 3 台 890 kW 的电制冷冷水机组；热源（含生活热水）由燃油（气）承压热水锅炉提供，设置 2 台2 800 kW 的燃油（气）承压热水锅炉。冷冻机房与锅炉房均设置在地下一层，采用闭式冷却塔，冷却塔设置在室外地面。游泳池采用游泳池专用除湿热泵。4＃楼特色餐厅、安保消防中心、网络机房采用多联机空调系统，室外机设置于屋面。

空调冷水系统主机侧与负荷侧均为变流量系统，冷水供/回水温度为 6℃/12℃，系统设计运行压力为 1.0 MPa，采用闭式定压罐。热水锅炉一次侧供/回水温度为 90℃/70℃，热水系统板式换热器侧与负荷侧均为变流量系统，热水供/回水温度为 60℃/50℃。系统设计运行压力为 1.0 MPa，采用闭式定压罐。

空调冷热水根据不同区域和功能分别采用一次泵四管制与两管制异程式水系统，其中 1＃楼客房、2＃楼会议中心空调水系统采用四管制异程式（客房部分竖向同程）系统，地下室、1＃楼大堂、2＃楼餐厅部分、3＃楼游泳池采用两管制异程式系统。制冷机房水系统原理和锅炉房水系统原理分别如图 14-76 和图 14-77 所示。

3. 空调风系统

大堂、全日制餐厅、员工餐厅、宴会厅等大空间采用定风量一次回风全空气低速空调系统。行政酒廊、办公和会议等小房间采用风机盘管加新风系统。客房采用风机盘管加带热回收装置的新风系统，采用上送上回的气流组织形式。空气处理机组以及新风机组分别设置于各空调机房、新风机房中。酒店大堂沿外立面回廊设置地面辐射供暖系统。游泳池采用游泳池专用除湿型空调机组，池边设置地面辐射供暖系统。4＃楼特色餐厅采用多联机空调系统，新风采用不带盘管的热回收新风机组。

全空气系统过渡季新风量可以在最小新风量和 100%设计送风量之间调节，当室外空气焓值低于室内空气焓值时，能最大限度地利用室外新风，以降低能耗。全空气处理机组和新风处理机组内均设置高压微雾加湿器，对空气进行加湿处理。全空气空调机组过滤器等级为 G4＋F8，空气过滤器采用板式粗效过滤器与袋式中效过滤器组合的形式。

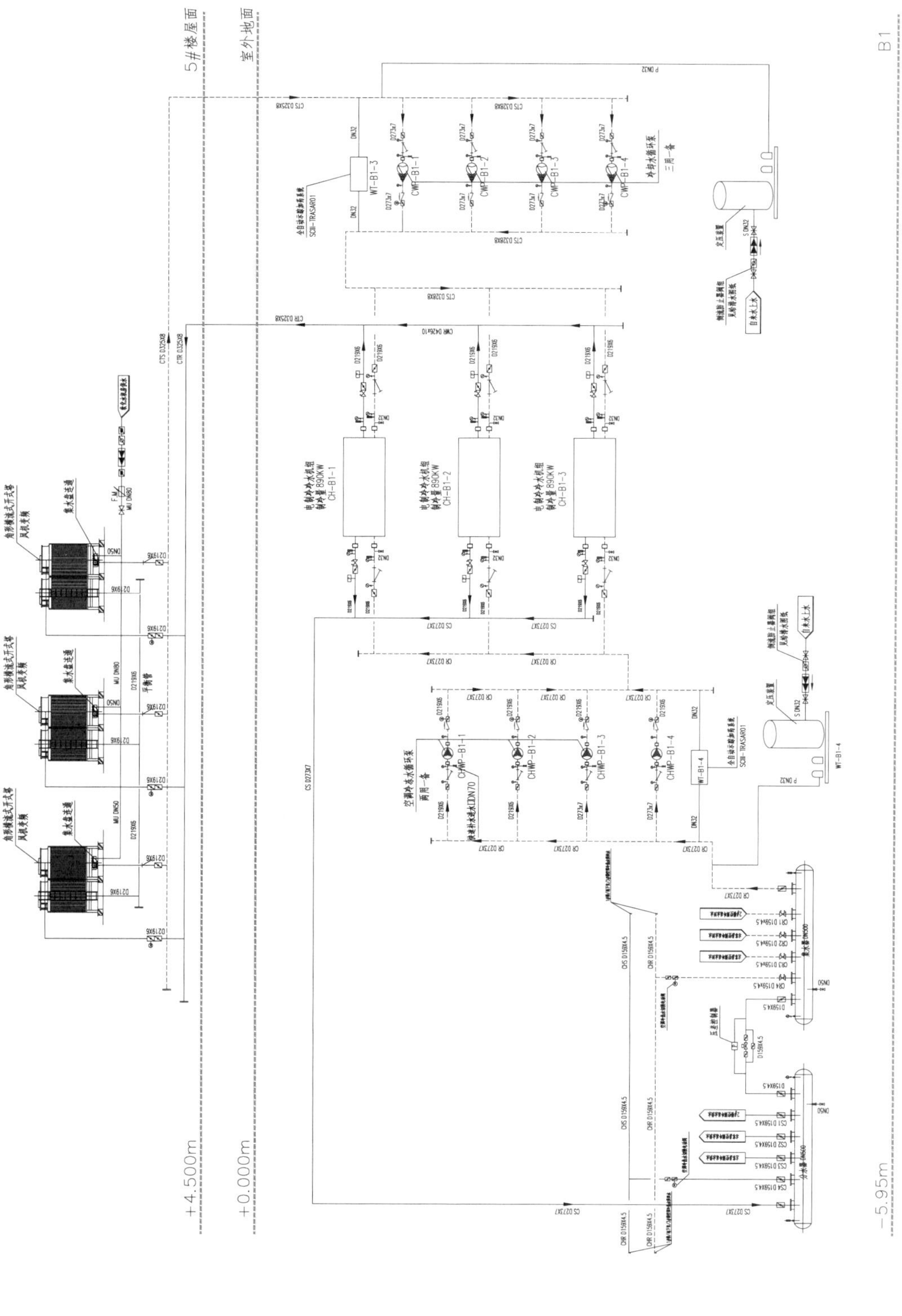

图 14-76 制冷机房水系统原理

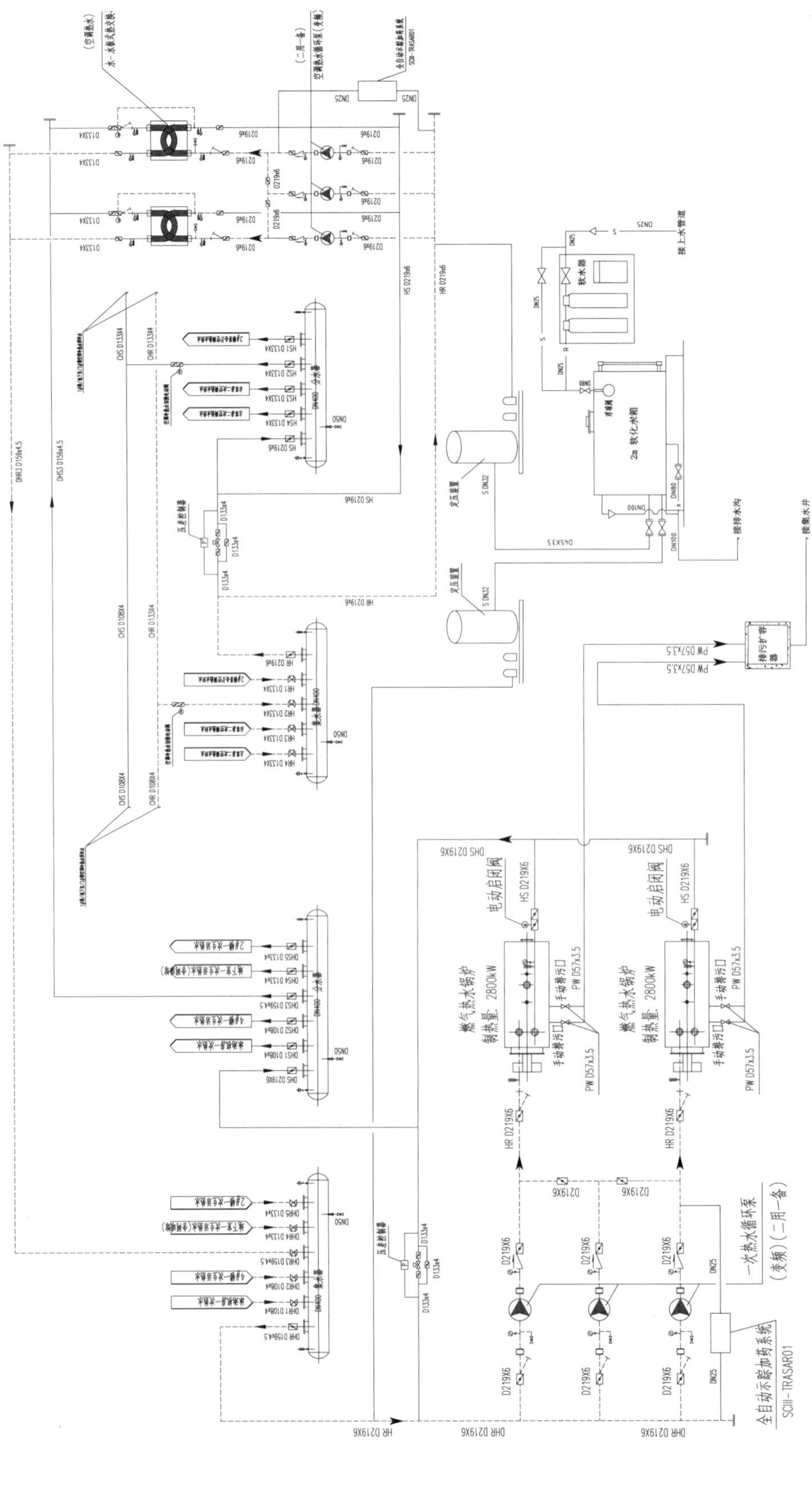

图 14-77 锅炉房水系统原理

15 日本工程案例

15.1 舞滨梦之门酒店分馆①

建设地点： 日本千叶县浦安市舞滨 26-5

设计单位： 竹中工务店

施工单位： 竹中工务店（综合施工）、大暖公司（空调安装）、日本电设工业株式会社（电力安装）

结构形式： 客房采用悬挂式抗震结构，公共区为钢结构，楼梯为钢筋混凝土结构

建筑规模： 建筑面积为 3 659.63 m^2

竣工时间： 2017 年 10 月

1. 建筑概况

舞滨梦之门酒店分馆（图 15-1）建设于高架桥下，地上 2 层，占地面积为 2 040.01 m^2，有 80 间客房。设计与施工时需要考虑现存高架桥及铁路的运行，保证客房不会被铁路的噪声和震动所影响、施工时不影响线路的正常运行，这就需要有效的环境测试、施工管理及运行测试。

图 15-1 舞滨梦之门酒店分馆

① 资料来源：《空气调和·卫生工学》，2019 年 9 月。

2. 空调冷热源

空调冷负荷总计 441 kW,单位建筑面积冷负荷指标为 121 W/m²;空调热负荷总计 493 kW,单位建筑面积热负荷指标为 135 W/m²。冷热源采用多联机空调系统,共采用 14 台外机,合计冷源容量为 440.2 kW,单位空调面积冷源容量为 172 W/m²。客房:51 kW ×2 台,45 kW×5 台。客房走廊:50 kW×1 台。公共区:14 kW×4 台、3.6 kW×2 台。

3. 空调风系统

多联机空调系统覆盖面积为 2 562 m²,约为建筑面积的 70%。

建筑设备系统单位能源效率指标(Building Equipment Efficiency Index, BEI):空调设备 BEI 为 0.65,换气设备 BEI 为 0.77,照明设备 BEI 为 0.86,热水设备 BEI 为 1.23,电梯设备 BEI 为 1.00。

空调风量。冷媒-空气方式:风量/空调面积=20.5 m³/(h·m²)。外气进入量:风量/空调面积=4.6 m³/(h·m²)。主用途部分风量:风量/空调面积=39.0 m³/(h·m²)。代表性房间每小时换气 3.2 次。

空调系统:12 个系统。

新风系统:5 个系统,风量合计为 11 784 m³/h,总风量/建筑面积=3.2 m³/(h·m²)。

15.2 芦屋海岸俱乐部度假村温泉酒店①

项目地点： 日本兵库县芦屋市海洋町 14-1

设计单位： 日建设计

施工单位： 鹿岛建设株式会社(综合施工)、近电公司(空调、卫生、电力)

结构形式： 钢筋混凝土结构

建筑规模： 建筑面积为 46 511 m^2

竣工时间： 2018 年 1 月

图 15-2 芦屋海岸俱乐部度假村温泉酒店

1. 建筑概况

芦屋海岸俱乐部度假村温泉酒店(图 15-2)地上 10 层，塔屋 1 层，占地面积为 11 625 m^2，有 201 间客房。

2. 空调冷热源

空调冷负荷合计 5 000 kW，单位建筑面积冷负荷指标为 108 W/m^2；空调热负荷合计 4 940 kW，单位建筑面积热负荷指标为 106 W/m^2。冷源采用燃气吸收式冷热水机组(1 583 kW×2 台)、热回收式冷水机组(245 kW×1 台)、空气源热泵机组(1 184 kW×1 台)、水冷式螺杆制冷机(347 kW×1 台)，合计冷源容量为 4 942 kW，单位空调面积冷源容量为 164 W/m^2。热源系统采用真空热水锅炉(1 163 kW×4 台)，合计热源容量为 4 652 kW，单位空调面积热源容量为 155 W/m^2。

3. 空调风系统与节能措施

空调主要采用的是定风量全空气系统，风机盘管＋新风系统，部分采用了多联空调机组方式。空调面积为 30 100 m^2，约为建筑面积的 65%。

BEI：空调设备 BEI 为 0.69，换气设备 BEI 为 0.65，照明设备 BEI 为 0.85，热水设备 BEI 为 0.86，电梯设备 BEI 为 0.91。

空调风量。全空气方式：风量/空调面积＝10.6 $m^3/(h \cdot m^2)$。水(或冷媒)-空气方式：风量/空调面积＝1.7 $m^3/(h \cdot m^2)$。新风量：风量/空调面积＝11.0 $m^3/(h \cdot m^2)$。主用途部分风量：风量/空调面积＝17.0 $m^3/(h \cdot m^2)$。代表性房间每小时换气 2 次。

空调系统：27 个低速系统。

新风系统：系统数为 239 个，风量合计 240 250 m^3/h，总风量/建筑面积＝5.2 $m^3/(h \cdot m^2)$。

节能措施：空调系统采用集中控制，控制冷热源主机和冷热水泵的运行台数，使冷热源主机和冷热水泵可以对应启停，从而控制空调的制冷和制热效果，提高系统效率。

① 资料来源：《空气调和・卫生工学》，2019 年 9 月。

15.3 猎户座本部温泉度假酒店①

建设地点： 日本冲绳县国头郡本部町字备濑小滨原 148-1

设计单位： 东急设计顾问、国际建筑设计中心、日建设计、AMS 设计(建筑)，日建设计(设备)，国际建筑设计中心(环境设计)

施工单位： 金秀·清水·大米·屋部·大城建设施工共同企业(建筑)、高砂热学工业株式会社(空调)、三建设备工业(卫生)、近电公司(电气)

结构形式： 钢筋混凝土结构

建筑规模： 建筑面积为 34 973.15 m^2

竣工时间： 2014 年 6 月

1. 建筑概况

猎户座本部温泉度假酒店(图 15-3)地上 13 层，塔屋 1 层，占地面积为 7 893.93 m^2，有 238 间客房。

图 15-3 猎户座本部温泉度假酒店

2. 空调冷热源

空调冷负荷合计 2 478 kW，单位建筑面积冷负荷指标为 71 W/m^2；空调热负荷合计 720 kW，单位建筑面积热负荷指标为 21 W/m^2。冷热源装置采用离心式冷水机组(1 230 kW×2 台)，合计冷源容量为 2 460 kW，单位空调面积冷源容量为 118 W/m^2。

3. 空调风系统与节能措施

空调采用定风量系统、变风量系统、风机盘管＋新风系统，空调面积为 20 882.5 m^2，约为建筑面积的 60%。

空调风量。全空气方式：风量/空调面积＝12.71 m^3/(h·m^2)。水(或冷媒)-空气方式：风量/空调面积＝23.05 m^3/(h·m^2)。新风量：风量/空调面积＝6.54 m^3/(h·m^2)。

空调系统：20 个低速系统。

新风系统：91 个系统，风量合计 321 420 m^3/h，总风量/建筑面积＝9.2 m^3/(h·m^2)。

节能措施：温泉水、太阳能热水冷凝热回收作为生活热源进行利用，排风热回收。

① 资料来源：《空气调和·卫生工学》，2015 年 6 月。

15.4 冲绳蒙特里温泉度假酒店①

建设地点： 日本冲绳县国头郡恩纳村富着 1550-1

设计单位： 日本鹿岛建设公司(建筑、设备)

施工单位： 日本鹿岛建设公司(建筑)，新日本空调、CLIMA-TEQ(空调)，三建设备工业、CLIMA-TEQ、S&L(卫生)，近电公司(电气)

结构形式： 钢筋混凝土结构

建筑规模： 建筑面积为 44 021.88 m^2

竣工时间： 2013 年 6 月

1. 建筑概况

冲绳蒙特里温泉度假酒店(图 15-4)地上 12 层，占地面积为 10 133.42 m^2，有 356 间客房。

图 15-4 冲绳蒙特里温泉度假酒店

2. 空调冷热源

空调冷负荷合计 4 965 kW，单位建筑面积冷负荷指标为 113 W/m^2；空调热负荷合计 2 715 kW，单位建筑面积热负荷指标为 62 W/m^2。冷热源装置采用空气源热泵(电动机驱动，49 kW×125 台)，合计冷源容量为 6 125 kW，单位空调面积冷源容量为 340 W/m^2。

3. 空调风系统与节能措施

空调采用空气源热泵与空气源冷水机组的混合模式，覆盖面积为 18 005 m^2，约为建筑面积的 41%。建筑全年负荷(Perimeter Annual Load, PAL)为 256.5 MJ/(m^2 · a)，空调能耗系数[Coefficient of Energy Consumption for Airconditioning, CEC(AC)]为 1.88，通风能耗系数[Coefficient of Energy Consumption for Ventilation, CEC(V)]为 0.7。

空调风量。水(或冷媒)-空气方式：风量/空调面积＝32.3 m^3/(h · m^2)。外气进入量：风量/空调面积＝8.3 m^3/(h · m^2)。主用途部分风量：风量/空调面积＝38 m^3/(h · m^2)。代表性房间换气频率为每小时 10 次。

空调系统：439 个低速系统。

新风系统：共 47 个系统，风量合计 226 000 m^3/h，总风量/建筑面积＝5.1 m^3/(h · m^2)。

节能措施：考虑酒店入住率的季节变化和空间用途，空调系统全面采用空冷热泵单元模式。同时，与大空间的空调外机系统相对，根据室内 CO_2 浓度进行外机一体式新风机(Packaged Air Conditioner, PAC)的台数控制及风机变频器(Inverter, INV)的控制。

---

① 资料来源：《空气调和 · 卫生工学》，2014 年 9 月。

15.5 松山全日空酒店[①]

建设地点：日本爱媛县松山市一番町 3-2-1

设计单位：观光企划设计社（建筑）

施工单位：清水建设株式会社（建筑）、大阪天然气系统对策公司（改建）、高砂热学工业株式会社（空调）、三建设备工业（卫生）、四电工公司（电气）

结构形式：钢筋混凝土结构

建筑规模：建筑面积为 15 690 m^2

竣工时间：2012 年 1 月

1. 建筑概况

松山全日空酒店（图 15-5）地上 13 层，塔屋 2 层，地下 1 层，有 327 间客房。

图 15-5　松山全日空酒店

2. 空调冷热源

空调冷负荷合计 2 040 kW，单位建筑面积冷负荷指标为 130 W/m^2；空调热负荷合计 1 744 kW，单位建筑面积热负荷指标为 111 W/m^2。冷源装置采用水冷式冷水机（电动机驱动），冷却塔放热，510 kW×4 台（每台制冷机由 3 组模块组成），合计冷源容量为 2 040 kW。热源装置采用天然气蒸汽锅炉，1 250 kW×2 台（汽水换热器），合计热源容量为 2 500 kW。

3. 节能措施

将管道线路封闭以减少输送动力消耗，更新节能热源机器，对机器数量进行控制，并根据之前的维护数据对机器运行状态做调整。

---

① 资料来源：《空气调和·卫生工学》，2013 年 8 月。

15.6 东急议会大厦酒店①

图 15-6 东急议会大厦酒店

建设地点： 日本东京都千代田区永田町 2-10-3

设计单位： 东急设计、建筑设备设计研究所（建筑、设备）

施工单位： 清水建设株式会社（建筑），高砂热学工业株式会社（空调），大暖公司（卫生），日本电设工业株式会社、近电公司（电气）

结构形式： 钢筋混凝土结构

建筑规模： 建筑面积为 87 428 m^2

竣工时间： 2010 年 8 月

1. 建筑概况

东急议会大厦酒店（图 15-6）地上 29 层，塔屋 3 层，地下 4 层，占地面积为 5 425 m^2，有 255 间客房。

2. 空调冷热源

空调冷负荷合计 12 564 kW，单位建筑面积冷负荷指标为 144 W/m^2；空调热负荷合计 8 530 kW，单位建筑面积热负荷指标为 98 W/m^2。冷热源采用集中能源中心供能，集中冷水和蒸汽，通过换热器进行冷水、热水及高温水的供给。

3. 空调风系统与节能措施

空调采用集约型空气处理机组＋变风量单风管模式、全热交换器＋风机盘管方式、全热交换器＋PAC 方式，覆盖面积为 55 246 m^2，约为建筑面积的 63%。酒店区域 PAL 为 335 MJ/(m^2 · a)，CEC(AC) 为 2.01，CEC(V) 为 0.79。

空调风量。全空气方式：风量/空调面积＝29.6 m^3/(h · m^2)。水（或冷媒）-空气方式：风量/空调面积＝114.9 m^3/(h · m^2)。新风量：风量/空调面积＝17.0 m^3/(h · m^2)。主用途部分风量：风量/空调面积＝33.3 m^3/(h · m^2)。代表性房间换气频率为每小时 2 次。

空调系统：348 个低速系统。

换气系统：175 个系统，风量合计 708 570 m^3/h，总风量/建筑面积＝8.1 m^3/(h · m^2)。

节能措施：通过冷热水泵及空调风扇的 INV 控制进行定风量和变风量控制，通过各空调机（AHU、OHU、FCU）的自动阀进行变流量控制。通过新风机进行 CO_2 控制，一部分换气系统采用了全热交换器。

① 资料来源：《空气调和 · 卫生工学》，2012 年 4 月。

15.7 大阪厄尔瑟雷酒店①

建设地点：日本大阪市中央区高丽桥 4-6-2

设计单位：日建设计(建筑、设备)

施工单位：竹中工务店(建筑)、大成温调株式会社(空调)、须贺工业(卫生)、住友电设株式会社(电气)

结构形式：钢结构、钢筋混凝土结构

建筑规模：建筑面积为 15 554.17 m^2

竣工时间：2010 年 8 月

1. 建筑概况

大阪厄尔瑟雷酒店(图 15-7)地上 15 层，塔屋 1 层，地下 3 层，占地面积为 1 159.4 m^2，有 137 间客房。

图 15-7 大阪厄尔瑟雷酒店

2. 空调冷热源

空调冷负荷合计 1 800 kW，单位建筑面积冷负荷指标为 116 W/m^2；空调热负荷合计1 000 kW，单位建筑面积热负荷指标为 64 W/m^2。冷热源装置采用天然气吸收式冷热水机(738 kW×2 台)，冷却塔放热，合计热源容量为 1 476 kW，单位空调面积热源容量为 135 W/m^2。冷源装置采用了电制冷螺杆式冷水机(350 kW×1 台)，合计冷源容量为 350 kW，单位空调面积冷源容量为 32 W/m^2。

3. 空调风系统与节能措施

酒店公共区采用四管制空调机、两管制新风空调机及四管制风机盘管，客房部采用四管制风机盘管及两管制新风空调机，覆盖面积为 10 900 m^2，约为建筑面积的 70%。PAL 为 317 MJ/(m^2 · a)，CEC(AC)为 2.36，CEC(V)为 0.29。

空调风量。全空气方式：风量/空调面积＝20 m^3/(h · m^2)。水(或冷媒)-空气方式：风量/空调面积＝30 m^3/(h · m^2)。新风量：风量/空调面积＝12 m^3/(h · m^2)。主用途部分风量：风量/空调面积＝30 m^3/(h · m^2)。代表性房间每小时换气 2 次和 11.5 次。

空调系统：22 个低速系统。

新风系统：87 个系统，风量合计 120 000 m^3/h，总风量/建筑面积＝7.7 m^3/(h · m^2)。

节能措施：采用集中控制系统，对冷热源系统、卫生热水系统、变电系统等进行集中控制，天然气吸收式冷热水机采用冷热水、冷却水变流量系统，减少水的运输耗能。

---

① 资料来源：《空气调和 · 卫生工学》，2011 年 8 月。

15.8　飞驒高山阿尔宾娜温泉酒店①

建设地点：日本岐阜县高山市名田町 5-41-1

设计单位：大林组名古屋分店一级建筑事务所(建筑、设备)

施工单位：大林组名古屋分店(建筑)、飞驒冷冻空调(空调、卫生)、杉浦电气工事(电气)

结构形式：钢筋混凝土结构

建筑规模：建筑面积为 3 922.63 m^2

竣工时间：2008 年 8 月

1. 建筑概况

飞驒高山阿尔宾娜温泉酒店(图 15-8)地上9 层，地下 1 层，占地面积为 1 490.05 m^2，有 119 间客房。

图 15-8　飞驒高山阿尔宾娜温泉酒店

2. 空调冷热源

空调冷负荷合计 310.40 kW，单位建筑面积冷负荷指标为 79 W/m^2；空调热负荷合计457.26 kW，单位建筑面积热负荷指标为 117 W/m^2。冷热源装置采用燃油型热泵 KHP(空冷热泵)(56 kW×5 台，45 kW×5 台，28 kW × 2 台)，合计冷源容量为 561 kW，单位空调面积冷源容量为 209 W/m^2。

3. 空调风系统与节能措施

由于酒店位于寒冷地区，空调系统未采用市政天然气，而是采用了能够保证持续制热的 KHP(燃油式热泵空调)；由于没有同时供冷、供热的机器，根据朝向不同划分空调系统，分别设置单独的外机。PAL 为 401.0 MJ/(m^2 · a)，CEC(AC)为 2.49，CEC(V)为 0.72 。

空调风量。水(或冷媒)-空气方式：风量/空调面积＝32.28 m^3/(h · m^2)。外气进入量：风量/空调面积＝4.48 m^3/(h · m^2)。主用途部分风量：风量/空调面积＝28.04 m^3/(h · m^2)。代表性房间每小时换气 1.8 次。

空调系统：12 个系统。

换气系统：空调系统风量合计 23 000 m^3/h，总风量/建筑面积＝5.9 m^3/(h · m^2)。

节能措施：采用业主要求的中央管理系统，加强建筑的隔热性能，降低建筑的控温负荷。

---

① 资料来源：《空气调和 · 卫生工学》，2010 年 4 月。

15.9 里士满熊本新市街酒店①

建设地点： 日本熊本县熊本市新市街 6 号

设计单位： 竹中工务店(建筑、设备)

施工单位： 竹中工务店(建筑)、高砂热学工业株式会社(空调、卫生)、关电工(电气)

结构形式： 钢架结构

建筑规模： 建筑面积为 4 726.2 m^2

竣工时间： 2008 年 3 月

1. 建筑概况

里士满熊本新市街酒店(图 15-9)地上 11 层，有 160 间客房。

图 15-9 里士满熊本新市街酒店

2. 空调冷热源

空调冷负荷合计 825 kW，单位建筑面积冷负荷指标为 175 W/m^2；空调热负荷合计927 kW，单位建筑面积热负荷指标为 196 W/m^2。冷热源装置采用空气源热泵机组(742.8 kW × 19 台)，合计冷源容量为 14 113.2 kW。

3. 空调风系统

空调采用新风空调机组＋风冷热泵多联机空调机组，以及全热交换器＋风冷热泵多联机空调机组。空调面积为 3 825.5 m^2，约为建筑面积的 81%。

空调风量。水(或冷媒)-空气方式：风量/空调面积＝26.6 m^3/(h·m^2)。新风量：风量/空调面积＝4.39 m^3/(h·m^2)。主用途部分风量：风量/空调面积＝26.6 m^3/(h·m^2)。代表性房间每小时换气 18.1 次和 20.8 次。

空调系统：16 个低速系统。

新风系统：31 个系统，风量合计 16 205 m^3/h，总风量/建筑面积＝3.4 m^3/(h·m^2)。

---

① 资料来源：《空气调和·卫生工学》，2009 年 11 月。

15.10 格兰蒂亚函馆站前路线酒店[①]

建设地点：日本北海道函馆市若松町 21-3

设计单位：日建设计(建筑、设备)

施工单位：栗本建设工业北海道分部(建筑)、高砂热学工业株式会社札幌支店(空调、卫生)、近电公司北海道分部(电气)

结构形式：钢架及钢筋混凝土结构

建筑规模：建筑面积为 9 157 m^2

竣工时间：2005 年 6 月

1. 建筑概况

格兰蒂亚函馆站前路线酒店(图 15-10)地上 13 层,塔屋 1 层,地下 1 层,占地面积为 1 533 m^2,有 286 间客房。

图 15-10 格兰蒂亚函馆站前路线酒店

2. 空调冷热源

空调冷负荷合计 488 kW,单位建筑面积冷负荷指标为 53 W/m^2;空调热负荷合计 638 kW,单位建筑面积热负荷指标为 70 W/m^2。冷热源装置采用空冷空调机组(电动机驱动、室外机附属风扇,14 kW×1 台,8 kW×1 台),合计容量为 22 kW,单位空调面积容量为 4.4 W/m^2。冷源装置采用制冷专用空冷冷水机(电动机驱动、本体附属风扇,184 kW×2 台),合计冷源容量为 368 kW,单位空调面积冷源容量为 73 W/m^2。热源装置采用燃油真空热水机组(233 kW×2 台),合计热源容量为 466 kW,单位空调面积热源容量为 92 W/m^2。

3. 空调风系统

空调系统为风管并用单元式,覆盖面积为 5 046 m^2,约为建筑面积的 55%。

空调风量。水(或冷媒)-空气方式：风量/空调面积=2 m^3/(h・m^2)。新风量：风量/空调面积=2 m^3/(h・m^2)。

空调系统：2 个系统(空调机组)。

新风系统：355 个系统,风量合计 44 260 m^3/h,总风量/建筑面积=4.8 m^3/(h・m^2)。

---

① 资料来源：《空气调和・卫生工学》,2007 年 4 月。

参考文献

[1] 许宏禊，万嘉凤，王峻强.酒店空调设计[M].北京：中国建筑工业出版社，2012.

[2] 张伟伟，梁庆庆.游泳馆空调负荷计算探讨[J].暖通空调，2007，37(4)：96-97.

[3] 中华人民共和国住房和城乡建设部.建筑防烟排烟系统技术标准：GB 51251—2017[S].北京：中国计划出版社，2017.

[4] 刘天川.超高层建筑空调设计[M].北京：中国建筑工业出版社，2004.

[5] 许宏禊，万嘉凤.上海四季酒店暖通空调设计[J].暖通空调，2008，38(6)：91-97，25.

[6] 项弸中，梁庆庆，张伟伟.暖通空调设计技术措施[M].上海：同济大学出版社，2009.

[7] 苗培，张杰，石鹤.冷却塔供冷系统设计方法总结与探讨[J].暖通空调，2008，38(5)：74-78.

[8] 漆海兵.冷却塔供冷系统设计研究[J].制冷技术，2013，33(2)：57-61.

[9] 王彤会，唐柏松，邢金丽，等.空调排风直接回用的实践探讨[J].暖通空调，2009，39(12)：87-90.

[10] 建设部工程质量安全监督与行业发展司，中国建筑标准设计研究院.全国民用建筑工程设计技术措施节能专篇：暖通空调·动力[M].北京：中国计划出版社，2007.

[11] 邹立成，张晓莉，孙世川，等.全热回收空调和生活热水系统优化[J].暖通空调，2018，48(6)：87-90.

[12] 王婧，徐旭，季汪艇.酒店建筑冷凝热回收系统的经济性环境性研究[J].暖通空调，2015，45(4)：101-105.

[13] 中国建筑学会.健康建筑评价标准：T/ASC 02—2016[S].北京：中国建筑工业出版社，2017.

[14] 王清勤，孟冲，张寅平，等.健康建筑 2020[M].北京：中国建筑工业出版社，2020.

[15] 清华大学—太古地产，建筑节能与可持续发展联合研究中心.建筑节能常见问题分析[M].北京：中国建筑工业出版社，2015.

[16] 徐伟.民用建筑供暖通风与空气调节设计规范技术指南[M].北京：中国建筑工业出版社，2012.

[17] 龙惟定，周辉."非典"引出的对空调的反思[J].暖通空调，2003，33：8-12.

[18] 许钟麟，曹国庆.[HVAC]许钟麟等：医院应用空气净化技术防控新型冠状病毒[EB/OL].(2020-02-02)https://mp.weixin.qq.com/s/SoWIi4bv3ZZtyURAYOv_5g.

[19] 张伟伟.公共建筑暖通动力系统设计与运行——应对公共卫生突发疫情篇[M].北京：中国建筑工业出版社，2020.

[20] 燃油燃气锅炉房设计手册编写组.燃油燃气锅炉房设计手册[M].北京：机械工业出版社，1998.

[21] 项弸中，梁庆庆，张伟伟.大型柴油发电机房通风问题探讨[J].暖通空调，2013，43(4)：41-43，84.

[22] 中国建筑学会暖通空调分会.暖通空调工程优秀设计图集①[M].北京：中国建筑工业出版社，2007.

[23] 中国建筑学会暖通空调分会.暖通空调工程优秀设计图集②[M].北京：中国建筑工业出版社，2010.

[24] 中国建筑学会暖通空调分会.暖通空调工程优秀设计图集③[M].北京：中国建筑工业出版社，2012.

[25] 中国建筑学会暖通空调分会.暖通空调工程优秀设计图集④[M].北京：中国建筑工业出版社，2014.
[26] 中国建筑学会暖通空调分会.暖通空调工程优秀设计图集⑤[M].北京：中国建筑工业出版社，2015.
[27] 中国建筑学会暖通空调分会.暖通空调工程优秀设计图集⑥[M].北京：中国建筑工业出版社，2017.
[28] 张智力.上海保利凯悦酒店及商业文化中心空调系统设计[J].暖通空调，2014，44(5)：10-14.
[29] 严阵.武汉万丽酒店暖通空调设计兼谈酒店空调设计特点[J].暖通空调，2009，39(3)：20-23.
[30] 张力，宋玫，蔡玲，等.富华金宝中心空调设计[J].暖通空调，2007，37(6)：71-72.
[31] 米泉龄，陈昀.国林宾馆空调冷/热源系统设计与节能效果[J].暖通空调，2009，39(12)：98-101.
[32] 周志刚，苏继程，杨阳.兰州某超高层酒店空调系统节能设计[J].暖通空调，2020，50(10)：50-53，35.
[33] 左涛，沃立成，万嘉凤，等.天津117项目暖通空调设计[J].暖通空调，2014，44(8)：38-41.
[34] 刘伟锋，于晓明，任昭峰，等.淄博希尔顿酒店暖通空调设计[J].暖通空调，2013，43(Z1)：103-106.
[35] 张宁，彭先见，谭溢.遵义大酒店[J].暖通空调，2020，50(9)：35.
[36] 谭海阳，屈国伦，黄伟，等.供冷供暖供生活热水蒸发式冷凝空调系统的应用[J].暖通空调，2012，42(6)：7-10.
[37] 何恒钊，屈国伦，谭海阳，等.广州白天鹅宾馆改造工程暖通空调系统绿色节能设计[J].暖通空调，2016，46(1)：33-37.
[38] 尚武强.三亚凯莱酒店(美高梅酒店)改扩建工程暖通设计探讨[J].暖通空调，2015，45(Z2)：87-90.
[39] 王红朝，曹莉.华侨城(洲际)大酒店暖通空调设计[J].暖通空调，2007，37(6)：91-95.
[40] 张大竹，张雅茗，叶金华.辽宁友谊宾馆国宾会所空调设计[J].暖通空调，2005，35(9)：100-102.
[41] 庞丹.沈阳万豪大酒店暖通空调设计[J].暖通空调，2005，35(7)：98-101.
[42] 刘茂堂，郑克白，孙敏生.严寒地区的吉林雾凇宾馆空调设计[J].暖通空调，2000，30(3)：58-60.